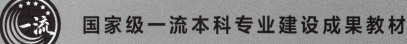

国家级一流本科专业建设成果教材

材 料 化 学

Materials Chemistry

李 亮 魏端丽 编

内容简介

本书在晶体学理论基础上，结合应用化学的内容，全面介绍了不同种类材料的结构、分类、性能和应用。全书共8章内容，包括绪论、材料化学的理论基础、材料的表征方法、材料的化学合成、金属材料、无机非金属材料、高分子材料和复合材料。主要阐述材料微观结构的基本理论、材料的表征和制备方法、材料结构与性能的关系以及各种材料的应用等内容。

本书主要供材料类专业本科使用，也可供从事与材料相关的研究、开发和应用技术人员参考。

图书在版编目（CIP）数据

材料化学 / 李亮，魏端丽编. -- 北京：化学工业出版社，2024.4.

ISBN 978-7-122-45300-6

Ⅰ.①材⋯ Ⅱ.①李⋯②魏⋯ Ⅲ.①材料科学-应用化学-高等学校-教材 Ⅳ.①TB3

中国国家版本馆CIP数据核字（2024）第062149号

责任编辑：王 婧 杨 菁 　　文字编辑：杨凤轩 师明远
责任校对：杜杏然 　　　　　　装帧设计：张 辉

出版发行：化学工业出版社
　　　　（北京市东城区青年湖南街13号　邮政编码100011）
印　　装：北京云浩印刷有限责任公司
787mm×1092mm　1/16　印张10¼　彩插1　字数272千字
2025年5月北京第1版第1次印刷

购书咨询：010-64518888　　　　售后服务：010-64518899
网　　址：http://www.cip.com.cn
凡购买本书，如有缺损质量问题，本社销售中心负责调换。

定　价：39.00元　　　　　　　　版权所有　违者必究

前言

人们将新材料、信息技术和生物技术并列为新技术革命的重要标志，由此可知，材料在社会发展中占据着重要地位。材料化学是从化学角度研究材料的结构、制备、表征、组成、性能和应用的学科。材料化学不仅是材料科学的分支之一，更是化学学科的重要组成部分，属于基础性学科，具有明显的多学科交叉融汇的特点。材料化学的研究范围涉及所有的材料领域，其主要研究新型材料在制备、生产和应用等过程中的化学性质的变化，且涵盖各类应用材料的化学性能以及与化学有关的应用基础理论和研究方法。

近年来，相关材料理论研究和应用已飞速发展，我们力争在本书中给予集中反映。同时，我们扎根于理论基础，例如本书第 2 章从材料内部的原子结构与分子结构、晶体的点阵结构和晶体的对称性等方面系统地介绍了晶体学基础理论，删繁就简，在保留系统完整的晶体学理论框架的基础上，尽量避免过于专业的内容，使学生易于理解和掌握。本书第 3 章和第 4 章系统地介绍了近代材料的测试技术和合成方法。第 5 章至第 8 章则全面地介绍了多种重要材料的发展、结构、特性、分类和应用等。

为了落实国家大力建设双一流学科的政策，培养高素质人才，本书在编写时立足于理论基础，力求体现内容的科学性、先进性和系统性。希望不仅能帮助学生理解并掌握相关基础理论，更重要的是培养学生系统学习知识、总结知识的能力，为学生未来从事应用研究奠定基础。

本书主要供材料类专业本科使用，也可供从事高分子材料研究、开发和应用的技术人员参考。本书由武汉工程大学材料科学与工程学院李亮和武汉工程大学邮电与信息工程学院魏端丽编写，其中第 1、2、4、5 章主要由李亮编写，第 3、6 至 8 章主要由魏端丽编写。全书由李亮教授统稿。本书得到了武汉工程大学高水平本科建设专项基金和武汉工程大学研究生精品课程项目的支持，谨此致谢。

由于作者水平有限，书中难免有疏漏之处，敬请广大读者批评指正。

李亮　魏端丽
2024 年 2 月

目录

第 1 章　绪论　001

1.1　材料的发展过程　001
1.2　材料的分类　002
1.3　材料化学简介　002
1.4　从原料到材料——化学过程和材料过程　004
1.5　材料化学的主要内容及其应用　005
思考题　006
参考文献　006

第 2 章　材料化学的理论基础　007

2.1　材料内部的原子结构与分子结构　007
　2.1.1　元素及其性质　007
　2.1.2　原子间的化学键与相互作用　009
2.2　晶体的微观结构　011
　2.2.1　晶体结构的周期性与点阵　011
　2.2.2　晶胞和晶胞参数　014
　2.2.3　晶体结构的对称性　015
　2.2.4　点群和空间群　016
　2.2.5　晶向指数、晶面指数、晶面间距　017
2.3　缺陷和非整比化合物　019
　2.3.1　晶体点阵缺陷的分类　019
　2.3.2　非整比化合物晶体　020
　2.3.3　晶界　021
2.4　晶体与非晶体　022
　2.4.1　晶体结构的特征　022
　2.4.2　非晶态材料的几何特征　023
　2.4.3　非晶态与晶态间的转化　024
2.5　液晶材料　024
　2.5.1　液晶的特性　024
　2.5.2　液晶的分类　025
思考题　025
参考文献　026

第 3 章　材料的表征方法　027

3.1　X 射线衍射技术　027
　3.1.1　X 射线的产生及其性质　028
　3.1.2　常见晶体 X 射线衍射方法　030
3.2　显微技术　031
　3.2.1　扫描电子显微镜　031
　3.2.2　透射电子显微镜　032
3.3　波谱技术　034
　3.3.1　紫外-可见吸收光谱法　035
　3.3.2　红外及拉曼光谱法　036
　3.3.3　核磁共振波谱法　040
　3.3.4　原子吸收光谱法　042
　3.3.5　发射光谱法　043
思考题　045
参考文献　045

第 4 章　材料的化学合成　　046

4.1　固相法　　046	4.5.1　熔体固化技术　　052
4.1.1　固相法的基本原理　　046	4.5.2　悬浮区熔技术　　052
4.1.2　固相法的特点　　047	4.5.3　焰熔技术　　052
4.2　化学气相沉积法　　047	4.5.4　溶液法　　053
4.2.1　化学气相沉积法的基本原理　　047	4.6　自蔓延合成法　　053
4.2.2　化学气相沉积法的特点　　048	4.6.1　自蔓延合成法的基本原理　　053
4.3　溶胶-凝胶法　　049	4.6.2　自蔓延合成法的分类　　053
4.3.1　溶胶-凝胶法的基本原理　　049	4.7　非晶态材料的合成　　054
4.3.2　溶胶-凝胶法的特点　　050	4.7.1　液相骤冷法　　054
4.4　液相沉淀法　　051	4.7.2　气相沉积法　　054
4.4.1　液相沉淀法的基本原理　　051	思考题　　054
4.4.2　液相沉淀法的分类　　052	参考文献　　055
4.5　晶体生长法　　052	

第 5 章　金属材料　　056

5.1　金属材料的发展与分类　　056	5.4.2　金属化合物　　064
5.2　金属键与金属的通性　　057	5.5　典型金属材料　　066
5.2.1　自由电子理论　　057	5.5.1　超耐热合金　　066
5.2.2　能带理论　　058	5.5.2　超低温合金　　067
5.3　金属单质的结构　　058	5.5.3　形状记忆合金　　067
5.3.1　一维、二维密堆积　　058	5.5.4　超塑性合金　　068
5.3.2　三维密堆积　　059	5.5.5　非晶态金属材料　　070
5.3.3　金属原子半径　　061	思考题　　071
5.4　合金结构　　061	参考文献　　071
5.4.1　金属固溶体　　063	

第 6 章　无机非金属材料　　072

6.1　无机非金属材料的特点和分类　　072	6.3.2　水泥　　079
6.2　无机非金属材料的晶体结构　　074	6.3.3　半导体材料　　081
6.2.1　离子晶体　　074	6.3.4　超导材料　　084
6.2.2　共价晶体　　075	思考题　　086
6.3　几种无机非金属材料　　076	参考文献　　087
6.3.1　陶瓷　　076	

第 7 章　高分子材料　　088

7.1　高分子材料的基本概念　　088	7.2　高分子材料的结构和性能　　089

7.2.1	高分子链的结构	089	7.4.2 橡胶	114
7.2.2	高分子聚集态结构	094	7.4.3 纤维	116
7.2.3	高分子的物理性能	100	7.5 超吸水高分子材料	117
7.2.4	高分子的老化与稳定	105	7.6 离子交换树脂	118
7.3	高分子合成	106	7.7 生物医用高分子材料	120
7.3.1	缩合聚合	107	7.8 导电高分子材料	121
7.3.2	加成聚合	108	7.9 高分子光子材料	124
7.4	三大高分子材料	113	思考题	127
7.4.1	塑料	113	参考文献	128

第8章　复合材料　131

8.1	复合材料概述	131	8.4 金属基复合材料	151
8.1.1	复合材料的定义与特点	131	8.4.1 基本概念与性能特点	151
8.1.2	复合材料的发展史	132	8.4.2 金属基复合材料的分类与应用	152
8.1.3	复合材料的组成与命名	133	8.4.3 金属基复合材料的制备	153
8.1.4	复合材料的分类	133	8.5 陶瓷基复合材料	154
8.1.5	复合材料的发展方向	135	8.5.1 陶瓷基复合材料的基体与增强体	154
8.2	复合材料的增强体	135	8.5.2 陶瓷基复合材料的分类与应用	155
8.2.1	纤维类增强体	136	8.5.3 陶瓷基复合材料的制备	155
8.2.2	晶须增强体	146	8.6 复合材料的界面	155
8.2.3	颗粒增强体	146	8.6.1 聚合物基复合材料的界面	156
8.3	聚合物基复合材料	147	8.6.2 金属基复合材料的界面	156
8.3.1	基本概念和性能特点	147	8.6.3 陶瓷基复合材料的界面	157
8.3.2	聚合物基复合材料的分类与应用	148	思考题	157
8.3.3	聚合物基复合材料的制备	151	参考文献	157

第1章 绪　论

内容提要

本章介绍了材料的基本概念、发展情况和分类方式，分析了原料和材料的区别；说明了材料化学的主要研究内容，以及材料化学在材料科学中的功能和联系；对材料化学的应用和未来发展趋势做了简单的介绍。

学习目标

1. 了解材料的发展过程。
2. 理解材料的分类方式。
3. 掌握原料、材料和材料化学的基本概念，明确原料和材料的区别。
4. 明确材料化学的主要内容和未来发展趋势。

1.1　材料的发展过程

人类社会发展的历史证明，材料是人类赖以生存和发展的物质基础，征服自然和改造自然的重要支柱，其发展也是人类社会进步的里程碑。纵观人类利用材料的历史可以清楚地看到，每一种重要的新材料的发现和应用，都把人类利用自然的能力提高到一个新的水平。材料科学技术的每一次重大突破，都会引起生产技术的革命，大大加速社会发展的进程。例如，19世纪发展起来的现代钢铁材料，推动了机器制造工业的发展，成为第一次工业革命的重要内容，为现代社会的物质文明奠定了基础；20世纪50年代以单晶硅材料为基础的半导体器件和集成电路的突破，对社会生产力的提高起了不可估量的推动作用。因此，材料的发展给社会生产和人们生活带来巨大的变化，材料也成为人类历史发展过程的重要标志。

材料的发展与人类社会的发展息息相关，从某种意义上说，人类文明史可以称之为材料发展史。历史学家将人类社会划分为不同的时代，往往是根据各时期有代表性的材料来划分的。从古至今，人类使用过千千万万、形形色色的材料，若按材料的发展水平进行归纳，材料的发展进程大致可分为五代，如图1-1所示。

在遥远的古代，由于生产技术水平很低，人类的祖先以石器为主要工具，这一时代的材料是天然材料。人们在寻找石器的过程中认识了矿石，并在烧陶生产中发展了冶铜术，开创了冶金技术。公元前5000年，人类进入青铜器时代。公元前1200年左右，人类进入铁器时代。随

```
天然材料 → 烧炼材料 → 合成材料 → 设计型材料 → 智能材料
```

图 1-1　材料发展进程

着金属冶炼技术的发展，人类掌握了通过鼓风提高燃烧温度的技术，实现了从陶器到瓷器的飞跃，这一时代的材料以烧炼材料为主。人类社会进入 20 世纪以来，随着有机化学与化工技术的突飞猛进，化工合成产品，比如合成塑料、合成纤维、合成橡胶已经广泛用于生产和生活，这些材料都属于合成材料。第四代为设计型材料，随着高新技术的发展，对材料提出了更高更多的要求，前三代那些单一性能的材料已不能满足需要，于是科学家开始研究用新的物理、化学方法，根据实际需要去设计特殊性能的材料。近代出现的金属陶瓷、铝塑薄膜等复合材料就属于这一类。20 世纪 60 年代发明的先进复合材料，是指具有比强度大和比模量高的结构复合材料。先进复合材料的出现源于航空、航天工业的需要，它又反过来促进航空、航天等高技术产业的发展，被公认为是当代科学技术中的重大关键技术。第五代为智能材料，它是指近年来研制出的一些新型功能材料，它们能随着外部环境、时间的变化改变自己的性能或形状。现已成为材料科学的重要前沿领域之一，有关研究及发展受到人们的高度重视。上述的五代材料，并不是新旧交替的，而是长期并存的，它们共同在生产、生活、科研的各个领域发挥着不同的作用，材料的发展和利用仍将会成为时代发展的标志。

1.2　材料的分类

材料的种类繁多，世界各国对材料的分类也不尽相同。若按照材料的使用性能来看，可分为结构材料与功能材料两类，前者主要用作产品或工程的结构部件，着重于材料的强度、韧性等力学性质，后者则主要利用材料的光、电、磁、热、声等性能，用于许多高技术领域。从材料的应用对象来看，它又可分为建筑材料、信息材料、能源材料、航空航天材料等。若以材料的状态来分，又可分为单晶、多晶、非晶材料等。在通常情况下，以材料所含的化学物质的不同将材料分为四类，如图 1-2 所示：金属材料、非金属材料、高分子材料及由此三类材料相互组合而成的复合材料。

图 1-2　材料按所含化学物质的不同进行分类

1.3　材料化学简介

材料是一切科学技术的物质基础，一种新材料的发展可以引起人类文化与生活发生新的变化，没有新材料的发展就不可能有科学技术的新进步。材料科学是以物理学、化学及相关理论为基础，形成的一门多学科交叉的，研究材料的制备、表征与性能的学科。材料科学根据工程对材料的需要，设计一定的工艺过程，把原料物质制备成可以实际应用的材料与器件，使其具备规定的形态形貌，同时具有指定的光、电、声、磁、热学、力学、化学等功能，甚至具备能感应外界条件变化并产生相应反应的机敏性和智能性。材料科学是当前科学研究的前沿，世界上先进国家均把材料科学作为重点学科予以高度重视。

材料学家有以下主要任务，材料的制备、表征、性能测试及应用。显然，材料的制备与了解制备的科学必然是在表征、性能测试与应用之前首先面临的任务。材料科学的发展历史也表明当一种全新的材料在原子或分子水平上合成后真正巨大的发展就随之而来。化学就是在原子、分子水平上研究物质的组成、结构、性能及应用的学科，化学的发展为新材料的开发储备了足够的化合物。在新材料的研制中，化学家可以进行分子设计与裁剪，设计新的反应步骤和控制反应过程，在极端条件下进行反应，合成在常规条件下无法合成的新化合物。任何新材料的获得都离不开化学，以超导材料为例，物理学家主要关注超导理论，而化学家的任务则是合成新的超导材料，进而研究材料的组成、结构与超导性能之间的关系。

新材料，尤其是功能材料的发展中，存在着大量的化学、物理、生物学、药学等问题。如合金的形成、半导体的掺杂、等离子的喷涂等，都超出纯物理的范围；而聚合物类高分子材料从诞生之日起，就不仅仅存在化学问题。几乎在所有新型功能材料的研究中，都体现出这一特点，化学与物理相结合，微观与宏观研究相结合，理论与实践相结合。

材料科学的深入发展，促进了作为应用化学前沿领域的材料化学的形成。高新技术产业与国防建设对新材料的需求，为材料化学的发展提供了新的机遇。材料化学以其作为化学、物理学和材料科学相互交叉的研究领域为主要特征，是构成材料科学的重要组成部分。材料化学的学科内容包括：①从材料的宏观性能与微观结构的关系出发，按照预定性能去设计中间产物与最终产物的组成和结构，采用新技术与工艺方法，合成新物质与新材料。②采用现代化的研究方法和分析手段，如电子显微镜、光电子能谱、X射线结构分析、热分析等研究材料的组成、微观结构（电子结构、晶体结构、显微结构），测试材料的各项性能，了解材料的结构与物理性能之间的关系，为材料的改性与新材料的制备提供依据。

材料化学中所涉及的材料是新型材料，即采用新的制造技术，把金属、无机物或有机物材料单独或组合加工在一起，生产出具有新的性能和用途的材料。材料化学在材料科学中的功能如图1-3所示。与传统材料科学中的化学相比较，材料化学从纯粹合成新材料上升到了有目的的设计、合成、制备和修饰新材料的研究阶段，也就是说，材料化学是运用化学方法，在原子和分子水平上来研究高新技术材料。例如由含有不纯物质的硅砂（SiO_2）这种天然原料制造半导体硅片，首先在电炉中用碳还原二氧化硅得到高纯硅

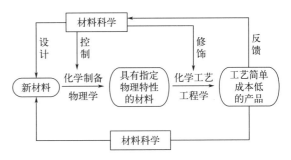

图1-3　材料化学在材料科学中的功能

粉，这种工艺称为化学工艺，是物质在分子和原子水平上相互转换的一种化学过程；接着通过熔体固化法制得高纯的单晶硅，最后加工成硅片，这一过程称为材料化过程，属于材料工艺过程。新型材料之所以能作为功能材料或结构材料使用，与材料工艺技术的进步有密切的关系。人们巧妙利用材料化过程，用那些化学组成相同的物质也可以制得性能用途完全不同的新型材料。对于纳米技术领域，需要采用一些新的化学工艺，例如气相、液相和固相催化反应，和新的材料化过程，例如自组装，制备新型的纳米材料。

总而言之，材料是一切科学技术的物质基础，而各种材料主要来源于化学制造与化学开发。材料化学是学科交叉的产物，既是化学学科的一个分支，又是材料科学的重要组成部分，它是关于材料的结构、性能、制备和应用的化学。

1.4 从原料到材料——化学过程和材料过程

人们常会对材料和原料两个概念混淆不清,岂不知这两个术语在内涵上是不同的。材料是由原料制成的,而原料是制造材料的起始物质。材料在制品中保留其形态,而原料则不见了。人类用窑业和冶金业调制材料,而化学家供给原料,并将原料转化成材料。原料的功能属于化学,在使用过程中原料自身消失了。材料的功能属于物理学,在使用中保持原有形态。最后由工程学将其制造成人类所需要的器物,其相互关系如图1-4所示。

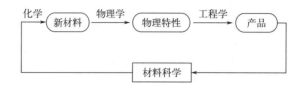

图1-4 材料科学与化学、物理学和工程学等相关学科的关系

在化学工业生产中,从原料到产品的生产需要经过一系列中间过程,现在用玻璃的生产过程作为例子,来说明从原料到材料的过程。玻璃的最简单组成是硅酸钙钠 $Na_2O \cdot CaO_x \cdot SiO_2$,所用原料是石英砂 SiO_2、石灰 CaO(工业上使用石灰石)和纯碱。整个生产过程大体经历4个工序。

第一,熔融。在高温下碳酸钠分解为 Na_2O,它同二氧化硅 SiO_2 和氧化钙 CaO 反应,Na^+ 把一部分 Si-O 键拆开,降低了体系的黏度,这是化学反应,属于化学过程;变成熔融状态并转化成透明体,这是形态变化和物性变化,属于材料化过程。

第二,澄清。除去熔融物中的气泡和杂质,使物料的透明度提高,提高和改善物性属于材料化过程。

第三,成型。把玻璃制成使用便利的形态,例如制造平板玻璃,令熔融玻璃以薄层漂浮在熔融金属表层上面,靠玻璃的自重和表面张力的作用而成型。这是近代平板玻璃生产工艺,属于材料化过程。

第四,缓冷。熔融的薄板玻璃在传送运动中缓慢冷却,消除材料中的内应力,提高强度,这也属于材料化过程。

新型材料之所以能够成为功能材料或结构材料,得到广泛应用,是因为在制造工艺过程中,材料科学家创造了许多新兴技术,例如培养巨型单晶的技术、陶瓷材料的高温烧结技术等。技术的进步促进了材料科学的发展。材料科学家巧妙地利用材料化过程,可以把化学组成相同的物质,制成用途完全不同的新型材料。在材料化过程中有许多广泛使用的传统技术,例如制造陶瓷材料的高温固相烧结和热压工艺,制单晶的提拉、区熔、水热合成或在熔盐中生长等技术,制造薄膜的蒸发和溅射工艺等。在当代,根据新型材料的需要,发展了许多新合成和组装技术,例如在薄膜制造工艺中发展了外延和蒸气沉积技术、急冷和高速旋转制造非晶态金属薄膜技术,利用离子注入法进行掺杂的技术,利用溶胶-凝胶法和辉光放电法制造超细粉末的技术,利用固相电解法制备高纯稀土金属等。

当前人类正面临一场新的技术革命,需要越来越多品种各异和性能独特的新材料。大致包括如下几点:

① 结构与功能相结合 要求材料既能作为结构材料使用,又具有特定的功能或多种功能。

② 智能型 要求材料本身具有感知、自我调节和反馈的性能,或是具有仿生的功能。

③ 少污染　要求在材料制作和废弃过程中，尽可能减少对环境产生污染，也就是要求绿色工艺和无废排放。

④ 可再生性　要求材料在使用过后，可以回收再生利用，达到充分利用自然资源的目的，不给地球积累废料。

⑤ 节约能源　要求在材料的制作和加工过程中，能耗应尽可能地少，同时又能利用新能源或替代能源。

⑥ 长寿命　要求所制得的材料能经久耐用、少维护或不需维护。

1.5　材料化学的主要内容及其应用

材料化学研究新型材料在制备、生产、应用和废弃过程中的化学性质，研究的范围涵盖整个材料领域，研究包括无机和有机等各类应用材料的化学性能，是根据材料的基本理论和方法，对工业生产中与化学有关的问题进行应用基础理论和方法的研究。

材料化学的发展方向主要分为两方面：一是以新型功能材料为核心的化工单元操作过程，如吸附脱附过程、膜反应过程、蒸馏过程、膜分离过程等。该方向主要利用新型材料的物理及化学特性，实现化工生产的物理传递及化学反应过程，通过研究物质在材料微观结构中的传递及反应规律，总结材料性能与材料物质结构的关系，进而建立起新型材料设计及化工单元过程优化的理论和工程技术。二是利用化学工程的方法理论来解决材料生产过程中的关键问题，通过工艺条件的控制对材料的结构及性能进行改进，实现产品的定性定量生产，为材料生产的实验基础及工业放大提供参考。材料化学的主要应用包括以下几点。

(1) 纳米材料的应用

纳米材料的概念源于20世纪80年代初期，这类材料的一般尺寸介于0.1~100nm，因其特殊的微观结构，具有小尺寸效应、表面效应和界面效应等，无法被常规材料取代，具有十分重要的意义。结合热力学、电磁学、化学、光学性质，纳米材料不仅能应用于光电领域，还能作为高效率的光热转换新材料。以纳米技术为基础的电池、塑料、油漆等技术已经取得较大进展，同时正在逐渐推广。纳米材料应用于健康和生物系统近年来也成为研究的热点。在健康领域，基于纳米尺度的药物载体搭载抗肿瘤药物分子，通过载体的分子识别特定细胞，直接将化疗药物分子应用在特定细胞上（如肿瘤细胞）。在生物系统领域，将纳米材料技术应用于仿生科技也是研究热点之一，利用纳米材料制备的人造皮肤可以实现和人体的良好接触，具有透气性和柔软性的特性，成为新一代人体仿生技术的发展方向。在新能源领域，新能源汽车革命正如火如荼地进行着，基于纳米尺度的锂电池正极材料也是研究热点之一，其通过提升正极材料的锂离子交换效率从而极大提升了电池的效率。特斯拉公司计划将纳米材料技术应用在三元锂离子的正极材料上，以期提升正极材料的表面积从而达到提升锂离子交换效率的目的。可以说纳米技术是21世纪科学领域中最重要的技术革命。

(2) 先进陶瓷材料的应用

陶瓷材料是金属和非金属元素的复合物，通常由氧化物、氮化物和碳化物等组成。例如，一些常见的陶瓷材料包括氧化铝、二氧化硅、碳化硅和氮化硅等，另外还有瓷器、水泥和玻璃。而先进陶瓷材料在原料、工艺方面有别于传统陶瓷，是采用特殊的结构设计并结合不同性能的高纯度原料，通过新型的工艺技术生产出具有特殊用途和性能的陶瓷材料。先进陶瓷材料按照性能不同分为功能陶瓷和结构陶瓷。功能陶瓷主要是通过对材料内部或基体的改性，从而使得陶瓷材料具有一定的光响应性、电响应性、热响应性或化学响应性。在光伏电池领域，可以通过在陶瓷中掺杂氧化锌、氧化锆等金属氧化物纳米粒子，从而提升陶瓷的电导率与透明性。在光电材料的关键组件方面，介电陶瓷材料是集成电路基板关键的元件材料，即陶瓷电容器。在先进制造领域，压电陶瓷在传感器领域有着重要的应用，是压力传感器的最关键的部件，而压力传感器在机器人的压力感知、动作校正方面有着重要应用，是机器人的关键部件。结构陶瓷，其具有优异的化学、热学、力学性能，如耐高温、低蠕变速率、高硬度、耐腐蚀等，常用于各种结构的关键部件。它能够在很多苛刻的条件下工作，是实现很多新兴科学技术的关键。在空间技术领域，宇宙飞船与航天飞机需要耐超高温、强度高、质量轻的结构材料，而先进结构陶瓷材料能满足这些苛刻的要求。未来航空航天技术将更依赖于新型结构陶瓷的发展与应用，如陶瓷基复合材料目前已应用于制造液体火箭发动机喷管及导弹天线罩。在光通信产业，传统的氧化铝基板正在被具有高热导性的氮化铝陶瓷基板逐步取代。在这一领域，我国研制的氮化铝陶瓷基板材料的热导率是氧化铝的5~10倍，性能在国际上居于领先地位。

(3) 新型薄膜材料的应用

近年来，随着膜技术的飞速发展，各种材料的薄膜化已经成为一种普遍趋势。薄膜材料种类繁多，应用广泛，目前常用的有：超导薄膜、导电薄膜、电阻薄膜、半导体薄膜等。这些膜材料都具有光、电、磁、热等方面的特殊性质，并在一定作用下表现出特殊的功能。新型薄膜材料主要应用于自动控制、集成电路、太阳能电池、交通等领域。透明导电氧化物薄膜被广泛应用于太阳能电池、触摸屏显示器及透明视窗等设备中，是不可或缺的一类薄膜材料。透明导电氧化物薄膜将材料的光学性质和导电性质有效地结合，其具有很低的电阻率，在可见光波长内保持透明，对红外光具有较强的反射作用。这种薄膜材料由氧化物组成，化学性质稳定，同时还具有优良的耐摩擦性，采用合理的制备方法能够得到具有较强附着力的薄膜。由于具有这些良好的性能，透明导电氧化物薄膜在光电器件制备中具有广泛、重要的应用前景。

随着上述材料的不断改进和发展，材料化学工程已渗透到各个行业，包括生物医药领域、信息技术领域、环境和新能源领域和结构材料领域等。材料化学工程与其他学科专业的交叉越来越广，技术挑战也越来越大。

思考题

1. 从古至今，材料的发展经历了哪几个阶段？
2. 材料的种类繁多，按其所含化学物质的不同，可将材料分为哪几类？
3. 什么是材料化学？
4. 原料和材料有什么区别？
5. 材料化学主要应用在哪些领域？

参考文献

[1] 申泮文. 近代化学导论（下册）[M]. 北京：高等教育出版社，2002.
[2] 方玉诚. 材料化学工程的应用与发展 [J]. 化工设计通讯，2019，45 (001)：51.
[3] 王昊哲. 材料化学工程的应用与发展趋势探析 [J]. 石化技术，2018，025 (011)：325.
[4] 朱达，郑婧. 材料化学的发展前景概述 [J]. 化工管理，2018 (014)：22.

第 2 章
材料化学的理论基础

内容提要

本章首先介绍了材料的原子结构与分子结构，包括元素及其性质、原子间的化学键与相互作用。其次详细阐述了晶体的微观结构，包括周期性与点阵、晶胞和晶胞参数、晶体结构的对称性、点群和空间群、晶向指数、晶面指数和晶面间距。再次分析了晶体点阵缺陷类型和非整比化合物晶体，比较了晶体与非晶体的结构特征和相互转化。最后对液晶材料进行了相关概述。

学习目标

1. 理解原子结构与分子结构的特点和内部作用。
2. 掌握晶体的微观结构。
3. 理解晶体与非晶体的结构特征。
4. 理解晶体与非晶体之间的相互转化。
5. 了解液晶材料的特性和分类。

2.1 材料内部的原子结构与分子结构

众多材料性质各异，这种差异是由于材料的组成和结构不同所致。材料由同种元素或不同元素间的原子以一定方式结合，形成分子或原子晶体，原子的结合方式与元素的性质相关。对于材料的结构，它可以划分为多个层次，从微观（原子、分子水平）结构、介观结构到宏观结构。材料的很多性质都与材料中的原子排列和键合类型直接相关，因此，我们首先关注的是材料内部的微观结构。

2.1.1 元素及其性质

材料由元素构成，元素的原子之间通过化学键结合，不同元素由于电子结构不同，形成化学键的倾向也不相同。元素周期表中的元素超过 100 种，这些元素的性质变化呈现一定的规律。表征元素性质的物理量包括有效核电荷数、原子半径、电子亲和能、电离能、电负性等。掌握这些物理量及其在周期表中的变化规律是研究材料微观结构的基础。《元素周期表》见插页。

(1) 有效核电荷数（Z）

元素原子序数增加时，原子的核电荷数成线性关系依次增加，但有效核电荷数却呈周期性的变化。这是由于屏蔽常数的大小与电子层结构有关，电子层结构呈周期性变化，屏蔽常数也呈周期性变化。

在短周期中元素从左到右，电子依次填充到最外层，即加到同一电子层中，由于同层电子间屏蔽作用弱，因此，有效核电荷数显著增加。在长周期中，从第三种元素开始，电子加到次外层，所产生的屏蔽作用比这个电子进入最外层要大一些，因此有效核电荷数增加不多。当次外层电子半充满或全充满时，由于屏蔽作用较大，因此有效核电荷数略有下降；但是长周期的后半部，电子又填充到最外层，因而有效核电荷数又显著增大。

同一族元素由上到下，虽然核电荷数增加较多，但相邻两元素之间依次增加一个电子内层，因而屏蔽作用也较大，结果有效核电荷数增加不显著。

(2) 原子半径

由于电子层没有明确的界限，所以从原子核到最外层电子的距离难以精确测量。人们假定原子呈球形，能够较准确测定相邻原子的核间距。基于此假定以及原子的不同存在形式，原子半径可以分为金属半径、共价半径和范德瓦耳斯半径。

在同一周期中，随原子序数的增加，有效核电荷数逐渐增大，内层电子不能有效屏蔽核电荷，外层电子受原子核吸引而向核靠近，导致原子半径逐渐减小。各周期末尾稀有气体原子的半径较大，是范德瓦耳斯半径，稀有气体原子最外电子层充满 8 个电子，是单原子分子。

在同一族中，随电子层数与原子序数的增加，原子半径增大。主族元素的变化明显，过渡元素的变化不明显，特别是镧系以后的各元素，第六周期原子半径比同族第五周期的原子半径增加不多，有的甚至减少。镧系元素从左到右、原子半径也大致是逐渐减小的，只是幅度更小。这是由于新增加的电子填入倒数第三层上，对外层电子的屏蔽效应更大，外层电子所受到的核电荷数增加的影响更小，因此半径减小更不显著。镧系元素从镧到镥整个系列的原子半径减小不明显的现象，称为镧系收缩。

(3) 电离能

从基态气态原子移走一个电子使其成为带一个正电荷的气态正离子所需要的能量称为第一电离能，由 +1 价气态正离子失去电子成为 +2 价气态正离子所需的能量叫第二电离能，依此类推还有第三电离能、第四电离能等。

使用 Bohr 模型和 Schrödinger 方程可以计算出第一电离能 I_1 的值，见式(2-1)：

$$I_1 = 13.6Z^2/n^2 \tag{2-1}$$

式中，Z 为有效核电荷数；n 为主量子数。

随着原子逐步失去电子所形成的离子正电荷数愈来愈多，失去电子变得愈来愈难。因此，同一元素的原子的各级电离能依次增大。通常讲的电离能，若不加以注明，指的是第一电离能。电离能的大小反映了原子失去电子的难易。电离能越大，原子越难失去电子；反之，电离能越小，原子越容易失去电子。

同一周期中从左到右，元素的有效核电荷数逐个增加，原子半径逐渐减小，原子的最外电子层上的电子数逐渐增多，电离能逐渐增大。稀有气体由于具有稳定的电子层结构，其电离能最大。

同一族从上到下，最外层电子数相同，有效核电荷数增加不多，原子半径的增大成为主要因素，致使核对外层电子的引力依次减弱，电子逐渐易于失去，电离能依次减小。

(4) 电子亲和能

元素的气态原子在基态俘获一个电子成为一价负离子所产生的能量称电子亲和能。电子亲和能也有第一、第二电子亲和能之分,如果不加注明,均指第一电子亲和能。与电离能不同,电子亲和能的值可能是正的,也可能是负的。电子亲和能的大小反映了原子得到电子的难易。大体上,同一周期元素的电子亲和能从左到右呈现增加的趋势,同一族中元素的变化不大。

(5) 电负性

电离能和电子亲和能分别从一个侧面反映原子失去电子和得到电子的能力。比较分子中原子间争夺电子的能力,对上述两者需要统一考虑,于是引入了元素电负性的概念。1932年,L. Pauling 定义元素的电负性是原子在分子中吸引电子的能力,指定 F 元素的电负性为 3.98,借助热化学数据,找到组成化学键的两原子的电负性差与键解离能之间的关系,则可求出其他元素的电负性。1956年,A. L. Allred 和 E. G. Rochow 根据原子核对电子的静电吸引,在 Pauling 电负性基础上计算出一套电负性数据。

电负性的值不能直接测量,必须从其他原子或分子性质计算得到。计算电负性的标度有多种,数据各有不同,但在周期表中电负性变化规律是一致的。电负性可以综合衡量各种元素的金属性和非金属性。金属元素的电负性一般在 2.0 以下,非金属元素的电负性一般在 2.0 以上。一般而言,同一周期从左到右,电负性依次增大,元素的非金属性增强,金属性减弱;同一主族,从上到下,电负性依次变小,元素的非金属性减弱,金属性增强。过渡元素的电负性变化不明显,它们都是金属,但金属性都不及ⅠA、ⅡA两族元素。

2.1.2 原子间的化学键与相互作用

在研究材料结构的过程中,必然涉及材料中的原子或离子是如何结合到一起的问题。实验表明材料中相邻原子(或离子)之间有着强烈的吸引作用,在化学上这种吸引作用被称为化学键。科学家们对化学键进行了大量研究,根据形成分子的原子不同,化学键可以分成离子键、共价键和金属键三种类型。另外分子与分子之间还普遍存在一种较弱的吸引作用,通常称为分子间力(范德瓦耳斯力),气体分子凝聚成液体或固体主要靠这种力。有时分子之间或分子内的某些基团之间还可形成氢键。分子间力的大小和氢键的形成在不同程度上影响材料的物理化学性质。在材料化学中,我们主要关注各种键的特点及其对材料性质的影响。

(1) 离子键

当电负性较小的活泼金属原子与电负性较大的活泼非金属原子相遇时,由于两个原子的电负性相差较大,因此,原子间容易发生电子的转移,形成金属正离子和非金属负离子。这种带相反电荷的离子借助静电作用而形成化学键,这就是离子键。

离子键具有强的键合力,没有方向性和饱和性。所谓没有方向性指的是离子是带有一定电荷的球体,它在各个方向上的静电作用是相同的,可以从任何方向吸引相反电荷的离子。例如在氯化钠晶体中,每个 Na^+ 周围等距离地排列着 6 个 Cl^-,每个 Cl^- 也同样等距离地排列着 6 个 Na^+。这说明离子并非只在某一方向,而是在所有方向上都与带相反电荷的离子发生电性吸引作用。所谓没有饱和性,是指每个离子周围围绕的相反电荷的离子数目,不决定于离子的性质,而是由正负离子半径的相对大小、电荷多少等因素决定的。在氯化钠晶体中,每个被 6 个 Cl^-(或 Na^+)包围的 Na^+(或 Cl^-)的电场,并不是已达饱和,如果再排列个 Cl^-(或 Na^+),则它们同样还会感受到该相反电荷的 Na^+(或 Cl^-)的电场作用,只不过距离较远,相互作用力较弱。

由离子键所形成的化合物叫离子型化合物。这类化合物包括大多数的无机盐类和许多金属氧化物。离子型化合物的特点是:在通常情况下,主要以晶体的形式存在,它们具有较高的熔点和沸点、高强度、高硬度、低膨胀系数等性质,在熔融状态或溶于水后均能导电。

(2) 共价键

在一些非金属单质或电负性相差不大的元素间形成的化合物中，各原子都不易失去电子，不能通过电子转移形成化学键。1916 年美国化学家路易斯（G. N. Lewis）根据稀有气体具有稳定性质的事实，提出了共价键理论。他认为共价分子中，各原子是通过原子间共用一对或几对电子，达到稀有气体的稳定电子层结构的。共用电子对两原子核的吸引，使原子结合在一起。把这种分子中原子通过共用电子对结合而成的化学键称为共价键。共价键的键合强度较高，与离子键接近，共价键具有饱和性和方向性。由共价键构成的材料具有高熔点、高强度、高硬度、低膨胀系数和塑性较差等性质。

(3) 金属键

金属中自由电子与金属正离子之间的相互作用，就是金属键。它的特点是电子共有化，可以自由流动；无方向性与饱和性。自由电子的定向移动形成了电流，使金属有着良好的导电性；自由电子能吸收可见光的能量，使金属不透明；正电荷的热振动阻碍自由电子的定向移动，使金属具有电阻；金属晶体中原子发生相对移动时，正电荷与自由电子仍能保持金属键结合，使金属具有良好的塑性。

(4) 范德瓦耳斯力

除了上述原子之间三种较强的相互作用之外，在分子之间还存在着一种较弱的相互作用，其结合能大约只有几至几十 kJ/mol，比化学键键能小约一至二个数量级。早在 1873 年荷兰物理学家范德瓦耳斯在研究气体的体积、压力和温度之间的定量关系时，就已注意到分子间的引力问题，所以通常把分子之间的作用力称为范德瓦耳斯力。分子之间的范德瓦耳斯力是决定材料的熔点、沸点、溶解度等物理化学性质的一个重要因素。

分子间力一般包括三个部分：

a. 取向力　当两个极性分子相互接近时，它们的固有偶极将发生相互影响，即同极相斥，异极相吸，从而产生分子间的作用力，叫取向力。

b. 诱导力　在极性分子和非极性分子之间，由于极性分子偶极所产生的电场对非极性分子产生极化作用使非极性分子的正、负电荷重心不重合，从而产生诱导偶极。把这种诱导偶极和极性分子固有偶极间的作用力叫作诱导力。

同样，在极性分子和极性分子之间，除了取向力之外，由于极性分子的相互影响，每个分子也会发生变形，产生诱导偶极，从而也会出现诱导力。诱导力也会出现在离子和分子以及离子和离子之间。

c. 色散力　色散力存在于任何分子之间，即在极性分子和极性分子之间、极性分子和非极性分子之间以及非极性分子和非极性分子之间都存在色散力。

色散力可以看作是分子的瞬时偶极相互作用的结果。任何一个分子，由于电子的运动和原子核的振动，电子云的分布并不永远是均匀的，也会产生瞬间的相对位移，产生瞬时的偶极。这种由于瞬时偶极而产生的相互作用力，称为色散力。

总之，分子间的范德瓦耳斯力是一种短距离作用力，其作用范围只有几百个皮米；其作用能比化学键键能小约一至二个数量级；一般没有方向性和饱和性。它对材料的沸点、熔点、溶解度、表面张力和黏度等物理化学性质有影响。

(5) 氢键

氢键的形成是由于与电负性很大的元素（如氟、氧、氮等）相结合的氢原子和另一分子中电负性很大的原子间所产生的引力而形成的。氢键通常可用 X-H---Y 表示，X 和 Y 代表 F、O、N 等电负性大、原子半径较小的原子，而且 Y 原子要含有孤对电子。氢键中 X 和 Y 可以是两种相同的元素，也可以是两种不同的元素。

氢键的键能比离子键、共价键和金属键的键能小得多，但是与共价键相仿，氢键一般也有方向性和饱和性，而取向力、诱导力和色散力则不具有这个性质。

氢键具有方向性，是指 Y 原子与 X-H 形成氢键时，在尽可能的范围内，要使氢键的方向与 X-H 键轴在同一个方向，即 X-H---Y 在同一直线上，因为这样成键，可使 X 与 Y 的距离最远，两个原子电子云之间的斥力最小，因而形成的氢键最强，体系最稳定。

氢键具有饱和性，是指每一个 X-H 只能与一个 Y 原子形成氢键。由于氢原子半径比 X 和 Y 的原子半径小得多，当 X-H 与一个 Y 原子形成氢键 X-H---Y 后，如果再有一个极性分子的 Y 原子靠近它们，则这个原子的电子云受 X-H---Y 上的 X 和 Y 原子电子云的排斥，比受带正电性 H 的吸引力大。因此，X-H---Y 上的氢原子不可能与第二个 Y 原子再形成第二个氢键。

尽管氢键的键能一般只有十几至几十 kJ/mol，但对材料的结构与性质也有着很大的影响。例如 DNA 的双螺旋结构就是氢键导致的。在高分子材料中，如果分子间存在氢键，则对高分子的熔点、力学性能有着显著的影响。

2.2 晶体的微观结构

自然界中的固体物质绝大多数是晶体，如岩石、砂子、金属、盐和糖等都是由晶体组成的。气体与液体在一定条件下也可以转化成晶体。在这些物质中晶体颗粒大小区别很大，晶体小的以微米计，大的可以用毫米计。但是不论晶体颗粒的大小如何，其内部的周期性规律、重复排列的结构特征都是共通的。关于晶体的微观结构，首先所考虑的是晶体中所含元素原子的结合方式，包括所形成分子的相互作用，这一点在 2.1.2 节中已经提到。再者是晶体中的原子、分子或离子的排列方式，它们不是杂乱无章地堆积在一起，而是按一定的规律排列在一起，形成各种各样的晶体。

2.2.1 晶体结构的周期性与点阵

（1）点阵结构与点阵

晶体中原子或分子在空间的周期性排列结构可以分为两个要素。第一个要素是晶体结构中周期性重复排列的基本内容，即为基本重复单位。例如 NaCl 晶体中一个 Na^+ 和一个 Cl^- 为一个基本重复单位，在空间三维方向上周期性排列构成整个 NaCl 晶体，将晶体中的基本重复单位称为结构基元。结构基元包括原子或分子的种类和数量及其在空间按一定方式排列的结构。如果将每个结构基元都抽象成一个几何点，则晶体的周期性排列结构就由一组周期性分布的点来表示，这组点就称为点阵，每个几何点称为点阵点。点阵的定义可表达为："一组按连接其中任意两点构成的向量经平移操作后能使之复原的点，称为点阵"。这里所说的平移必须是按向量平行移动，不改变向量的大小和方向，而没有丝毫的转动。由此可见，点阵必然是一组无限的点，每个点阵必然有完全相同的环境。

点阵反映了晶体结构的周期性规律，结构基元则代表了晶体的基本重复单位，它们的关系可如式(2-2) 所示，表示为：

$$晶体结构 = 点阵 + 结构基元 \tag{2-2}$$

（2）一维点阵结构与直线点阵

根据晶体结构的周期性，将沿着晶棱方向周期性地重复排列的结构基元，抽象成一组分布在同一直线上等距离的点阵，称为直线点阵。如图 2-1 所示，空心圆圈代表原子，黑点代表点阵点，连接相邻两黑点的向量是点阵的基本向量。图中（a）是 Cu 原子在金属铜中一维方向上的排列情况，其基本重复单位是一个 Cu 原子，所以结构基元就是一个 Cu 原子，将它抽象

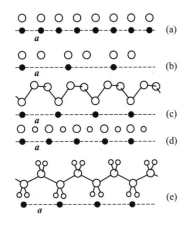

图 2-1 一维周期性结构和点阵
(a) Cu；(b) 石墨；(c) Se；
(d) NaCl；(e) 伸展聚乙烯

成一个点阵点后，Cu 原子的一维排列就构成一直线点阵。相邻两点阵点的连接向量 a 为点阵的基本向量或称单位向量。图中（b）为层型石墨分子中某方向 C 原子的周期性排列情况，将每两个碳原子看作一个结构基元，抽象成一个点阵点。图中（c）为硒晶体中链型 Se 原子按螺旋形周期排列，周期性重复排列的基本重复单位是 3 个 Se 原子，所以结构基元为 3 个 Se 原子，将 3 个 Se 原子抽象成一个点阵点，也同样构成一直线点阵。图中（d）为 NaCl 晶体中一条晶棱方向上的原子排布，结构基元为相邻的一个 Na^+ 和一个 Cl^-。图中（e）为伸展的聚乙烯链，其结构基元为 $-CH_2-CH_2-$，点阵中每个点阵点代表的具体内容就是 $-CH_2-CH_2-$。由此可见，结构基元和晶体的化学组成基本单位有时相同，而有时又不同，结构基元不仅要反映出物质的基本组成，而且要反映出周期性排列的基本单位。

(3) 二维点阵结构与平面点阵

在图 2-2 中给出了平面周期性排列结构和对应的二维平面点阵。图（a）为 NaCl 晶体中一个晶面上的原子（圆圈）排列的情况，每个点阵点（黑点）代表一个 Na^+（小圈）和一个 Cl^-（大圈）组成的结构基元。二维平面点阵存在两个不同方向上的基本向量 a 和 b，由这两个基本向量平移后可得二维平面内一组无限伸展的点。以两个基本向量 a 和 b 为边，可构成一个平行四边形单位，平面点阵可划分成多个并置的平行四边形单位，每个平面点阵单位占有一个点阵点，所以每个平面点阵单位包括一个 Na^+ 和一个 Cl^-。这种只含一个点阵点的点阵单位称为素单位，含一个以上点阵点的点阵单位称为复单位。图（b）为金属铜中某晶面上 Cu 原子的排布，一个 Cu 原子为一个结构基元，这个平面点阵单位也是素单位。图（c）为层型石墨结构，在每个六元碳原子环中心设一个点阵点，平面点阵单位为素单位，含一个结构基元，显然每个结构基元代表两个碳原子和三个碳碳键。图（d）为硼酸晶体中层型结构的一个层，每两个硼酸分子抽象成一个点阵点，平面点阵单位也是素单位。

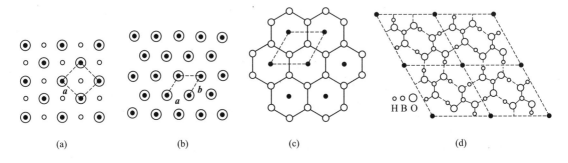

图 2-2 二维周期性排列的结构和点阵
(a) NaCl；(b) Cu；(c) 石墨；(d) $B(OH)_3$

平面点阵可以划分成无限多个并置的平面点阵单位，所以平面点阵单位又称平面点阵格子（即平面格子）。平面点阵单位共有四类，其中四方平面点阵单位有素单位和带心的复单位两种，所以共有五种平面点阵单位。六方平面点阵单位是一种特殊的平行四边形单位（$a \wedge b = 120°$、$|a|=|b|$），虚线部分的表示是为了说明六方平面点阵单位的特殊性（平面点阵单位只

能是平行四边形，不可能是六边形）。在图 2-3 中列出了四类形状的五种平面点阵单位。图 2-2 中（a）就是正方平面点阵单位；(b)、(c) 和 (d) 为六方平面点阵单位。

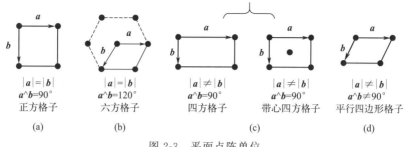

图 2-3 平面点阵单位

(4) 三维点阵结构与空间点阵

三维空间点阵中有三个不同方向上的基本向量 a、b 和 c（它们分别是三个方向连接相邻两阵点的向量），由这三个基本向量平移后可得三维空间内一组无限伸展的点，即为空间点阵。以 a、b 和 c 这三个基本向量为边，可构成一个平行六面体单位，空间点阵被划分成多个按 3 个基本向量并置的平行六面体单位，这种单位称为空间点阵单位，或称空间格子。

如图 2-4 所示，给出了一些晶体的三维周期性结构排列和对应的空间点阵单位。图 (a) 为金属钋的结构，一个 Po 原子为一个结构基元。可见金属钋晶体对应的空间点阵单位是一种素单位，只含一个点阵点，对应一个 Po 原子。图 (b) 为 CsCl 晶体结构，一个结构基元包括一个 Cs^+ 和一个 Cl^-，其空间点阵单位与金属钋类似，空间点阵单位也是素单位。图 (c) 为金属钠的结构，一个 Na 原子为一个结构基元，空间点阵单位是复单位，含有两个点阵点，即含两个结构基元。图 (d) 为金属铜的结构，每个 Cu 原子为一个结构基元，空间点阵单位含 4 个点阵点，它是复单位。图 (e) 为金属镁的结构，每两个 Mg 原子为一个结构基元，空间点阵单位是复单位。图 (f) 为金刚石结构，每两个碳原子为一个结构基元，空间点阵单位为复单位，含 4 个点阵点（空间点阵单位与金属铜类似）。图 (g) 为 NaCl 晶体的结构，一个 Na^+ 和一个 Cl^- 为一个结构基元，空间点阵单位与金刚石结构的空间点阵单位类似。

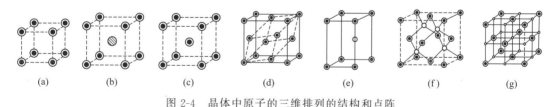

图 2-4 晶体中原子的三维排列的结构和点阵
(a) Po；(b) CsCl；(c) Na；(d) Cu；(e) Mg；(f) 金刚石；(g) NaCl

为什么金属钋、金属铜和金属钠的结构基元是 1 个原子，而金属镁和金刚石却是 2 个原子？这要按结构基元和点阵的基本定义去衡量。在金属钋、金属铜和金属钠中，每个原子都具有相同的周围环境，每个原子都作为结构基元，由这些结构基元抽象出来的点符合点阵定义的要求。金属铜的面心立方单位和金属钠的体心立方单位均可画出只含 1 个原子的平行六面体单位，整个晶体可按这种单位堆砌而成。而金属镁和金刚石的情况就不同了，例如在金刚石中，虽然每个碳原子都是按正四面体的型式和周围的原子成键，但相邻两个碳原子的 4 个键在空间的取向不同，周围环境不同，不能画出只含一个碳原子的平行六面体单位。若以每个碳原子作为结构基元抽象出一个点，这些点不满足点阵的定义，即不能按连接任意 2 个碳原子的向量进行平移而使结构复原。金属镁也有着同样的情况，不能以 1 个镁原子作为一个结构基元。

2.2.2 晶胞和晶胞参数

上节提到空间点阵可选择 3 个不相平行的单位向量 a、b、c，它们将点阵划分成并置的平行六面体单位，称为空间点阵单位。相应地，按照晶体结构的周期性划分所得的平行六面体单位称为晶胞。向量 a、b、c 的长度 a、b、c 及其相互间的夹角 α、β、γ 称为点阵参数或晶胞参数，且 $a=|a|$，$b=|b|$，$c=|c|$；$\alpha=b\wedge c$，$\beta=a\wedge c$，$\gamma=a\wedge b$。

通常根据向量 a、b、c 选择晶体的坐标轴 x、y、z，使它们分别和向量 a、b、c 平行。一般 3 个晶轴按右手定则关系安排：伸出右手的 3 个指头，食指代表 x 轴，小指代表 y 轴，大拇指代表 z 轴。

空间点阵可任意选择 3 个不相平行的单位向量进行划分，由于选择单位向量不同，划分的方式也不同，可以有无数种形式。但基本上可归结为两类：一类是单位中包含一个点阵点，称为素单位。注意计算点阵点数时，要考虑处在平行六面体顶点上的点阵点均为 8 个相邻的平行六面体所共有，每一个平行六面体单位只摊到该点的一部分。另一类是每个单位中包含 2 个或 2 个以上的点阵点，称为复单位，有时为了一定的目的，将空间点阵按复单位进行划分。空间点阵划分方式可以有多种，但实际划分时要按一定的原则进行：①尽可能反映晶体内部结构的对称性，为此对各晶系的晶胞参数加以限制，凡符合这个限制条件的晶胞称为正当晶胞；②尽可能划分得小一些。

若一个固体基本为同一空间点阵所贯穿，则称为单晶。若样品为很多取向随机的单晶拼凑在一起的固体，称为多晶。金属材料及许多粉状物质是由多晶组成的。在棉花、蚕丝、毛发及各种人造纤维等物质中，一般具有不完整的一维周期性结构的特征，并沿纤维轴择优取向，这类物质称为纤维多晶物质。微晶是指每个颗粒中只有几千或几万个晶胞并置而成的晶体，由于它们的体积很小，具有很高的比表面积，所以微晶的表面性质十分突出。例如石墨微晶（炭黑）的表面活性、表面吸附性能等都成为它的主要物理化学性质。

按照晶胞参数不同，晶胞形状有七类，详如表 2-1 所示。由于可以存在复晶胞，对应的微观空间点阵单位（或称空间点阵形式）则共有十四种。图 2-5 为十四种空间点阵单位示意图。综上所述，晶体结构与对应点阵之间的关系可总结如表 2-2 所示。

表 2-1 十四种空间点阵形式

记号	晶系	晶胞参数的限制	空间点阵型式	
a	三斜	—	aP	简单三斜
m	单斜	$\alpha=\gamma=90°$	mP $mC(mA,mL)$	简单单斜 C 心单斜
o	正交	$\alpha=\beta=\gamma=90°$	oP $oC(oA,oB)$ oI oF	简单正交 C 心正交 体心正交 面心正交
h	三方	$a=b$ $\alpha=\beta=90°$	hP hR	简单六方 R 心六方
	六方	$\gamma=120°$	hP	简单六方
t	四方	$a=b$ $\alpha=\beta=\gamma=90°$	tP tI	简单四方 体心四方
c	立方	$a=b=c$ $\alpha=\beta=\gamma=90°$	cP cI cF	简单立方 体心立方 面心立方

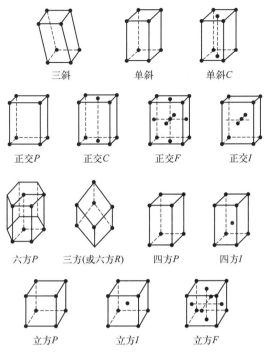

图 2-5 十四种空间点阵单位

表 2-2 晶体结构和对应点阵之间的关系

实际晶体	晶体	晶胞	晶面	晶棱	结构基元
抽象结构	点阵	空间点阵单位	平面点阵	直线点阵	点阵点

2.2.3 晶体结构的对称性

对称性一直是人类文明史上永恒的审美要素，在晶体学中也不例外。晶体结构最基本的特点是具有空间点阵结构，因而在晶体的内部结构和它的理想外形乃至许多宏观性质上都表现出一定的对称性。

"对称"一词包含了两重意义，即相对又相称。"相对"即对应、相等，指对称图形中含有等同部分；"相称"即适合、相当，指图形中等同部分规则排列。对称性科学而严格的定义可以由对称元素和对称操作来描述。对一个具有对称性的图形，当施加某种操作时，可以发现，操作前后仅仅是图形中的各点发生了置换，而图形本身从始至终其几何构型并未发生变化。

如图 2-6 所示，三氟化硼（BF_3）分子为平面分子，键角为 120°。当旋转一定角度后，可以得到图形（Ⅱ）、（Ⅲ）和（Ⅳ）。图中（Ⅰ）、（Ⅱ）、（Ⅲ）和（Ⅳ）都叫作等价图形，其中（Ⅱ），（Ⅲ）对（Ⅰ）叫作复原，而（Ⅳ）对（Ⅰ）叫作完全复原（相当于不动）。

我们把这种经过一个以上（包括不动）不改变图形中任意两点间距离的操作后，能够复原的图形称为对称图形。其中能使图形复原的操作叫对称操作（如上例中的旋转），施行对称操作所依据的几何元素叫对称元素（如上例中的轴线）。

晶体的内部结构具有一定的对称性，可用一组对称元素组成的对称元素系描述。晶体的对称元素和对称操作可以分成两大类：一类是理想晶体外形的对称性，它是一种有限图形的对称

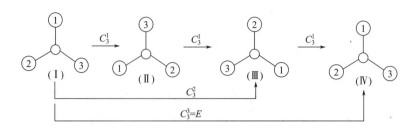

图 2-6　三氟化硼的对称操作

性，和分子的对称性有很多相似之处，称为晶体的宏观对称性；另一类是晶体微观点阵结构的对称性，称为晶体的微观对称性。

晶体的宏观对称性和分子的对称性类似，存在旋转操作和旋转轴、反映操作和镜面、反演操作和对称中心、旋转倒反操作和反轴四类对称操作和对称元素。晶体的微观点阵结构是无限结构，存在平移操作，平移操作的对称元素就是点阵。平移与旋转的联合对称操作就是螺旋选择操作，反映与平移的联合操作是滑移对称操作。上述三种操作使晶体的微观对称操作又增加三种。宏观对称性与微观对称性最显著的差别是，宏观对称性对应的对称操作都是点操作，而微观对称性的操作则没有这个特点。

由于晶体的对称操作受到晶体点阵结构的制约，晶体对称轴的轴次只可能有 1、2、3、4、6 五种轴次。这可证明如下：

设晶体中有一个 n 次旋转轴通过阵点 O，与该旋转轴垂直的平面点阵中与 O 点相邻阵点为 A，它们的间距为 a，根据点阵定义必存在 A' 点，与 O 点相距为 a，如图 2-7 所示。由于存在 n 次旋转轴，旋转 $2\pi/n$ 或 $-2\pi/n$ 后点阵必然复原，因此必存在点阵 B 和 B'，连接 B 和 B' 的向量 $\boldsymbol{BB'}$ 必然属于平移群，那么 $\boldsymbol{BB'} = ma$，$m = 0, \pm 1, \pm 2 \cdots$

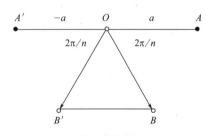

图 2-7　点阵中旋转轴的极限情况

由图 2-7 可按式(2-3)、式(2-4) 和式(2-5) 推算：

$$\boldsymbol{BB'} = 2OA\cos\frac{2\pi}{n} = 2a\cos\frac{2\pi}{n} \quad (2-3)$$

即

$$ma = 2a\cos\frac{2\pi}{n} \quad (2-4)$$

由于 $\cos\theta$ 的值在 -1 至 1 之间，所以 $-2 \leq m \leq 2$，即

$$m = 0, \pm 1, \pm 2 \quad (2-5)$$

得到相应的值 $n = 1、2、3、4、6$。因此，晶体的独立宏观对称元素只有八种：C_1、C_2、C_3、C_4、C_6、σ、i 和 I_4。

2.2.4　点群和空间群

根据晶体的宏观对称，可将晶体分为七大晶系，每种晶系都有自己的特征对称元素，所以特征对称元素是划分晶系的标准。表 2-3 列出了七大晶系的特征对称元素、晶胞类型以及晶体中 3 个晶轴的方向。按对称性从高到低划分晶系，即从表 2-3 自上而下寻找晶体有无这类特征对称元素。例如理想晶体的外形上若存在 4 个 C_3 轴，则晶体为立方晶系，其中的晶胞为立方晶胞；若没有 4 个 C_3 轴，而存在 C_6 或 I_6，则为六方晶系，内部晶胞为六方晶胞；若没有 4 个 C_3 轴，也没有 C_6 和 I_6，而存在 C_4 或 I_4，则为四方晶系，内部晶胞为四方晶胞，依次类推。从晶系的划分可见，晶胞保留了晶体对称性的原因所在。

表 2-3 晶系的划分和选晶轴的方法

晶系	特征对称元素	晶胞分类	选晶轴的方法
立方	4 个按立方体的对角线取向的三重旋转轴	$a=b=c$ $\alpha=\beta=\gamma=90°$	4 个三重轴和立方体的 4 个对角线平行,立方体的 3 个互相垂直的边即为 $a、b、c$ 的方向,$a、b、c$ 与三重轴的夹角为 $54°44'$
六方	六重对称轴	$a=b\neq c$ $\alpha=\beta=90°$ $\gamma=120°$	$c\parallel$ 六重对称轴 $a、b\parallel$ 二重对称轴或 $\perp$ 对称面或选 $a、b\perp c$ 的恰当的晶棱
四方	四重对称轴	$a=b\neq c$ $\alpha=\beta=\gamma=90°$	$c\parallel$ 四重对称轴 $a、b\parallel$ 二重对称轴或 $\perp$ 对称面或 $a、b$ 选 $\perp c$ 的晶棱
三方	三重对称轴	棱面体晶胞 $a=b=c$ $\alpha=\beta=\gamma<120°\neq90°$	$a、b、c$ 选 3 个与三重轴交成等角的晶棱
三方	三重对称轴	六方晶胞 $a=b\neq c$ $\alpha=\beta=90°,\gamma=120°$	$c\parallel$ 三重对称轴 $a、b\parallel$ 二重对称轴或 $\perp$ 对称面或 $a、b$ 选 $\perp c$ 的晶棱
正交	2 个互相垂直的对称面或 3 个互相垂直的二重对称轴	$a\neq b\neq c$ $\alpha=\beta=\gamma=90°$	$a、b、c\parallel$ 二重轴或 $\perp$ 对称面
单斜	二重对称轴或对称面	$a\neq b\neq c$ $\alpha=\gamma=90°\neq\beta$	$b\parallel$ 二重轴或 $\perp$ 对称面 $a、c$ 选 $\perp b$ 的晶棱
三斜	无	$a\neq b\neq c$ $\alpha\neq\beta\neq\gamma\neq90°$	$a、b、c$ 选三个不共面的晶棱

注:表中对称轴包括旋转轴、反轴和螺旋轴;对称面包括镜面和滑移面。

晶体的种类有成千上万种,理想晶体的外形也有很多种。根据晶体的特征对称元素可将晶体划分为七大晶系,对应有七种形状的晶胞。若将晶体的全部对称元素找出,进一步得到晶体的全体独立的宏观对称操作,这些对称操作的集合构成了晶体的点群(点操作群)。这种集合共有 32 种,称为 32 个晶体学点群。按晶体点阵结构的微观对称操作划分,晶体可有 230 种微观对称操作的集合,称为 230 个空间群。

2.2.5 晶向指数、晶面指数、晶面间距

当空间点阵选得某一点阵点为坐标原点,选择 3 个不相平行的单位组量后,该空间点阵就按确定的平行六面体单位进行划分,单位的大小形状就已确定。这时点阵中每一点阵点都可用一定的指标标记它,而一组直线点阵或某个晶棱的方向也可用数字符号标记,一组平面点阵或晶面也可用一定的数字指标标记。

(1) 晶体的晶面指标

晶体的空间点阵可划分为一组平行而等间距的平面点阵,晶体外形中每个晶面都和一组平面点阵平行,可根据晶面和晶轴相互间的取向关系,用晶面指标标记同一晶体内不同方向的平面点阵组。

设有一平面点阵与三个晶轴 $x、y、z$ 相交,在三个轴上的截数分别为 $r、s、t$(以 a,b,c 为单位的截距),从图 2-8 可见,截数之比可反映出平面点阵的方向。当平面点阵与某晶轴平行时,截数为 ∞。为避免 ∞,规定用截数倒数的互质整数比 $1/r:1/s:1/t=h:k:l$ 表示

平面点阵或晶面的指标,记为 (hkl)。图 2-8 中晶面的 r、s、t 分别为 3、3、5,因此 $1/r:1/s:1/t=1/3:1/3:1/5=5:5:3$,该晶面或平面点阵的晶面指标为 (553)。图 2-9 表示出 (100)、(110)、(111)、(200)、(220) 和 (222) 等 6 组点阵面在三维点阵中的取向关系。晶体中晶面指标也可用图 2-10 的方式表达,图中表示了垂直于 z 轴的点阵面,该面上示出了各组与 z 轴平行的晶面指标。

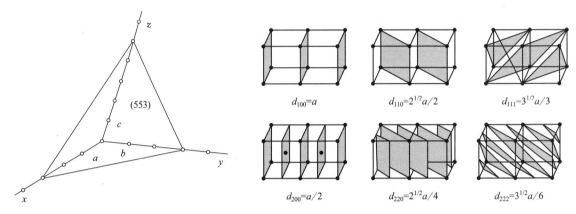

图 2-8　平面点阵 (553) 的取向　　　　图 2-9　点阵中一些晶面的取向

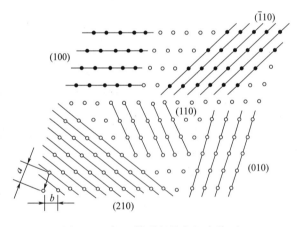

图 2-10　与 z 轴平行的各组点阵面

(2) 晶面间距 d_{hkl}

一组晶面指标为 (hkl) 的平面点阵中,相邻两个平面点阵间的距离用 d_{hkl} 表示,称为晶面间距。从图 2-10 可见,同一晶体中不同晶面指标的各组平行晶面的相邻两晶面间距 d_{hkl} 是不同的。不同晶系的晶面间距如式(2-6)、式(2-7) 和式(2-8) 所示:

正方晶系
$$d_{hkl} = \left[\left(\frac{h}{a}\right)^2 + \left(\frac{k}{b}\right)^2 + \left(\frac{l}{c}\right)^2\right]^{1/2} \tag{2-6}$$

立方晶系
$$d_{hkl} = a(h^2 + k^2 + l^2) \tag{2-7}$$

六方晶系
$$d_{hkl} = ac\left[\frac{4}{3}(h^2 + hk + k^2)a^2 + 3l^2c^2\right]^{-1/2} \tag{2-8}$$

晶面间距既与晶胞参数有关,又与晶面指标有关。晶面指标越大的晶面,其晶面间距越小。根据经验规律,实际晶体外形中晶面间距越小的晶面出现的机会也越大。实际上晶体外形出现的晶面,其指标都是简单的整数。

2.3 缺陷和非整比化合物

2.3.1 晶体点阵缺陷的分类

在三维空间严格按点阵的周期性无限伸展的晶体结构为理想晶体，但实际的晶体都是近似的空间点阵式的结构。它们往往从以下几个方面偏离理想晶体：

首先，实际晶体中的微粒总是有限的。因此，处在边缘位置的微粒则不可能通过平移与其他微粒重合，其所受力等情况也就不同于晶体内部的微粒。但由于处在边缘位置的微粒数与整个晶体内部的微粒数相比，毕竟是极少的，可以忽略不计。因此认为实际晶体近似地具有无限点阵式结构，是科学上允许的"合理近似"。

其次，晶体中所有的微粒并不是分别处在晶格中的一定位置上静止不动的，它们在平衡位置附近不停地振动，即使在 0K 时也仍然存在振动。但由于其振幅比晶体结构的周期性要小得多，一般可忽略不计。而且物质内部的运动往往是"同步"的，这样，微粒经久不息运动的统计平均结果，可以认为实际晶体是具有周期性点阵结构的。

最后，实际晶体无论是自然界的矿物还是人工制造的晶体，由于它们的生长过程中条件的不稳定等因素，在晶体中常产生一些缺陷，可以按照纯几何的特征对点阵缺陷进行分类，即按照它们的维数分类，大致可分为四类：

(1) 点缺陷

点缺陷包括空位、填隙原子、杂质原子、错位原子和变价原子等。点缺陷在各方向上的延伸都很小，属于发生在晶格中一个原子尺寸范围内的一类缺陷，亦称零维缺陷，图 2-11 中示出一些点缺陷的情况。

任何晶体当处于一定的温度时，有些原子的振动能可能瞬间增大到可以克服其势垒，离开其平衡位置而挤入间隙，形成一对空位和间隙原子，这种正离子空位和间隙正离子称为 Frenkel 缺陷。有时也可能是一对正负离子同时离开其平衡位置而迁移到晶体表面上，在原来的位置形成一对正负离子空位，这种正负离子空位并存的缺陷，称为 Schottky 缺陷。这两种缺陷表达了离子晶体中正负离子的运动使晶体具有可观的导电性，在卤化银晶体中，Ag^+ 具有一定的自由运动性能，Frenkel 缺陷使离子从它的正常位置进入空隙位置；Schottky 缺陷使离子从它的正常位置迁移到位错位置或表面，这两种迁移都会在晶体中造成空位。空位密度经常随温度升高而增加，AgCl 晶体在接近熔点时，大约有 1% 的空位。

将微量杂质元素掺入晶体中时，可能形成杂质置换缺陷，例如 ZnS 中掺进约百万分之一（原子数）的 AgCl，Ag^+ 和 Cl^- 分别占据 Zn^{2+} 和 S^{2-} 的位置，形成杂质缺陷。晶体中点缺陷的存在，破坏了点阵结构，使得缺陷周围的电子能级不同于正常位置原子周围的能级，因此不同类型的缺陷，赋予晶体以特定的光学、电学和磁学性质。如含有杂质 Ag^+ 置换 Zn^{2+} 的 ZnS 晶体，在阴极射线激发下，发射波长为 450nm 的荧光，是彩色电视荧屏中的蓝色荧光粉。

(2) 线缺陷

线缺陷只在一个方向上延伸，或称一维缺陷，如晶体点阵中可能存在的位错、点缺陷链等。如图 2-12 所示，在"⊥"处缺少了一列粒子，出现了晶格的位错，在整个点阵结构中形成了线缺陷。位错将使晶体出现镶嵌结构，即在实际的晶体中点阵的周期性不能严格地全面执行，使得一块实际晶体往往由许多微小的晶块组成。

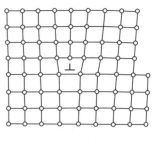

图 2-11　点缺陷的类型　　　　　　　　　图 2-12　位错

(3) 面缺陷

晶体内部偏离周期性点阵结构的二维缺陷称为面缺陷，反映在晶面、堆积层错、晶粒和双晶的界面、晶畴的界面等。

(4) 体缺陷

体缺陷是指在三维方向上相对尺寸较大的缺陷，可以是空洞、气泡、包裹物或沉积物等，它们的存在破坏了正常的点阵结构。

缺陷的存在对晶体生长，晶体的力学性能、电学性能、磁学性能和光学性能等产生很大影响，在生产和科研中都非常重要，是固体物理、固体化学、材料科学等领域的重要基础内容。例如电子导电的金属材料，随内部缺陷浓度的增加，电阻率增高，所以金属导线在拉丝后要退火处理；而离子导电的离子晶体，则随缺陷浓度增加，电阻率降低。许多半导体材料在做成器件前，还必须要掺杂，以改变半导体材料的能带结构。固相催化剂表面上晶格的畸变、原子空位等往往成为催化剂的活性中心。

2.3.2　非整比化合物晶体

不同种类的原子（离子）之间个数比为整数的化合物称为整比化合物。Al_2O_3、MgO、SiO_2 等都是代表性的整数比化合物。另外，许多固体无机化合物的组成是可变的，这样的化合物属于非整比化合物。不含外来杂质的纯净的固体化合物的非整比性，是由于物相中存在各种本征缺陷所造成的，如空位缺陷、间隙原子、位错等。因此，缺陷对于固体化合物的非整比性起着本质作用。这些化合物的电学、磁学和催化特性正日益引起人们的重视，这种非整比化合物的组成比例在一定的范围内可变的情况还是很普遍的。研究这类非整比化合物的组成、结构、价态、自旋状态与性能，对探索新型的无机功能材料将是很重要的。非整比化合物是原子的相对个数不可以用整数比来表示的化合物，它们产生的原因被认为是：

① 一种原子的一部分从有规则的结构位置中失去，如 $Fe_{1-x}O$。

② 存在着超过或短缺结构所需数量的原子。例如将氧化锌晶体在约 1000K 时放在锌蒸气中加热，能得到具有相当小的化学配比偏差。晶体变为红色，生成 $Zn_{1+\delta}O$ 的 n 型半导体。又如，一氧化钛的化学组成变化范围很宽，可以从 $TiO_{0.82}$ 到 $TiO_{1.18}$。将整比的 TiO 在高于或低于整比 TiO 的分解压的各种不同的氧分压下加热，既可以在空位中加入过量的氧，也可以脱去部分的氧形成过量的钛。氧的数量不同，钛的价态不同，电导性质不同，可以出现金属那样的导电性。再如，许多过渡金属氧化物中，金属离子出现混合价态，$Ni_{1-\delta}O$ 中，与 NiO 相比较少了 δ 个 Ni，就会有 2δ 个 Ni^{2+} 氧化为 Ni^{3+}。由于混合价态化合物一般电导性比单纯价态化合物强，颜色要深，磁学性质改变，可用以制作颜料、磁性材料、氧化还原催化剂和蓄电池的电极材料等多种材料。

③ 被另一种原子所取代。如目前商品锂离子电池正极材料多用 $LiCoO_2$，但 Co 价格昂贵，

以 Ni 部分取代 LiCoO$_2$ 中的 Co，制成的非整比化合物晶体 LiNi$_x$Co$_{1-x}$O$_2$ 兼备了 Co 系、Ni 系材料的优点，具有规整的 α-NaFeO$_2$ 层状结构。目前可以用 Ni(OH)$_2$ 和 NiNO$_3$、CoO 在空气气氛条件下 800℃恒温 8h 制得此类材料，这样的制备条件比较温和，材料成本低，电化学性能优良。

从热力学的观点来看，一般说来，非整比的出现与晶体中点缺陷形成的原因相类似。如果晶体生长或所处的外部环境的组分不是固定的，同时，晶体的原子（离子）与包围晶体的气相原子（离子）间达到平衡，那么晶体的两类原子的比可能发生变化。例如，具有离子结构的金属化合物置于氧分压高的气氛中，晶体中的氧负离子将很难从内部迁移到表面，然而可以预料，将会发生相反过程，即晶体表面上预先吸附的氧负离子会掺和到晶体中去。

由上述内容可知，这类化合物由于它们的成分可以改变，出现变价原子，因而晶体具有特殊的光学性质、半导体性质、金属性以及化学反应活性等。下面以 TiO$_2$ 为例说明在非整比化合物中结构和性质的关系：

TiO$_2$ 从绝缘体到半导体，其组成差别是十分微妙的。不同分子式的 TiO$_2$ 陶瓷的色泽和电阻率如表 2-4 所示。表中 TiO$_2$ 中的氧从 2.00 变成 1.994，颜色由白变黑，而电阻率则由大变小，TiO$_2$ 由电介质变为半导体。通过烧成气氛从氧化性到还原性（H$_2$ 气氛）的改变，可获得上述转变。用热天平可测定 TiO$_x$ 中的 x 值。上述转化是可逆的。

表 2-4　二氧化钛陶瓷的色泽和电阻率

分子式	颜色	电阻率/(Ω·cm)
TiO$_{2.00}$	白，灰色 灰色 鸽灰	5×10^9 2×10^7 8×10^3
TiO$_{1.996\sim1.994}$	黑	≪10^3

2.3.3　晶界

实际使用的固体材料绝大部分都是多晶体，而不是按单一的晶格排列的单晶体。这是由于在一般制备材料的过程中，晶体是环绕着许许多多不同的核心生成的，很自然地形成由许多晶粒组成的多晶体。晶粒的粗细、形状、方位的分布都可以对多晶体的性质有重要影响。

晶粒之间的交界处称为晶界。晶界是结晶颗粒与结晶颗粒的交界面，也是连接各结晶颗粒的交接部位。晶界也可以看作是一种晶体缺陷，晶界实际上是晶体中不同位向晶粒之间原子排列无规则的过渡层，如图 2-13 所示。晶界处晶格处于畸变状态，导致其能量高于晶粒内部能量，常温下显示较高的强度和硬度，容易被腐蚀，熔点较低，原子扩散较快。

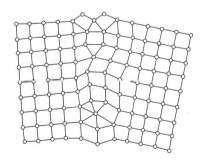

图 2-13　晶界的过渡结构示意图

杂质原子在晶界属于一种溶质原子。溶质原子有时会较多地聚集在晶界上，使晶界上溶质的浓度比晶粒内部要高 10～1000 倍。按照热力学观点，使晶界表面张力降低的溶质原子将偏聚在晶界区，此称为正吸附，例如钢中的碳、磷等元素在晶界上偏聚；反之，使晶界表面张力增加的元素将远离晶界，称为反吸附，例如钢中的铝元素。

晶界特有的化学和物理现象包括：晶界的扩散、晶界反应机构的控制、晶界的电位、晶界的高电阻现象、晶界的结合力。

多晶材料的晶界与多晶材料的结构、性能及工艺过程密切相关。许多具有特殊功能的固体材料是借助于晶界效应而制成的,充分利用这些晶界效应就能使多晶材料具有单晶和玻璃所不具备的性能。所以现在有所谓的晶界工程,即通过改变晶界状态,来提高整个材料的性能。例如,晶界也是陶瓷材料的一大特点。陶瓷属于多晶材料,必然存在着晶粒的晶界,这是单晶体和非晶态所没有的。晶界的组成和状态,直接影响到材料的性能,包括力学性能和电学性能等。许多具有特殊功能的陶瓷是借助于晶界效应而制成的,充分利用这些效应,就可使陶瓷材料具备所需特殊功能。

2.4 晶体与非晶体

晶体和非晶体是按组成固体材料的原子排列不同而划分的。晶体是由原子(离子)在三维空间中有规律的周期性排列而成的,其结构特点是长程有序;非晶体的结构具有长程无序、短程有序的特点,所谓长程无序,即在大于几个原子间距之后,原子(离子)排列没有规律性和周期性。

非晶态结构又分为像高分子那样的链状结构和像无机玻璃那样的网络结构。晶体与非晶体物质可以用 X 射线衍射、中子散射或电子衍射的方法来鉴别。图 2-14 分别给出方石英、石英玻璃、石英凝胶的 X 射线衍射图,虽然它们都是 SiO_2,但晶体方石英与非晶态的石英玻璃及石英凝胶的衍射图却大不相同。

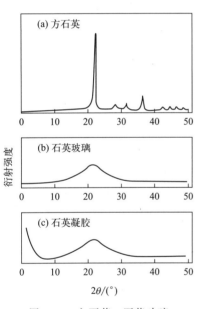

图 2-14 方石英、石英玻璃石英凝胶的 XRD

2.4.1 晶体结构的特征

由于组成晶体的原子、离子或分子在空间有一定规律的周期性重复排列,这种周期性的排列规律特征赋予了晶体材料一些共同的基本特性。

(1) 均匀性

晶体是由晶胞严密并置堆积而成的,晶体中的原子、离子或分子周期性排布,由于周期极小,在宏观上分辨不出这种微观的不连续性,故晶体材料各个部位所体现出来的性能是相同的,即材料总体体现出来的性能是均匀的。如晶体的化学组成、密度、硬度等性质在晶体中各部分都是相同的。气体、液体与玻璃体也有均匀性,那是由于原子杂乱无章的分布,均匀性来源于原子无序分布的统计性规律。

(2) 各向异性

由于组成晶体材料的元素不同,以及加工方法、加工工艺的不同,晶体材料中沿不同的方向,原子或分子排列和取向往往不同,故整个晶体材料在不同方向上呈现不同的物理性质,这种现象称为各向异性。如石墨晶体是层状结构,其各层相平行方向上的电导率($2.5 \times 10^4 \sim 0.2 \times 10^4 $S/cm)约为各层垂直方向上电导率的 10^4 倍。除电导率外,晶体材料的热膨胀系数、折射率和机械强度等都存在各向异性。玻璃体等非晶物质,不会出现各向异性,而是等向性,例如玻璃的折射率、热膨胀系数等,一般不随测定的方向而改变。

(3) 固定的熔点

如果把晶体加热，随着温度的升高，晶体中原子之间的化学键会发生断裂。晶体的周期性规则排列遭到破坏，晶态向液态转化，转化时的温度就是晶体的熔点。在加热晶体达到熔化时，晶体即开始熔化。在没有全部熔化之前继续加热，温度不再上升，这时所供给的热全部用来使晶体熔化，完全熔化后，温度才开始上升，这说明晶体有固定的熔点。玻璃体和晶体不同，它们没有一定的熔点。如将玻璃加热，它随着温度升高逐渐变软，黏度减小，变成黏稠的液体，进而成为流动性较大的液体。在此过程中，没有温度停顿的时候，很难指出哪一温度是其熔点。

(4) 自发地形成多面体外形

晶体材料在制备或加工过程中，晶体生长自发形成晶面，晶面相交成为晶棱，而晶棱相交会聚成晶体的顶点，这使得堆积的晶体总体也呈现多面体外形。这种特点决定于晶体的周期性结构。晶体在理想环境中生长应长成凸多面体。凸多面体的晶面数（F）、晶棱数（E）和顶点数（V）相互之间的关系符合式(2-9)：

$$F+V=E+2 \tag{2-9}$$

例如四面体有 4 个面，6 条棱，4 个顶点；立方体有 6 个面，12 条棱，8 个顶点；八面体有 8 个面，12 条棱，6 个顶点。

玻璃体不会自发地形成多面体外形，当液体玻璃冷却时，随着温度降低，黏度变大，流动性变小，固化成表面圆滑的无定形体，与晶体的有棱、有顶角、有平面的性质完全不同。

(5) 对称性

晶体的对称性对晶体的性质有重大影响，如非中心对称的晶体可能有对映体、旋光性、热电效应、铁电效应、压电效应和非线性光学效应等，因此非中心对称的晶体成为这类晶体材料的主要来源。例如石英晶体具有压电效应，故石英晶体可作压电材料。若把晶体切成薄片，薄片在压力作用下发生极化，在两个面上分别产生正电荷和负电荷，即在表面间出现电势差的现象，这就是晶体的压电效应。什么样的晶体才会产生压电效应呢？从实验事实可知，既然晶体薄片加压后两个面上带有相反的电荷，就说明这种晶体一定没有对称中心，没有对称中心的晶体称作非中心对称晶体。只有非中心对称的晶体可能有压电效应，因此利用压电效应可以帮助我们判断晶体的对称性。

(6) 衍射效应

晶体能使 X 射线产生衍射。当入射光的波长与光栅隙缝大小相等时，能产生光的衍射现象。X 射线的波长与晶体结构的周期性大小相近，所以晶体是理想的光栅，它能使波长相当的 X 射线、电子流或中子流产生衍射效应。利用这种性质，人们建立了测定晶体结构的重要实验方法。非晶态物质没有周期性结构，不能使 X 射线产生衍射，只有散射效应。

2.4.2 非晶态材料的几何特征

相对于晶体材料结构，非晶态材料组成分子、原子或离子在空间缺少周期性的排列特征，它们的微观结构千变万化十分复杂，这赋予了非晶态材料多种多样的丰富特性。非晶态材料物理化学性能比相应的晶态材料更佳，是目前材料科学中广泛研究的一个新领域，也是一类发展较迅速的材料。

多种衍射实验表明，非晶态材料是一种无序的结构，其原子排列不再具有长程有序性。但在其很小范围内存在一定的有序，称为短程有序。非晶态材料原子排列的长程无序又可分两种情况：①位置（几何）无序，具体指原子在空间位置上的排列无序，又称拓扑无序。②成分（化学）无序，具体指多元素不同组元的分布为无规则的随机分布。另外非晶态材料中原子排列的短程有序，表现在每个原子近邻原子的排列仍具有一定的规律性，呈现出一定的几何特征。在许多非晶态材料中，仍然较好地保留着相应的晶态材料中所存在的近邻配位情况，形成只有确定配位数和一定结构的单元。但还须指出的是，非晶态材料中这种短程有序的结构单元，或多或少都具有某种程度的变形。例如四面体的键长和键角有不同程度的变化范围，非晶硅中四面体的键长变化约5%，键角变化为5°~10°，正是大量的这种具有某种程度变形的短程有序结构单元的无序堆积，组成了非晶态材料的整体。因此，非晶态材料结构的主要特征是长程无序而短程有序。

2.4.3 非晶态与晶态间的转化

给定组分的非晶态比相应的晶态有更高的能量。也就是说，在熔点以下晶态总是取吉布斯自由能较低的状态，而非晶态吉布斯自由能总比晶态的吉布斯自由能高。非晶态固体所属的状态属于热力学亚稳态，所以非晶态固体总有向晶态转化的趋势，即非晶态固体在一定温度下会自发地结晶，转化到稳定性更高的晶体状态。但当温度不够高时，非晶态中的原子（离子）的运动幅度较小，同时结晶化所必不可少的晶核的形成和生长都比较困难，因此非晶态向晶态的转化就不易发生。

非晶态向晶态的转化，往往不是直接转变成稳定性高的晶态，而要经过一些中间步骤。处在吉布斯自由能较高的非晶态转变到吉布斯自由能较低的晶态，需克服一定的势垒。转变过程也可能分作几步进行，中间经过某些过渡的亚稳态。从非晶态向晶态的转变带有突变的特征，一般过程中伴随着幅度不大的体积变化；同时像液体结晶一样，会释放出热能。因此，非晶态向晶态转化是一个很复杂的过程。

虽然非晶态材料处于亚稳态，但经验告诉我们，晶状基态从动力学上来讲往往是难以达到的，所以实际上非晶态一旦形成就能保持无限长的时间。这种情况类似于结晶的金刚石，它是亚稳相。碳原子结合的最低能量形态不是金刚石，而是石墨。在通常温度和压力下，石墨是稳定的热力学相。

晶态向非晶态转化的工艺技术向人们提供直接从固态晶体制备非晶态固体的方法。材料表面的研磨和破碎过程中机械能量引起晶体材料非晶化作用，冲击对于晶体材料的非晶化作用则更强。机械能的作用会引起晶体的晶格中大量缺陷形成，当缺陷的浓度超过一定限度时，晶体的长程有序性就会消失。

2.5 液晶材料

1937年Bawden和Pririe第一次发现液晶特性，但直到20世纪60年代以后，随着人们对物质结构和性质研究的飞跃发展，逐渐加深对液晶结构特性的了解，才使探索液晶奥秘的研究历史发生重大转折。目前作为一种新型的显示材料，与集成电路一起在图像显示技术上开创了新的方法，在电光学、热化学和分子光谱等许多领域中有广泛的用途。

2.5.1 液晶的特性

晶体具有空间点阵结构，是一种排列有序的结构。气体分子的无规则热运动，使气体分子处于一种完全混乱的状态，这是一种分子排列完全无序的结构。液体分子所处情况介于上述两者之间，它既有类似于晶体的性质，又有类似于气体的性质。具体可理解为：液体和气体类似，没有固定的外形，具有流动性和扩散作用；而液体和固体又有相近的密度、压缩性、热膨胀系数等性质。液体中分子具有流动性，分子存在热运动和转动，这些运动受到周围分子的影响而不"自由",但是晶体中的原子(或分子、原子团)却受到晶体的限制,而不存在平动和转动,只能在晶格位置附近作微小的振动。

总之,晶体是各向异性的,液体是各向同性的。通常情况下,晶体熔化后即转变成各向同性的液体,但也有一些物质从晶体变到各向同性的液体过程中,要经历一个各向异性的液体状态,这种状态就称为液晶态,即兼有部分晶体和液体性质的过渡状态。例如,4,4′-二甲氧基氧化偶氮苯,由固体加热到熔点116℃时,转变成各向异性的浑浊流体,当温度升高到133℃时,才进一步转变成各向同性的透明液体。因此,液晶是部分失去了晶体的长程有序性,而各向同性的液体则是完全失去了晶体的长程有序性。

2.5.2 液晶的分类

液晶的结构可分为三类:向列型、近晶型和胆甾型,如图2-15所示。

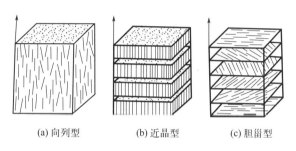

(a) 向列型　　(b) 近晶型　　(c) 胆甾型

图 2-15　三种常见的经典液晶相

在向列型液晶中,分子长轴近似平行,分子质心无序。由于分子易于取向以适应流动情况,故其黏度较小。4,4′-二甲氧基氧化偶氮苯就是向列型液晶化合物。

在近晶型结构中,窄长形分子排成类似肥皂膜那样的层片状。在层片内分子的排列只要求有共同的取向,而不要求有晶体那样的规律性。由于层片切线方向可滑动,其他方向运动困难,所以这种近晶型结构黏度较大。近晶型液晶保持着二维有序性,是一种最相似于晶体的液晶种类。4,4′-二甲酸乙酯氧化偶氮苯能形成近晶型液晶,其熔点为114℃。

胆甾型液晶的许多化合物都是胆甾醇的衍生物,故称为胆甾型。胆甾醇酯类分子都具有扁平而伸长的形状,稠环平面向外突出一些侧基。这样的分子可顺着平面平排成平面层,与向列型液晶类似。但由于侧基的相互作用,这些分子层发生扭转,结果形成了螺旋结构,这就是胆甾型液晶的基本结构。胆甾型液晶黏度较大,而且具有很强的旋光性,可将白光散射成彩虹般的颜色,这种旋光性是胆甾型液晶的显著特征。

很多液晶结构随温度的变化发生转变。例如对乙氧基苯对氧化偶氮苯甲酸乙酯在76℃时从固体转变为近晶型;当温度升高到83℃时,则由近晶型转变为向列型;当温度升高到112℃时,则发生向列型到各向同性的液体的转变。还有一些液晶化合物在一定温度下,可以从一种近晶型向另一种近晶型转化。

思考题

1. 表征元素性质的物理量有哪些?
2. 根据形成分子的原子不同,化学键有哪几种?有什么区别?
3. 晶体一般的特点是什么?
4. 点阵和晶体的结构有何关系?

5. 按照晶胞参数的不同，晶胞形状有哪几类？
6. 宏观对称操作和微观对称操作有什么不同？
7. 根据晶体的宏观对称，可将晶体分为哪七大晶系？
8. 实际晶体与理想晶体的区别是什么？
9. 晶体缺陷可以分为哪几类？
10. 什么是非整比化合物晶体？可以通过哪些途径形成非整比化合物晶体？
11. 晶体的基本特性有哪些？
12. 非晶态材料的几何特征是什么？
13. 非晶态向晶态转化的原理是什么？
14. 液晶的特点是什么？
15. 常见的液晶相有哪几类？各有什么结构特点？

参考文献

[1] 周公度，段连运. 结构化学基础 [M]. 3版. 北京：北京大学出版社，2002.
[2] 麦松威，周公度，李伟基. 高等无机结构化学 [M]. 香港：香港中文大学出版社，2006.
[3] 江元生. 结构化学 [M]. 北京：高等教育出版社，1997.
[4] 李奇，陈光巨. 晶体结构与测定 [M]. 北京：中国科学技术出版社，2004.
[5] 李宗和. 结构化学 [M]. 北京：高等教育出版社，2002.
[6] 钱逸泰. 结晶化学导论 [M]. 合肥：中国科学技术大学出版社，2005.
[7] 张钧林. 材料科学基础 [M]. 北京：化学工业出版社，2006.
[8] 唐小真. 材料化学导论 [M]. 北京：高等教育出版社，1997.
[9] 徐晓鹏，底楠. 液晶材料的分类、发展和国内应用情况 [J]. 化工新型材料，2006，34 (11)：81-83.

第 3 章
材料的表征方法

内容提要

任何一种材料都具有本身独特的性能，而赋予材料独特性能的是其本身的化学组成和微观结构，因此，材料的结构与性能之间的关系是研究任何一种材料的最基本的问题。现代科学已提供一系列描绘材料化学组成和微观结构的技术，即材料结构的表征方法，它们将有助于了解材料的各种结构，并为一种材料的改性或一种新材料的制备提供依据。

本章介绍了 X 射线衍射分析方法、电子显微技术分析方法（包括扫描和透射电子显微分析方法）以及波谱分析方法（包括紫外-可见吸收光谱法、红外光谱法、拉曼光谱法、核磁共振波谱法、原子吸收光谱法和发射光谱法）等的原理、设备及应用领域。

学习目标

1. 理解各类测试分析方法的基本原理。
2. 掌握各类测试分析方法的特点。
3. 掌握扫描电镜和透射电镜、红外光谱法和拉曼光谱法的异同点。
4. 了解不同测试方法的测试对象和应用范围。

3.1 X 射线衍射技术

晶体的周期性结构使晶体能对 X 射线、中子流、电子流等产生衍射，而在测定晶体结构上，形成 X 射线衍射法、中子衍射法和电子衍射法。这些衍射法能获得有关晶体结构可靠而精确的数据，其中最重要的是 X 射线衍射法。它于 1912 年问世，随后几十年来成果丰富、联系广泛，是人们认识物质微观结构的重要途径。到 20 世纪 40~50 年代，各类有代表性的无机物和有机物的晶体结构，多数已得到测定，总结出键长、键角及其变异规律，分子的构型、构象规律，阐明固体物理的许多效应，成为化学、物理学、矿物学以及冶金学等科学和技术方面的基础。到 50 年代，成功地测定了蛋白质的晶体结构，为分子生物学的发展提供了基础。到 60~70 年代，衍射法和计算机技术结合，实现收集衍射实验数据的自动化，发展测定结构的程序，使晶体结构的测定工作从少数晶体学家手中解放出来，而为广大有机化学家和无机化学家所掌控。进入 80 年代后，从积累的大量结构数据，建立多功能的晶体结构数据库。现在，国际上已建立的晶体学数据库主要有五种：英国的剑桥结构数据库、美国的蛋白质晶体结构数据库、德国的无机晶体结构数据库、加拿大的金属晶体学数据库、美国的粉末晶体衍射文件库。它们为化学、物理学、生物学等各方面的广泛应用，提供系统的结构信息。

3.1.1 X射线的产生及其性质

（1）X射线的发现

X射线是1895年由德国物理学家伦琴（W. C. Rontgen）发现的，又名伦琴射线。当时，Rontgen偶然发现放在高真空的放电管附近的照相底片被感光了。但照相底片是用黑纸严密包好的，而阴极射线是透不出玻璃管的，所以Rontgen认为这种使照相底片感光的东西一定是某种看不见的射线。他称这种穿透能力极强的射线为X射线。Rontgen还用X射线拍下了物理学历史上最著名、最温情脉脉的一张照片，照片上清楚地显示出Rontgen夫人的手骨结构及手上那枚金戒指的轮廓，见图3-1(a)，老式X射线管如图3-1(b)所示。1912年，德国物理学家劳厄（Von Laue）等发现了X射线在晶体中的衍射现象，确证了X射线是一种电磁波。同年，英国物理学家布拉格父子（W. H. Bragg和W. L. Bragg）利用X射线衍射测定了NaCl晶体的结构，从此开创了X射线晶体结构分析的历史。

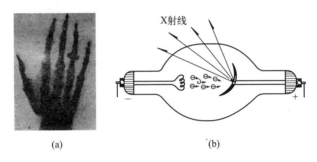

图3-1 Rontgen夫人手的X射线图和老式X射线管

（2）X射线的产生

凡是高速运动的电子流或其他高能辐射流（如γ射线、X射线、中子流等）被突然减速时均能产生X射线。

实验室中所用的X射线通常是由X射线机所产生的。X射线机主要由X射线管、高压变压器、电压和电流调节稳定系统等构成。其中，X射线管是X射线机最重要的部件之一。目前常见的X射线管均为封闭式电子X射线管，而大功率X射线机一般使用旋转阳极X射线管，图3-2为封闭式X射线管示意图。

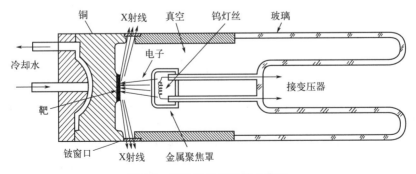

图3-2 封闭式X射线管示意图

X射线管实质上就是一个真空二极管，其结构主要由产生电子并将电子束聚焦的电子枪（阴极）和发射X射线的金属靶（阳极）两大部分组成。电子枪的灯丝用钨丝并绕成螺旋状，通以电流后，钨丝发热释放自由电子。阳极靶通常由传热性能好、熔点高的金属材料（如铜、钴、镍、铁等）制成。整个X射线管处于真空状态。当阴极和阳极之间加以数万伏的高电压时，阴极灯丝产生的电子在电场的作用下加速，并以高速射向阳极靶，经高速电子与阳极靶的碰撞，由阳极靶产生X射线，这些X射线通过用金属铍（厚度约为0.2nm）制成的窗口射出，即可提供给实验所用。

晶体衍射所用的X射线，通常是在真空度约为10^{-4}Pa的X射线管内，由高电压加速的一束高速运动的电子，冲击阳极金属靶面时产生的。由X射线管产生的X射线包含两部分：一部分是波长连续的X射线，另一部分是由阳极金属材料成分决定的、波长确定的特征X射线。前者是由于电子与阳极物质撞击时，穿过一层物质，降低一部分动能，穿透深浅不同，降低动能不等，所以有各种波长的X射线，也称为"白色X射线"。后者是高速电子把原子内层电子激发，再由外层电子跃迁至内层，势能下降而产生的X射线，它的波长由原子的能级决定，也称为"单色X射线"。在晶体X射线衍射实验中，需要使用波长一定的单色X射线，可使用滤波片或单色器将其余波长的X射线滤掉。

产生X射线衍射效应的条件是满足Bragg定律，见式(3-1)：

$$2d\sin\theta = n\lambda \tag{3-1}$$

式中，d是相邻晶面间的垂直距离（称为d间距）；n是正整数；λ是波长；θ为入射X射线与晶面的夹角，称为Bragg角。

Bragg角的限定是十分严格的，只要入射角与它相差十分之几度，通常反射束就会完全相消。当一束平行单色X射线射入单晶时，部分射线径直穿过晶体，符合Bragg公式所指明条件的则发生衍射。衍射线与透射线的夹角为2θ，即为入射线与晶面夹角的2倍。

(3) X射线的性质

X射线是波长范围在约1~10000pm的电磁波，在电磁波谱上它处于紫外线和γ射线之间，如图3-3所示。而用于测定晶体结构的X射线，波长为50~250pm。这个波长范围与晶体点阵面的间距大致相当。波长太长（>250pm），样品对X射线吸收太大；波长太短（<50pm），衍射线过分集中在低角度区，不易分辨。

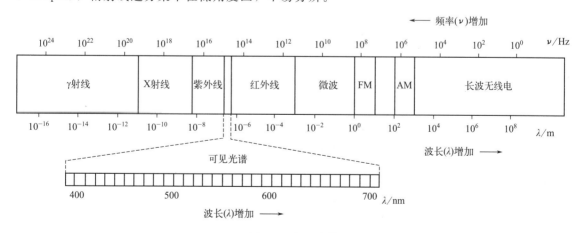

图3-3 电磁波谱

X射线和可见光一样，有直进性，但折射率小，穿透力强。具体而言，X射线具有以下特点：

① X射线具有很强的穿透能力,可以穿透黑纸及许多对于可见光不透明的物质。当穿过物质时,能被偏振化并被物质吸收而使强度减弱。

② X射线沿直线传播,即使存在电场和磁场,也不能使其传播方向发生偏转。

③ X射线肉眼不能观察到,但可以使照相底片感光。在通过一些物质时,使物质原子中的外层电子发生跃迁而产生可见光;通过气体时,X射线光子能与气体原子发生碰撞,使气体电离。

④ X射线能够杀死生物细胞和组织。人体组织在受到X射线的辐射时,生理上会产生一定的反应。

当X射线照射到晶体上时,大部分透过晶体,小部分被吸收散射,极少量射线发生反射折射,可忽略不计。X射线和晶体的相互作用表述如图3-4所示:

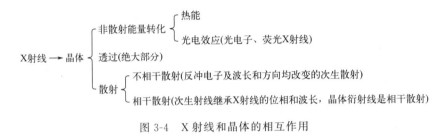

图 3-4　X 射线和晶体的相互作用

在上述作用中,相干散射效应是X射线在晶体中产生衍射的基础。在晶体的点阵结构中,具有周期性排列的原子或电子散射的次生X射线间相互干涉的结果,决定了X射线在晶体中衍射的方向。通过对衍射方向的测定,可得到晶胞大小与形状的信息。如果晶胞内部各原子不是周期性排列,它们所散射的次生X射线相互干涉的结果可能会使部分衍射波减弱,甚至相互抵消。因此对各衍射方向的衍射强度进行测量,可获得晶胞中原子排列方式的信息。

3.1.2　常见晶体 X 射线衍射方法

根据样品的形状,可将X射线衍射方法分为单晶法与多晶粉末法,而根据衍射线的收集方法又可分为照相法与衍射仪法。

单晶法X射线衍射分析的对象是单晶样品。主要应用于测定单胞和空间群,还可测定反射强度,完成整个晶体结构的测定。由于用单晶作为样品比多晶更方便、更可靠地获得更多的实验数据,所以该法一直是解析晶体结构的最重要手段。

单晶法X射线衍射分析的检测器采用胶片(照相法)或计数器(计数器法)。单晶衍射仪的计数器法主要是收集衍射强度数据。照相法技术有三种:旋转或回摆法、威森博格法和旋进法。这三种方法的原理基本相同,主要的优势在于对所得到的照片解释和测量更加简单和容易,通过对这些照片的分析能获得晶胞的各项参数。

多晶样品(如一小块金属,一小包晶体粉末)中含有无数个小晶粒,它们杂乱无章、随机取向地聚集在一起。当单色X射线照到多晶样品上,产生的衍射花样和单晶不同。单晶中一组平面点阵的取向若和入射X射线的夹角为θ,满足衍射条件,则在衍射角2θ处产生衍射,可使胶片感光出一个衍射点。如果X射线照到这种晶体的粉末上,因晶粒有各种取向、同一组平面点阵,可形成分布在张角为4θ的圆锥方向上的衍射线,这衍射线是由无数个符合同样衍射条件的晶粒产生的衍射点形成的。晶体中有许多平面点阵组,相应地形成许多张角不同的衍射圆锥线,共同以入射的X射线为中心轴。

3.2 显微技术

人的眼睛只能分辨 1/60 度视角的物体，这相当于在明视距离下能分辨 0.1mm 的目标。光学显微镜通过透镜将视角扩大，提高分辨极限，可以达到 200nm。随着材料科学的发展，人们对于显微分析技术的要求不断提高，观察对象也越来越细，如要求分辨几纳米或更小的尺寸。显微技术是采用显微镜作为工具来进行材料分析的，最常用的显微镜有光学显微镜、透射电子显微镜（TEM）和扫描电子显微镜（SEM）。

显微镜观察的对象是材料的表面或断面，有时也可以是专门的制样，如切片等。光波的性质从根本上限制了光学显微镜分辨细节的能力，光学显微镜分辨率有限，所得到的是有关材料微细的裂纹、裂缝、气泡等。电子显微镜具有较高的分辨率，如材料研究最通用的扫描电子显微镜，其分辨率可达 10～20nm，得到极好的立体表面形态图像，甚至能观察到结晶现象。

3.2.1 扫描电子显微镜

(1) 基本原理

扫描电子显微镜（scanning electron microscope，SEM），简称扫描电镜，是在试样表面的微小区域形成影像的。以 5～10nm 直径的电子束扫描试样，电子束与试样相互作用产生一系列现象，如高能背散射电子、低能二次电子、吸收电子、X 射线和可见光（阴极发光）等。这些现象得到的任何一种信号都能用探测器连续监测。将探测器信号放大并通常转化成阴极射线管的亮度信号，阴极射线管的扫描速度与电子束轰击试样表面同步，这样，使试样表面的每个扫描点与阴极射线管屏上相应的点有着对应的关系。电子束扫描试样表面的区域与阴极射线管屏上相应的面积相比较是很小的，阴极射线管屏上影像的放大倍数是屏上距离与在试样上相应距离之比。扫描电镜的结构如图 3-5 所示。

(2) 扫描电镜的结构

扫描电镜主要包括以下几个部分：

① 电子枪——产生和加速电子。由灯丝系统和加速管两部分组成。

② 照明系统——聚集电子使之成为一定强度的电子束。由两级聚光镜组合而成。

③ 样品室——样品台，交换、倾斜和移动样品的装置。

④ 成像系统——像的形成和放大。由物镜、中间镜和投影镜组成的三级放大系统。调节物镜电流可改变样品成像的离焦量，调节中间镜电流可以改变整个系统的放大倍数。

⑤ 观察室——观察像的空间，由荧光屏组成。

⑥ 照相室——记录像的地方。

⑦ 除了上述的电子光学部分外，还有电气系统和真空系统，提供电镜的各种电压、电流及完成控制功能。

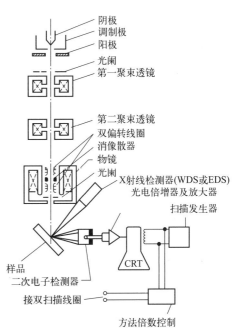

图 3-5 扫描电镜结构示意图

(3) 扫描电镜的主要性能

① 放大倍数。扫描电镜的放大倍数 M 定义为：在显像管中电子束在荧光屏上最大扫描距离和在镜筒中电子束在试样上最大扫描距离的比值，见式(3-2)：

$$M = \frac{l}{L} \tag{3-2}$$

式中，l 为荧光屏长度；L 为电子束在试样上扫过的长度。

这个比值是通过调节扫描线圈上的电流来改变的。观察图像的荧光屏长度是固定的，如果减小扫描线圈的电流，电子束偏转的角度小，在试样上移动的距离变小，放大倍数增大；反之，增大扫描线圈上的电流，放大倍数就要变小。可见改变扫描电镜放大倍数是十分方便的。目前大多数商品扫描电镜，放大倍数可从低倍连续调节到20万倍左右。

② 景深。扫描电镜的景深比较大，成像富有立体感，所以它特别适用于粗糙样品表面的观察和分析。

③ 分辨率。分辨本领是扫描电镜的主要性能指标之一。在理想情况下，二次电子像分辨率等于电子束斑直径。正是由于这个缘故，总是以二次电子像的分辨率作为衡量扫描电镜性能的主要指标。目前高性能扫描电镜普通钨丝电子枪的二次成像分辨率已达3.5nm左右。

此外，大的样品室，各种不同性能的样品台等，使得扫描电镜具有应用更广泛和更方便快捷的特点。

(4) 扫描电镜在材料科学中的应用

扫描电子显微镜几乎可以应用在任何试样的表面或断面的研究，通过对表面或断面形态的观察和分析，可得到多相材料的微细结构、晶区、粗糙的表面、断裂的表面及其机理的探讨，材料的黏合及其失效，材料的填充或增强情况，材料的表面处理，材料的缺陷，等等。因此，扫描电子显微镜可以说是一种材料研究必不可少的工具。

3.2.2 透射电子显微镜

(1) 基本原理

透射电子显微镜（transmission electron microscope，TEM），简称透射电镜，是把经加速和聚集的电子束投射到非常薄的样品上，电子与样品中的原子碰撞而改变方向，从而产生立体角散射。散射角的大小与样品的密度、厚度相关，因此可以形成明暗不同的影像，影像将在放大、聚焦后在成像器件（如荧光屏、胶片以及感光耦合组件）上显示出来。透射电镜的结构原理和对应的光路如图3-6所示。

透射电子显微镜（TEM）与光学显微镜相似，但是，前者采用电子束而不是可见光束，同时，采用电子透镜或电磁透镜来代替普通的玻璃透镜。由于电子的德布罗意波长非常短，透射电子显微镜的分辨率比光学显微镜高很多，可以达到0.1~0.2nm，放大倍数为几万至百万倍。因此，使用透射电子显微镜可以用于观察样品的精细结构，甚至可以用于观察仅仅一列原子的结构，比光学显微镜所能够观察到的最小的结构小数万倍。

在放大倍数较低的时候，TEM成像的对比度主要是由于材料不同的厚度和成分使得对电子的吸收不同而造成的。而当放大倍数较高的时候，复杂的波动作用会造成成像亮度的不同，因此需要专业知识来对所得到的像进行分析。使用TEM不同的模式，可以通过物质的化学特性、晶体方向、电子结构、样品造成的电子相移等对样品成像。

透射电子显微镜的成像原理可分为三种情况：

① 吸收像：当电子射到质量大、密度大的样品时，主要的成像作用是散射作用。样品上

质量大厚度大的地方对电子的散射角大，通过的电子较少，像的亮度较暗。早期的透射电子显微镜都是基于这种原理的。

② 衍射像：电子束被样品衍射后，样品不同位置的衍射波振幅分布对应于样品中晶体各部分不同的衍射能力，当出现晶体缺陷时，缺陷部分的衍射能力与完整区域不同，从而使衍射波的振幅分布不均匀，反映出晶体缺陷的分布。

③ 相位像：当样品薄至100Å以下时，电子可以穿过样品，波的振幅变化可以忽略，成像来自相位的变化。

透射电子显微镜可以用来观察得到材料内部细微的形态与结构、晶格及微孔大小分布等信息。对某些材料的研究是非常有用的。但是，因为在 50~100kV 的加速电压范围内，电子只有很弱的穿透能力，所以被测试样必须是由对电子有高透明度的材料构成的，同时不能超过大约 20nm

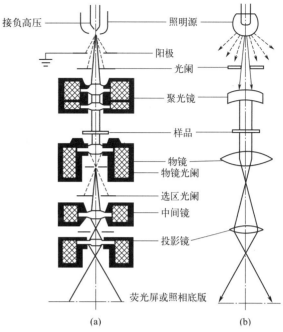

图 3-6 透射电镜结构原理和光路
(a) 透射电镜；(b) 光学显微镜

的厚度，否则，只能采取扫描电子显微镜的方法，根据表面或断面的立体形态来判断材料的细微结构。

(2) 透射电镜的结构

透射电子显微镜的放大倍数最高可达近百万倍，由照明系统、成像系统、真空系统、记录系统、电源系统 5 部分构成。如果细分的话，主体部分是电子透镜和显像记录系统，由置于真空中的电子枪、聚光镜、物样室、物镜、衍射镜、中间镜、投影镜、荧光屏和照相机等构成。

电子枪：发射电子，由阴极管、栅极、阳极组成。阴极管发射的电子通过栅极上的小孔形成射线束，经阳极电压加速后射向聚光镜，起到对电子束加速、加压的作用。

聚光镜：将电子束聚集，可用以控制照明强度和孔径角。

物样室：放置待观察的样品，并装有倾转台，用以改变试样的角度，还有装配加热、冷却等设备。

物镜：放大率很高的短距透镜，作用是放大电子像。物镜是决定透射电子显微镜分辨能力和成像质量的关键。

中间镜：可变倍的弱透镜，作用是对电子像进行二次放大。通过调节中间镜的电流，可选择物体的像或电子衍射图来进行放大。

透射镜：高倍的强透镜，用来放大中间像后在荧光屏上成像。

此外还有二级真空泵来对样品室抽真空，照相装置用以记录影像。

其中重要的组成部分是电子枪，它通常是由产生热电子的钨丝制成的，用高压（50~100kV，甚至达到 1MV）使电子加速，然后用一套静电透镜或电磁透镜将电子束聚焦在试样上。电子束穿过放在专用支架上的试样，试样面积的极限直径为 2mm 或更小些，而它的厚度只有几百纳米。用两个或多个附加的静电透镜或电磁透镜成像，观察或拍摄在荧光屏上的影像。通过改变透镜电流能控制透镜的强度，用这种方法可以简便而迅速地改变放大的倍数。因为空气会使电子强烈地散射，所以采用真空泵和油扩散泵使显微镜镜筒真空度达到 1.33×10^{-3} Pa 或更低些。在电子显微镜中最好的分辨本领大约为 0.2~0.5nm。

(3) 透射电镜的主要性能

① 放大倍数。指图像相对于试样的线性尺寸的放大倍数，一般在 50~600000 倍范围。将仪器的最小可分辨距离 δ 放大到人眼可分辨距离 D 所需的放大倍数称有效放大倍数。例如 $\delta=0.3$nm，$D=0.1$mm，则有效放大倍数约为 330000 倍。仪器的最大放大倍数应稍大于有效放大倍数。

② 景深。透射电镜的景深比分辨率大 1000 倍左右。分辨本领愈低，景深就愈长。当透射电镜的分辨本领与光学显微镜相同时，前者景深可达零点几毫米，而后者景深与分辨率相近，只有 $0.2\mu m$。

③ 分辨率。图像上尚能分辨开的相邻两点在试样上的距离称透射电镜的点分辨率。测量方法为一般将重金属（Pt，Ir）粒子蒸发到火棉胶上，可得粒度为 0.5~1nm、间距为 0.2~0.5nm 的样品，测量得到的透射电镜图上两斑点之间距离除以放大倍数 M，即得点分辨率。

透射电镜的线分辨率指观察晶面间距时最小可分辨的晶面间距。如 Au（200）面间距是 0.204nm，Au（220）面间距是 0.144nm，亚氯铂酸钾（001）晶面间距为 0.413nm，铜酞菁（001）晶面间距为 1.26nm。

④ 加速电压。指阳极对阴极（灯丝）电压，一般在 50~200kV，加速电压愈高，电子穿透能力愈强，可观察厚的样品；从电子光学的角度，加速电压愈高，分辨率愈小（分辨本领愈高）；此外，加速电压愈高，对样品的辐射损伤愈小。

(4) 透射电镜在材料科学中的应用

① 材料的形貌观察。对粉末颗粒的分析主要是通过电镜观察，确定粉末颗粒的外形轮廓、轮廓清晰度、颗粒尺寸大小和厚薄、粒度分布和堆叠状态等。观察粉末颗粒试样时，还可根据像的衬度（透明程度）来估计粉末颗粒的厚度、是空心的还是实心的；对由两种以上物相组成的粉末颗粒，可用选区电子衍射逐个颗粒或逐种形态确定晶体物质的物相及晶体取向；观察粉末颗粒的表面复型则还可了解颗粒表面的细节特征。

此外，用透射电子显微镜来鉴定黏土矿物是很有效的，这除了因为可通过电子衍射或 X 射线显微分析来确定黏土矿物颗粒的物相和成分，更主要的是各种黏土矿物颗粒具有自己的形态特征，因而可通过对黏土矿物颗粒形态的分析作出快速的鉴定。

在陶瓷材料应用中，TEM 具有高的放大倍数、高的分辨率和多种功能，不仅可用于陶瓷材料断面的形貌观察，以了解晶粒大小、形态和结合状态以及晶相、玻璃相和气孔的分布情况，还可进行相界、相变、晶体生长和晶体缺陷等方面的观察分析。

② 电子衍射物相分析。透射电镜在电子衍射物相分析中不仅可以根据衍射花样确定样品是晶体还是非晶，也可根据衍射斑点确定相应晶面的晶面间距。

3.3 波谱技术

材料结构的表征有不同的层次，显微分析和 X 射线衍射分析系采取一些物理方法来确定材料的微观结构，下面进一步介绍依靠一系列波谱的方法来了解材料的化学组成。它们将显示出组成材料的化学元素，以及这些元素所处的化学环境，在某些情况下，它们也能一定程度地反映出材料的微观结构。

波谱技术最基本的原理可以归纳为某种特定波长、强度的辐射能通过特征能态间的跃迁而引起电磁波谱。

特征能态间的跃迁在波谱技术中完全遵守量子理论。因此，这些能态的跃迁都应是不连续的，采用波谱技术所得到的记录图纸应称之为谱图，而不能称之为曲线，相应的能态跃迁也应称之为谱带或谱线，不能称之为峰。波谱技术可以总体分为两个大类：吸收波谱法和发射波谱法。这些波谱可参见表 3-1。

表 3-1　波谱技术分类

吸收波谱法	发射波谱法
紫外-可见吸收光谱法	发射光谱法
红外分光光谱法	荧光光谱法
微波光谱法	磷光光谱法
X 射线吸收光谱法	
核磁共振波谱法	
电子自旋共振谱法	

3.3.1　紫外-可见吸收光谱法

紫外-可见吸收光谱法（ultraviolet-visible absorption spectrometry，UV-Vis）是根据溶液中物质的分子或离子对紫外-可见光谱区辐射能的吸收来研究物质的组成和结构的方法，也称为紫外-可见分光光度法。其特点是仪器比较简单、价廉，分析操作也比较简单，灵敏度高、准确度高，而且有较高的分析速度。

(1) 紫外-可见吸收光谱法的基本原理

当一束单色光透过某一样品（有时也可能在样品表面反射）时，它的部分波长（或频率）光的能量可能被样品特定地吸收，以透过（或反射）的辐射强度对辐射波长作图，在吸收的辐射强度大的波长处透过（或反射）的辐射强度小，这就是样品的吸收光谱。

紫外-可见吸收光谱所反映出来的能态跃迁是电子的能态跃迁，因此紫外-可见吸收光谱是一种典型的电子吸收光谱。它们对材料最有效的分析是分析材料结构中的共价多重键、多重键的共轭体系，以及这些体系得以扩展的氧、氮、硫原子里的非键合电子。

在紫外-可见吸收光谱中，光波多采用波长来表示。对于一张紫外-可见吸收光谱图来说，最应注意的是谱带的位置、强度和形状三要素，其中关于谱带的形状，从理论上来讲应是不存在的，因为谱带是没有宽度和形状的，它们应是一条条孤立的线。然而，由于种种原因，谱带呈现出的形状却类似一般的波峰，紫外-可见吸收光谱法中的定量分析即是其中很明显的一例。

(2) 紫外-可见吸收光谱法的应用

紫外-可见吸收光谱法可以用于定性分析，但其并不像 X 射线衍射分析、红外光谱法那样具有指纹分析的功能。紫外-可见吸收光谱法更多地用于定量分析，这是一种相当有效、精确和快速的分析方法。

不仅有颜色的样品可以进行紫外-可见吸收光谱分析，而且无色的样品也同样能进行分析，只要它们能够吸收紫外光。紫外-可见吸收光谱分析最初只用于极稀的溶液，但现在已经有所扩展，它们还能适用于一些固体的溶液——多组分的固体样品。

紫外-可见吸收光谱分析已具有相当长的研究和应用历史，所以它们的技术和经验也是十分成熟。大量的实验条件和要求可以方便地从 Sadtler 卡片、有关手册、工具书上系统地得到，就如前述的 X 射线粉末衍射卡片一样容易。

3.3.2 红外及拉曼光谱法

3.3.2.1 红外光谱法

红外辐射光的波数可分为近红外区（10000~4000cm^{-1}）、中红外区（4000~400cm^{-1}）和远红外区（400~10cm^{-1}）。其中常用的是中红外区，大多数化合物的化学键振动能级的跃迁发生在这一区域，在此区域出现的光谱为分子振动光谱。

在红外光谱技术中，能量的量子特征吸收通常用波数cm^{-1}来表示。在一张红外图谱中，一般横坐标为波数，纵坐标为吸收强度。图中一根根、一组组谱带反映了样品中不同分子的不同振动或转动的特征能态跃迁。红外光谱的波长范围是 0.78~1000μm，如果用波数来表示是 12820~10cm^{-1}。

(1) 红外光谱法的基本原理

任何物质的分子都是由原子通过化学键联结起来而组成的。分子中的原子与化学键都处于不断的运动中。它们的运动，除了原子外层价电子跃迁以外，还有分子中原子的振动和分子本身的转动。这些运动形式都可能吸收外界能量而引起能级的跃迁，每一个振动能级常包含有很多转动分能级，因此在分子发生振动能级跃迁时，不可避免地发生转动能级的跃迁，因此无法测得纯振动光谱，故通常所测得的光谱实际上是振动-转动光谱，简称振转光谱。对于一般固体样品而言，分子自由转动的可能性很小，所以在大多数固体样品中，红外光谱法检测到的是分子振动能级的变化，是典型的分子振动光谱。

① 双原子分子的振动。分子的振动运动可近似地看成一些用弹簧连接着的小球的运动。以双原子分子为例，若把两原子间的化学键看成质量可以忽略不计的弹簧，长度为 r（键长），两个原子的原子量为 m_1、m_2。如果把两个原子看成两个小球，则它们之间的伸缩振动可以近似地看成沿轴线方向的简谐振动，因此可以把双原子分子称为谐振子。这个体系的振动频率 $\bar{\nu}$（以波数表示），由经典力学（胡克定律）可导出：

$$\bar{\nu} = \frac{1}{2\pi c}\sqrt{\frac{K}{\mu}} \tag{3-3}$$

$$\mu = \frac{m_1 m_2}{m_1 + m_2}$$

式中，c 为光速（3×10^8 m/s）；K 为化学键的力常数；μ 为折合质量。

如果力常数以 N/m 为单位，折合质量 μ 以原子质量为单位，则上式可简化为：

$$\bar{\nu} = 130.2\sqrt{\frac{K}{\mu}} \tag{3-4}$$

因此，双原子分子的振动频率取决于化学键的力常数和原子的质量，化学键越强，原子量越小，振动频率越高。

同类原子组成的化学键（折合质量相同），力常数大的，基本振动频率就大。由于氢的原子质量最小，故含氢原子单键的基本振动频率都出现在中红外的高频率区，如下情况：

    H-Cl 2892.4cm^{-1} C=C 1683cm^{-1}
    C-H 2911.4cm^{-1} C-C 1190cm^{-1}

② 多原子分子的振动。

a. 基本振动的类型：多原子分子基本振动类型可分为两类：伸缩振动和弯曲振动。例如：亚甲基-CH$_2$-的伸缩振动形式如图 3-7 所示，亚甲基-CH$_2$-的弯曲振动形式如图 3-8 所示。

伸缩振动用 ν 表示，伸缩振动是指原子沿着键轴方向伸缩，使键长发生周期性的变化的振动。伸缩振动的力常数比弯曲振动的力常数要大，因而同一基团的伸缩振动常在高频区出现吸收。周围环境的改变对频率的变化影响较小。由于振动耦合作用，原子数 N 大于等于 3 的基团伸缩振动还可以分为对称伸缩振动和不对称伸缩振动，符号分别为 ν_s 和 ν_{as}，一般 ν_{as} 比 ν_s 的频率高。

图 3-7 -CH$_2$-的伸缩振动形式　　　　图 3-8 -CH$_2$-的弯曲振动形式

弯曲振动用 δ 表示，弯曲振动又叫变形或变角振动，一般是指基团键角发生周期性变化的振动或分子中原子团对其余部分作相对运动。弯曲振动的力常数比伸缩振动的小，因此同一基团的弯曲振动在其伸缩振动的低频区出现，另外弯曲振动因环境的改变可以在较广的波段范围内出现，所以一般不把它作为基团频率处理。

b. 分子的振动自由度：多原子分子的振动比双原子分子振动要复杂得多。双原子分子只有一种振动方式（伸缩振动），所以可以产生一个基本振动吸收峰。而多原子分子随着原子数目的增加，振动方式也越来越复杂，因而它可以出现一个以上的吸收峰，并且这些峰的数目与分子的振动自由度有关。

在研究多原子分子时，常把多原子分子的复杂振动分解为许多简单的基本振动（又称简谐振动），这些基本振动数目称为分子的振动自由度，简称分子自由度。分子自由度与该分子中各原子在空间坐标中运动状态的总和息息相关。经典振动理论表明，含 N 个原子的线型分子振动自由度为 $3N-5$，非线型分子振动自由度为 $3N-6$。每种振动形式都有它特定的振动频率，即有相对应的红外吸收峰，因此分子振动自由度越大，则在红外吸收光谱中出现的峰数也就越多。

对于分子振动，当它们从正常稳定的基态跃迁到第一激发态时所吸收的能量，称之为基频吸收。实际上，分子振动并不是严格简谐性的，随着能级的增加，能级间的间隔越来越小，因此，从基态到第二、第三激发态的跃迁也是可能的，这时的能量吸收称之为倍频吸收。在另一种场合下，当一个光量子的能量正好严格等于两个基态跃迁的能量之和或之差时，它能同时激发两个基态至激发态，这时的能量吸收称之为合频吸收。除了基频、倍频和合频吸收外，分子振动还有不同的模式，如沿着键的方向的伸缩振动、垂直于键的方向的弯曲振动（变形振动、面内摇摆振动、面外摇摆振动、扭绞振动……）等。

红外光谱法检测的对象是分子的振动和转动，对于这里"分子"的概念，应该理解是基团，而不应该是通常化学中严格意义的分子。一个复杂分子的红外光谱，实际是组成这个分子的各个基团总的特征能量的吸收。分子中的各个基团在分子中并不是孤立的，它们是处在一种特定的化学环境中，是受到这个环境的影响和制约的。因此，它们对红外光的吸收保持在一个特定的范围条件下，会有一些较小的，但在大多情况下能明显辨别的位移，这对于判断基团在分子中的位置，确定分子的结构是相当有用的。在某些情况下，甚至分子间的相互作用也会影响到这种吸收谱带的位移。

综上所述，一个分子的红外光谱图中，将会有一组组的谱带与分子中的某一基团相对应。这些谱带表征的是这一基团的各种振动模式的基频、倍频或合频的吸收；并且这些振动模式的基频、倍频或合频的吸收，根据基团在不同的分子环境中，会有明显的可鉴别的位移。这些对于严格判断一个分子的结构，有时甚至是分子间的结构是非常有用和确切可靠的。

一张红外光谱图中，谱带的位置、谱带的形状和谱带的相对强度是解析这张图谱的三个要素。对于材料不论是定性分析，还是定量分析，红外光谱图的三个要素都是十分重要的，有时一个很小的变化，会表明材料结构上有很大的差异。

(2) 红外光谱产生条件

分子在发生振动能级跃迁时，需要一定的能量，这个能量通常由辐射体系的红外光来供给。由于振动能级是量子化的，因此分子振动将只能吸收一定的能量，即吸收与分子振动能级间隔的能量 $\Delta E_{振}$ 相应波长的光。如果光量子的能量为 $E_L = h\nu_L$（ν_L 是红外辐射频率），当发生振动能级跃迁时，必须满足 $\Delta E_{振} = E_L$。

分子在振动过程中必须有瞬间偶极矩的改变，才能在红外光谱中出现相对应的吸收峰，这种振动称为具有红外活性的振动。

(3) 红外吸收峰的强度

分子振动时偶极矩的变化不仅决定了该分子能否吸收红外光产生红外光谱，而且还关系到吸收峰的强度。根据量子理论，红外吸收峰的强度与分子振动时偶极矩变化的平方成正比。因此，振动时偶极矩变化越大，吸收峰强度越强。而偶极矩变化大小主要取决于下列四种因素：

① 化学键两端连接的原子，若它们的电负性相差越大（分子极性越大），瞬间偶极矩的变化也越大，在伸缩振动时，引起的红外吸收峰也越强（有费米共振等因素时除外）。

② 振动形式不同对分子的电荷分布影响不同，故吸收峰强度也不同。通常不对称伸缩振动比对称伸缩振动的影响大，而伸缩振动又比弯曲振动影响大。

③ 结构对称的分子在振动过程中，如果整个分子的偶极矩始终为零，没有吸收峰出现。

④ 其他诸如费米共振、形成氢键及与偶极矩大的基团共轭等因素，也会使吸收峰强度改变。

红外光谱中吸收峰的强度遵守朗伯-比耳定律。吸光度与透过率关系见式(3-5)。

$$A = \lg \frac{1}{T} \tag{3-5}$$

式中，A 为吸光度；T 为透过率，%。

所以在红外光谱中"谷"越深（T 越小），吸光度越大，吸收峰强度越强。

(4) 红外光谱法的应用

在高分子材料的研究方面，由于红外光谱法操作简单，谱图的特征性强，因此用红外光谱法不仅可区分不同类型的高聚物，而且对某些结构相近的高聚物，也可靠指纹谱图来表示。另外，因其重复性好和精确度高等优点，它在高聚物的定量工作中也得到广泛的应用。不仅如此，用傅里叶变换红外光谱仪还可直接对聚合物反应进行原位测定来研究聚合物反应动力学，包括聚合反应动力学和降解、老化过程的反应机理等。

在材料表面的研究方面，可利用红外光谱法研究材料表面的分子结构、分子排列方式以及官能团取向，特别是近年来各种适合于研究表面的红外附件技术得以发展。如衰减全反射法、漫反射法、光声光谱法、反射吸收光谱法以及发射光谱法等的应用，更加促进了红外光谱法在材料表面和界面的研究工作。

在无机材料的研究方面，红外光谱法是研究超导生成机理的重要手段。此外，红外光谱法在半导体材料的结构、成分分析和杂质缺陷特性的研究等方面起到了较大的作用。尤其是随着红外低温技术和显微技术的发展，对一些半导体材料的低温特性、低温效应进行观察，从而为分析材料的结构、杂质原子的组态及晶格位置提供了有利的试验依据。

3.3.2.2 拉曼光谱法

(1) 拉曼光谱法的基本原理

当用波长比试样粒径小得多的单色光照射气体、液体或透明试样时，大部分的光会按原来的方向透射，而一小部分则按不同的角度散射开来，产生散射光。在垂直方向观察时，除了与原入射光有相同频率的瑞利散射外，还有一系列对称分布着若干条很弱的与入射光频率发生位移的拉曼谱线，这种现象称为拉曼效应。当一束频率为 ν_0 的光照射到透明样品上时，除了透射和反射之外，有部分光会发生散射。这些散射光中，大部分的频率仍是 ν_0，其强度约为原来的 10^{-3}，此种散射称为瑞利散射，属于量子理论中的弹性碰撞。另一极小部分的频率发生改变，其强度仅约为原来的 10^{-6}，这种散射称为拉曼散射，属于量子理论中的非弹性碰撞。拉曼散射包括斯托克斯散射和反斯托克斯散射。这里频率的变化实际是一种能量的变化，它与分子的振动和转动的能级变化有关。由于拉曼谱线的数目、位移的大小、谱线的长度直接与试样分子振动或转动能级有关。因此，与红外吸收光谱类似，对拉曼光谱的研究，也可以得到有关分子振动或转动的信息。在拉曼光谱中，"分子"的概念同样应理解为分子或组成分子的各个基团。目前拉曼光谱分析技术已广泛应用于物质的鉴定、分子结构的谱线特征研究。

(2) 拉曼光谱的强度

分子在静电场 E 中，极化感应偶极矩 P 为静电场 E 与极化率的乘积，诱导偶极矩与外电场的强度之比为分子的极化率。分子中两原子距离最大时，极化率也最大，拉曼散射强度与极化率成正比例。

目前几种重要的拉曼光谱分析技术有单道检测的拉曼光谱分析技术、以 CCD 为代表的多通道探测器用于拉曼光谱的检测仪的分析技术、采用傅里叶变换技术的 FT-Raman 光谱分析技术、共振拉曼光谱分析技术和表面增强拉曼效应分析技术等。

(3) 拉曼光谱法的应用

在高分子材料结构研究方面，根据互相排斥规则，凡具有对称中心的分子，它们的红外光谱和拉曼光谱没有频率相同的谱带，因此，拉曼光谱可以用来研究高分子的构象。另外，纤维状聚合物在拉伸变形过程中，链段与链段之间的相对位置发生了移动，从而使拉曼谱线发生了变化，因此了也可以利用拉曼光谱研究聚合物的形变。

在材料表面化学研究方面，近年来出现的表面增强拉曼散射技术可以使与金属直接相连的分子层的散射信号增强 $10^5 \sim 10^6$ 倍。这一惊人的发现使激光拉曼光谱成为研究表面化学、表面催化等领域的重要检测手段。

在生物大分子研究方面，激光拉曼光谱法是研究生物大分子结构的有力工具之一。例如要研究像酶、蛋白质、核酸等这些具有生物活性的物质的结构，必须研究它在与生物体环境（水溶液、温度、酸碱度等）相似情况下的分子的结构变化信息及各相中的结构差异。显然用红外光谱法研究是比较困难的，而用激光拉曼光谱法研究生物大分子在近 20 年来获得很大进展。已有数十种以上的酶、蛋白质、肽抗体、毒素等用拉曼光谱法进行了研究。

在无机体系研究方面，拉曼光谱法比红外光谱法要优越得多，因为在振动过程中，水的极化率变化很小，因此其拉曼散射很弱，干扰很小。此外，络合物中金属-配体键的振动频率一般都在 $100 \sim 700 \text{cm}^{-1}$ 范围内，用红外光谱法研究比较困难。然而这些键的振动常具有拉曼活性，且在上述范围内的拉曼谱带易于观测，因此适合于对络合物的组成、结构和稳定性等方面进行研究。

3.3.2.3 红外及拉曼光谱法的比较

红外光谱是一种吸收光谱，而激光拉曼光谱实际上却是一种散射光谱。之所以把这两大光谱体系结合在一起，是因为它们的检测对象是一致的，主要是针对分子的振动，而且它们的结果是具有互补性的。

拉曼光谱与红外光谱的差异在于拉曼光谱的特征能量吸收的机理与产生诱导偶极矩变化的振动或转动有关，而红外光谱的特征能量吸收的机理与产生偶极矩变化的振动或转动有关。拉曼光谱是基于入射光的散射，而红外光谱是基于入射光的透射和反射。在这些方面，拉曼光谱与红外光谱是不同的。

对于材料中分子不同的振动或转动模式，拉曼光谱与红外光谱的活性是不同的，但可以互为补充。对于低对称性的分子，易产生偶极矩的变化，红外光谱有强谱带，这对于极性分子或取代基团的分析有利。对于高对称性的分子，易产生诱导偶极矩的变化，拉曼光谱有强谱带，这对于非极性分子或取代基团的分析有利。

3.3.3 核磁共振波谱法

核磁共振（nuclear magnetic resonance，NMR）分析能精确地对材料的分子精细结构进行表征，分子结构表征中十分有用。核磁共振波谱法是检测处于外磁场中磁核的能级，由于吸收射频区电磁辐射能而发生跃迁的一种分析表征技术。磁核的电磁辐射能吸收是材料分子中原子核磁性的函数。将吸收的射频能对外磁场作图就得到一张核磁共振谱图。

(1) 核磁共振波谱法的基本原理

质子与电子一样，是自旋的。有自旋量子数为 $+1/2$ 和 $-1/2$ 两个自旋态，其能量相等，处于两个自旋态的概率相等。自旋时产生的自旋磁场的方向与自旋轴重合。在外磁场 H_0 作用下，两个自旋态能量再也不相等。能量低的是自旋磁场与外磁场同向平行，能量高的是自旋磁场与外磁场逆向平行。两种自旋态的能量差 ΔE 随着外磁场强度增加而变大。

在外磁场中，质子受到电磁波（无线电波）辐射，只要电磁波的频率能满足两个相邻自旋态能级间的能量差 ΔE，质子就由低自旋态跃迁到高自旋态，发生核磁共振。质子共振需要的电磁波的频率与外磁场强度成正比。

(2) 核磁共振仪的结构

核磁共振仪的构造如图 3-9 所示。核磁共振仪由可变磁场、电磁波发生器、电磁波接收器、样品管等部分组成。样品放在两块大电磁铁中间，用固定的无线电波照射，在扫描线圈中通直流电，产生微小的磁场，使总的外磁场慢慢增加。当磁场达到要求时，试样的一种质子发生共振。信号经放大记录，并绘制出核磁共振谱图。

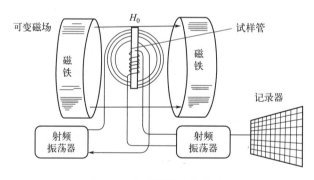

图 3-9 核磁共振仪的构造

(3) 核磁共振谱的分类及要素

NMR 谱按照测定技术分类，可分为高分辨溶液 NMR 谱、固体高分辨 NMR 谱以及宽谱线 NMR 谱。若按照磁核的不同，可以分为氢谱、碳谱、氯谱、磷谱等，而采用较多的是氢谱和碳谱。以下主要以氢谱为例来介绍有关的核磁共振谱技术。

在一张核磁共振谱图中，谱线的位置、强度、分裂和宽度是解析这张谱图的四个要素。

① 谱线的位置。处于外加静磁场中的各种氢原子核——质子的进动频率是不一样的。这

些频率虽然有一定的范围，但是它们的精确频率值却取决于它们的化学环境，具有一定的偏差，称之为化学位移，常用参数 δ 表示。一种核的进动频率（吸收位置）很难用绝对频率来测量，通常测量的是与选定参照物的频率差。化学位移就是某一质子的吸收位置与参比质子的吸收位置之差。最常用的参照物是四甲基硅烷。

一张核磁共振谱图中谱线的位置即是这种化学位移的体现。化学位移是核磁共振谱技术中的基础和关键，其大小与核的磁屏蔽影响直接关联。影响磁屏蔽的因素主要有原子的屏蔽和分子内、分子间的屏蔽。各种屏蔽因素可归纳为图3-10所示内容。

② 谱线的强度。谱线的强度是样品中各种质子特征吸收的能量，是代表这种信号的强度，也就是谱线的高度。核磁共振谱图中，每个能量吸收信号的高度（以波峰角度看，是信号下的面积）正比于该材料分子（实质是基团）中氢原子的数目。谱图中，对每一信号高度的测量（或是峰面积的积分），可标绘出一条台阶状的连续曲线，曲线

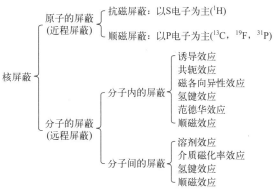

图3-10　各种屏蔽因素

中每一个台阶的高度相对应于一种特征能量的吸收量。而曲线中这些台阶高度的比例就是分子（基团）中不同类型氢原子数目的比例。采用核磁共振波谱法这种技术能对材料进行定量分析。

③ 谱线的分裂。谱线的分裂是将一个含磁核的体系置于磁场内，导致能级数增多的现象。在一个核磁共振谱信号中，代表一种质子的谱线数目（多重性），与这个基团中质子的数目无关，却与相邻基团中质子的数目有关。谱线的分裂是由于相邻基团中质子间的自旋偶合作用而引起的，并与这些邻近质子所能具有的自旋取向数目有关。这种现象称为自旋-自旋偶合或自旋偶合。谱线分裂的裂矩 J 称为偶合常数，其单位为赫兹（Hz）。偶合常数一般用 $^nJ_{A-B}$ 表示，A 和 B 为彼此相互偶合的核，n 为 A 与 B 之间相隔化学键的数目。

影响偶合常数的因素主要有原子核的磁性和分子结构。一般说来，核旋磁比实际上是核的磁性大小的度量，偶合常数与核的旋磁比直接有关。分子结构的影响主要包括键长、键角，电子结构包括取代基的电负性、轨道杂化等因素。

④ 谱线的宽度。关于谱线的宽度，这与受激核的寿命有关。如果受激核的寿命很短，在核磁共振谱上将给出很宽的吸收谱线；如果受激核的寿命较长，在核磁共振谱上将给出窄的吸收谱线。

(4) 核磁共振波谱法的应用

核磁共振技术能够在不破坏物质内部结构的前提下迅速、准确地分析物质结构，因而在科研和生产生活中得到了广泛的应用，从最初的物理学研究领域很快渗透到包括化学、生物学、地质学、医疗保健在内的各种学科之中，并在使用过程促进了相关学科的飞速发展。

在化学化工产业中，核磁共振技术主要应用于分子的结构测定、元素的定量分析、有机化合物的结构解析、有机化合物中异构体的区分和确定、大分子化学结构的分析等领域。核磁共振技术中发展得最成熟、应用最广泛的是氢核共振，可以提供化合物中氢原子化学位移、氢原子的相对数目等有关信息，为确定有机分子结构提供依据。迄今，利用高分辨核磁共振谱仪已测定上万种有机化合物的核磁共振谱图，许多实验室都出版谱图集。

在生物学及医疗保健中，核磁共振技术则广泛应用于诸如生物膜和脂质的多形性研究、脂质双分子层的脂质分子动态结构确定、生物膜蛋白质与脂质之间的互相作用研究、压力作用下血红蛋白质结构的变化研究、生命组织研究等领域。核磁共振技术在活性药物化合物的筛选方

面也有着巨大的潜力，尤其在基于靶分子的筛选能够节省大量的时间和费用及其在发现活性化合物方面的有效性是其它方法所不可替代的。核磁共振技术在体内药物分析中也有较广泛的应用，具有简便性、无损伤性、连续性、高分辨性等优点。

除上述应用外，在地质学中，核磁共振技术的应用则主要体现在油气田的勘探、地下水资源的找寻、原油的定性鉴定和结构分析等方面；在日用化学和食品工业中，可使用核磁共振技术测量物质的含水量和含油量以及其他性质；在膜的研究中，有关膜的制备及分离或合成物质的结构鉴定、物质结构环境的变化及跟踪膜催化的反应机理等都需要 NMR 谱仪；精细有机合成，环保中水质稳定剂和水质处理剂的机理、过程研究，合成反应过程的在线监控和原料、最终产品的质量监控均离不开使用 NMR 谱仪。

3.3.4 原子吸收光谱法

不同类型波谱分析的目标是不相同的，紫外-可见吸收光谱的检测对象是分子的多重键和多重键的共轭体系；红外光谱法和拉曼光谱法的检测对象是分子的振动和转动；核磁共振波谱法的检测对象是磁核；而原子吸收光谱法的检测对象是某些元素，具体的是代表元素基本性质的最小粒子——原子。

(1) 原子吸收光谱法的基本原理

原子吸收光谱法分析的波长区域在近紫外区。原子吸收光谱法是以待测元素的特征光波，通过样品的蒸气，被蒸气中待测元素的基态原子所吸收，由辐射光强度的减弱来测定该元素的方法。只要通过测定标准系列溶液的吸光度，绘制工作曲线，根据同时测得的样品溶液的吸光度，在标准曲线上即可查得样品溶液的浓度。因此，原子吸收光谱法是一种相对分析法。

(2) 原子吸收光谱仪的结构

原子吸收光谱仪又称原子吸收分光光度计，由光源、原子化器、单色器、检测器、信号处理和显示记录等部件组成，如图 3-11 所示。

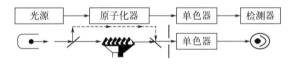

图 3-11　原子吸收光谱仪结构示意图

首先用待测元素的锐线光源发射出特征辐射，然后试样在原子化器中被蒸发、解离为气态基态原子，当元素的特征辐射通过该元素的气态基态原子区时，部分光被蒸气中基态原子吸收而减弱，通过单色器和检测器测得特征谱线被减弱的程度，即吸光度，根据吸光度与被测元素的浓度成线性关系，从而进行元素的定量分析。

(3) 原子吸收光谱分析的特点

原子吸收光谱分析能在短短的三十多年中迅速成为分析实验室的有力"武器"，由于它具有许多分析方法无可比拟的优点。

① 选择性好：由于原子吸收线比原子发射线少得多，因此，谱线重叠的概率小，光谱干扰比发射光谱小得多。加之采用单元素制成的空芯阴极灯作锐线光源，光源辐射的光谱较纯，在样品溶液中被测元素的共振线波长处不易产生背景发射干扰。

② 灵敏度高：采用火焰原子化方式，大多元素的灵敏度可达 10^{-6} 级，少数元素可达 10^{-9} 级，若用高温石墨炉原子化，其绝对灵敏度可达 $10^{-10} \sim 10^{-14}\,g$，因此，原子吸收光谱法极适用于痕量金属分析。

③ 精密度高：火焰原子吸收光谱法精密度高，在日常的微量分析中，精密度为 3% 以内。

石墨炉原子吸收法比火焰法的精密度低一些，采用自动进样器技术，一般可以控制在5%以内。

④ 操作方便、快速：原子吸收光谱分析与分光光度分析极为类似，其仪器结构、原理也大致相同，因此对于长期从事化学分析的人使用原子吸收仪器极为方便，火焰原子吸收分析的速度也较快。

⑤ 分析范围广：目前应用原子吸收光谱法可测定的元素超过70种。就含量而言，既可测定低含量和主量元素，又可以测定微量、痕量甚至超痕量元素；就元素性质而言，既可测定金属元素、类金属元素，也可间接测定有机物；就样品的状态而言，既可测定液态样品，也可测定气态样品，甚至可以直接测定固态样品。因此原子吸收分析技术已普及各个领域。

(4) 原子吸收光谱法的应用

原子吸收光谱法可以在推测的前提下，对材料的组成元素进行定性确定，即定性分析；但原子吸收光谱法更多和更有效的是应用在材料的元素组成的定量分析中。采用原子吸收光谱法进行元素的定量分析，这种方法已经非常成熟。

在环境监测方面，环境监测数据是进行环境科学研究和制定环境战略、政策和规范的基础资料与依据。环境研究中经常关注的一些元素正是原子吸收光谱分析法所擅长测定的元素。因此，它在环境监测方面获得了相当广泛的应用。

在医学卫生方面，无机微量元素在人体内参与生命活动过程和其他营养素如蛋白质、碳水化合物、某些维生素的合成与代谢，一定浓度水平的微量元素是维持生物体正常功能所必需的，缺乏或过量都会引起不良的生理后果。因此，微量元素的监测结果是辅助医疗诊断的重要资料。

在食品分析方面，原子吸收光谱法已被用来测定大米中的铜，玉米粉中的钴、镁和镉；原子吸收光谱法也常用来测定饮料和营养品中的微量元素，或用固体进样测定猪肝和牡蛎粉末中的铅等。

3.3.5 发射光谱法

(1) 发射光谱法的基本原理

发射光谱是基于特征能量吸收相反过程的光谱，它的基础是线光谱。根据能量最低原则，原子中的电子通常总是稳定地在能量最低的轨道上运转，这时的电子处于基态。当原子或离子受到光、热、电或高速粒子轰击的作用时，部分电子有可能获取能量而跃迁到能级较高的轨道，电子的这种状态称为激发态。电子由基态跃迁到激发态的过程中所进行的特征能量吸收，是吸收光谱的基础。外层电子最容易激发，但这种处于激发状态的电子是很不稳定的，它们会以放出光量子的形式放出多余的能量，回到较低的能级，这便是发射光谱法的基本原理。

当处于激发状态的电子从不稳定的高能级回落到低能级时，可以一次回到基态的能级，也可以经过几个中间能级再回到基态能级，同时释放出不同频率的光量子。这样的跃迁过程就会产生波长不同的谱线，形成具有特征的发射光谱。光谱谱线的波长（或频率）与被测材料的组成元素以及元素原子外围电子的结构有关。每种元素都有自己的特征谱线，这是发射光谱法定性分析的基础。同时，谱线的强度与材料中元素的含量有着一定的关系，这是发射光谱法定量分析的基础。发射光谱法可以较多地应用于材料组成元素，特别是金属元素的定性和定量分析，它也属于一种十分成熟的分析方法，有关的操作条件、技术和注意事项都可以在手册或工具书上找到。

(2) 光谱仪器结构

原子发射光谱仪器的基本结构由三部分组成，即激发光源、色散系统和检测记录系统。

激发光源是发射光谱分析信号产生部分，是原子发射光谱仪的"心脏"。激发光源具有使试样蒸发、解离、原子化、激发跃迁、发射谱线的作用，对分析的精密度和准确度有很大影响。目前常用的激发光源有直流电弧、交流电弧、电火花和电感耦合离子体等四种。

色散系统把激发态原子发射的线光谱进行分离,有棱镜式和光栅式。

检测记录系统则是记录线光谱的强度和特征波长的位置,以便进行定性、定量分析。检测方法有摄谱法和光电法。摄谱法是用感光板来记录光谱,将光谱感光板置于摄谱仪焦面上,受到被分析试样光谱的作用而感光,再经过显影、定影等过程后,制得光谱底片;光电法是用光电倍增管作为光电转换元件,通过检测点信号确定谱线强度。

(3) 发射光谱法的特点

与其他分析方法相比,原子发射光谱法具有如下优点。

① 灵敏度高:一般光源灵敏度可达 $0.1\sim10\mu g \cdot g^{-1}$(或 $\mu g \cdot mL^{-1}$)。

② 选择性好:每种元素的原子被激发后,都产生一组特征光谱,根据这些特征光谱,便可以准确无误地确定该元素的存在,所以发射光谱分析至今仍是元素定性分析的最好方法之一。

③ 准确度较高。发射光谱分析的相对误差一般为 $5\%\sim10\%$。

④ 能同时测定多种元素,分析速度快。

⑤ 试样消耗少。利用几毫克至几十毫克的试样便可完成光谱全分析。

但是原子发射光谱法也有不足之处,如应用只限于多数金属和少数非金属元素,对大多数非金属和少数金属元素不适用;一般只能用于元素分析,而不能确定元素在样品中存在的化合物状态;基体效应较大,必须采用组成与分析样品相匹配的参比试样;仪器昂贵,难以普及。

(4) 发射光谱法的应用

在环境领域中,电感耦合等离子体发射光谱法(ICP-AES)在水环境分析中主要用于天然水体、饮用水、工业废水和城市废水中金属及非金属元素的测定。

在冶炼过程中,用火花原子发射光谱法可以很好地在钢铁冶炼,特别是特种钢的冶炼过程中,控制钢材中添加元素的含量,是控制钢材质量的一个重要方法。

在矿产开发中,矿物中各种元素的分析是原子发射光谱法应用中的一个主要领域,全世界每年分析的地球化学样品超过一千万件。

在材料分析中,随着经济和科技发展,对材料分析的要求亦提出了越来越高的要求,由于原子发射光谱法能够进行多元素同时测定,而且灵敏度也比较高,因此被广泛地应用于各种材料中多种杂质成分的测定。

除上述测试技术外,还有荧光光谱法和材料的表面分析技术等。

荧光光谱也属于元素分析中常用的发射光谱。它的原理基于待测样品在入射光照射下受激发,并同时释放出具有特征性的二次光量子辐射,这些辐射在入射光停止照射时也随之消失,它们称之为荧光。通过对这些荧光的检测,达到对材料的定性和定量分析的目的。当入射光是紫外光(有时也可以是可见光)时,相应发出的二次辐射一般是可见光。这种分析方法通常简单地称之为荧光分析;而当入射光是 X 射线时,相应发出的二次辐射为二次 X 射线,此时的方法称之为 X 射线荧光分析。荧光分析应用的范围很广。生物学和医学的各个学科,包括生理、生化、生物物理、药理、免疫、细胞、遗传等,都可以使用这一技术。

材料的表面分析技术与上述的各种分析方法不同,它并不是一种具体的分析方法.而是一种综合的分析技术。它可以是上述各种分析方法在表面研究中的应用,如红外光谱法、X 射线衍射分析等;也可以是一些对表面分析特别有效的专门方法。最近的几十年来,由于材料科学和高科技的日益发展,科学家们对于材料表面的形貌、组成、化学状态和电子结构的微观(分子、原子水平)信息等越来越感兴趣。一些专门针对材料表面分析的方法和技术纷纷建立起来,并得到了广泛的应用。一些目前比较常用而又重要的表面分析技术包括 X 射线光电子能谱(XPS)、紫外光电子能谱(UPS)、俄歇电子能谱(AES)、电子能量损失谱(EELS)、二次离子质谱(SIMS)、离子散射谱(ISS)等。

思考题

1. 产生 X 射线衍射效应的条件是什么？
2. 请分析 X 射线与晶体的相互作用有哪几种情况。
3. 晶体 X 射线衍射方法有哪些？有什么不同？
4. 简述扫描电镜的主要组成部分及各部分的作用。
5. 请分析透射电子显微镜的成像原理。
6. 简述扫描电镜和透射电镜的不同。
7. 紫外-可见吸收光谱三要素是什么？
8. 红外光谱产生的条件是什么？
9. 简述红外光谱法和拉曼光谱法的异同点。
10. 核磁共振谱图的关键要素有哪些？
11. 解析核磁共振谱需要注意哪些？
12. 与其他分析方法相比，原子吸收光谱分析的特点是什么？
13. 简述发射光谱法的优缺点。
14. 材料的表面分析技术有哪些？各有什么应用？

参考文献

[1] 张晓辉. X 射线衍射在材料分析中的应用 [J]. 沈阳工程学院报, 2006, 2 (3): 282-283.
[2] 武汉大学. 分析化学. 下册 [M]. 5 版. 北京: 中国石化出版社, 2016.
[3] 田志宏, 张秀华, 田志广. X 射线衍射技术在材料分析中的应用 [J]. 工程与试验, 2009, 49 (3): 40-42.
[4] 马礼敦. X 射线衍射在材料结构表征中的应用 [J]. 理化检验, 2009, 45: 501-503.
[5] 杨新萍. X 射线衍射技术的发展和应用 [J]. 山西师范大学学报（自然科学版）, 2007, 21 (1): 72-76.
[6] 刘粤惠, 刘平安. X 射线衍射分析原理与应用 [M]. 北京: 化学工业出版社, 2003.
[7] 吴刚. 材料结构表征及应用 [M]. 北京: 化学工业出版社, 2002.
[8] 朱琳. 扫描电子显微镜及其在材料科学中的应用 [J]. 吉林化工学院学报, 2007 (2): 81-84.
[9] 吴立新, 陈方玉. 现代扫描电镜的发展及其材料科学中的应用 [J]. 武钢技术, 2005, 43 (006): 36-40.
[10] 刘维. 电子显微镜的原理和应用 [J]. 现代仪器使用与维修, 1996 (1): 9-12.
[11] 刘剑霜, 谢锋, 吴晓京, 等. 扫描电子显微镜 [J]. 上海计量测试, 2003 (6): 37-39.
[12] 干蜀毅. 常规扫描电子显微镜的特点与发展 [J]. 分析仪器, 2000 (1): 34-36.
[13] 周家宏, 颜雪明, 冯玉英. 核磁共振实验图谱解析方法 [J]. 南京晓庄学院学报, 2005, 21 (5): 113-115.
[14] 杨伟, 渠荣遴. 固体核磁共振在高分子材料分析中的研究进展 [J]. 高分子通报, 2006, 12: 69-74.
[15] 别业广, 吕桦. 再谈核磁共振在医学方面的应用 [J]. 物理与工程, 2004, 14 (002): 34, 61.
[16] 周秋菊, 向俊峰, 唐亚林. 核磁共振波谱在药物发现中的应用 [J]. 波谱学杂志, 2010, 27 (1): 68-79.
[17] 刘洪涛, 张展霞, Quentmeier A, et al. 激光烧蚀-双光束二极管激光原子吸收光谱法测定固体样品中的铀同位素比 [J]. 光谱学与光谱分析, 2004, 24 (10): 1244-1247.
[18] 陈金忠, 陈凤玲, 丁振瑞, 等. 电感耦合等离子体原子发射光谱法测定自来水中铜、汞和铅 [J]. 理化检验: 化学分册, 2011 (04): 417-418.
[19] 曹吉祥, 张征宇, 芦飞. 火花源原子发射光谱法测定铁素体不锈钢中低含量碳 [J]. 理化检验: 化学分册, 2011 (07): 805-807.
[20] 靳芳, 王洪彬, 王英. 电感耦合等离子体原子发射光谱法测定光卤石矿中钾、钠、钙、镁和硫酸根 [J]. 理化检验: 化学分册, 2011 (10): 1198-1199.
[21] 林克椿. 生物物理技术——波谱技术及其在生物学中的应用 [M]. 北京: 高等教育出版社, 1989.

第 4 章 材料的化学合成

内容提要

对于一个材料科学的研究者来讲,化学合成是材料制备的基础,通过化学合成可以制得具有一定化学组成、结构和性质的材料。但随着科学的不断发展,研究者更深刻地体会到化学合成并不是材料制备的全部内容,材料的物理结构状态往往对材料的性质也起着相当大的作用。因此,材料制备并不是简单意义上的化学合成或化学制备,实质上是一个极其复杂的化学和物理的综合变化过程。材料制备是一项横跨化学学科和物理学科的制备技术。

本章将介绍一些材料的常见化学合成方法,包括固相法、化学气相沉积法、溶胶-凝胶法、液相沉淀法、晶体生长法和自蔓延合成法等。当然,这些合成方法所针对的目标产物,不只是通常的化合物,而是一些以材料形式出现的晶体材料、微晶材料、高分子材料等。对于不同类型材料的制备,可以有一些相同的方法或技术,但也有更多针对不同材料特点的方法或技术。

学习目标

1. 熟悉材料常见的化学合成方法。
2. 掌握材料制备与合成的基本原理。
3. 了解各种制备与合成技术的特点及发展情况。

4.1 固相法

4.1.1 固相法的基本原理

利用固体原料发生固相反应来制备材料的方法称为固相法,也称为陶瓷法。它是制备多晶型固体最广泛采用的方法之一,其原料也是一些晶体物质,它们互相混合,通过接触的界面发生离子的扩散和互扩散,或原有化学键的断裂和新化学键的形成及新物相的生成,晶体结构产生变化,这种变化向固体原料内部或深度扩散,导致了一种新多晶材料的生成。

在常见的外界条件(如温度、湿度、压力等)和时间范围内,固体通常不易发生反应,只有在一定的较强烈的反应条件下,如在 1000~2000℃的温度下,固体反应才会有显著的速率。因此,固相法制备多晶材料往往都是在这样一些强烈的条件下进行的。

固相法需要的高温条件目前已能较方便地得到，如电弧炉可得到高达 3000℃ 的温度，大功率的 CO_2 激光设备可达 4000℃ 高温。如果原料中有挥发性较大或有对大气敏感的化合物，反应可以在封闭的真空或在惰性气氛的容器里进行。有时，固相反应的容器材料也可能要加以选择，如用铂、钽等不活泼金属或硅、铝、锆等的氧化物。

下面可通过 MgO 和 Al_2O_3 以 1：1 摩尔比生成尖晶石 $MgAl_2O_4$ 的具体反应来了解固相反应的大致过程，其反应式如下：

$$MgO(s) + Al_2O_3(s) \longrightarrow MgAl_2O_4(s)$$

从热力学的角度考虑，MgO 和 Al_2O_3 可以发生反应生成尖晶石，这个反应的实质是反应物晶体结构所发生的变化。反应物 MgO 和 Al_2O_3 与生成物尖晶石 $MgAl_2O_4$ 的晶体结构有相同处和相异处，在 MgO 和 $MgAl_2O_4$ 的结构中，氧离子均为立方密堆积排列，而在 Al_2O_3 的结构中，氧离子为畸变的六方密堆积排列；另外 Al^{3+} 在 Al_2O_3 和尖晶石 $MgAl_2O_4$ 结构中均占据八面体的间隙位，而 Mg^{2+} 在 MgO 结构中占据八面体的间隙位，而在 $MgAl_2O_4$ 结构中却占据四面体的间隙位。

从动力学的角度考虑，这个反应实际上在常温下的反应速率极慢，反应进行比较困难，只有当温度超过 1200℃ 时，反应才能明显地进行，至于要使反应进行完全，必须将粉末混合物在 1500℃ 温度下加热数天才能达到。反应速率慢的原因可以简单地归结为 $MgAl_2O_4$ 晶核的生长困难以及随之进行的扩散困难。

Wagner 认为，尖晶石的形成是由两种正离子逆向经过两种氧化物界面扩散所决定的，氧离子则不参加扩散迁移过程，为使电荷平衡，每 3 个 Mg^{2+} 扩散伴随着每 2 个 Al^{3+} 的扩散。在理想情况下，两个界面上进行的反应可写成如下的形式：

$$MgO/MgAl_2O_4 \text{ 界面}:2Al^{3+} - 3Mg^{2+} + 4MgO \longrightarrow MgAl_2O_4$$

$$MgAl_2O_4/Al_2O_3 \text{ 界面}:3Mg^{2+} - 2Al^{3+} + 4Al_2O_3 \longrightarrow 3MgAl_2O_4$$

4.1.2 固相法的特点

固相法通常具有以下特点：

① 固相反应一般包括物质在相界面上的反应和物质迁移两个过程。
② 一般需要在高温下进行。
③ 固态物质间的反应活性较低。
④ 整个固相反应速率由最慢的速率步骤所控制。
⑤ 固相反应的反应产物具有阶段性：原料→最初产物→中间产物→最终产物。
⑥ 固相法能制备出许多非常有价值的材料，影响固相反应的因素较多。固相反应中反应物的形态和结构（例如物质的粒度、孔隙度、接触面积等）、温度和时间等因素，对子反应速率有很大的影响。

从上面的例子不难看出该法存在一些欠缺的方面，其主要有四点：a. 反应只能在相界面进行，随后的扩散过程也十分困难；b. 反应最终得到的往往是反应物与产物的混合体系，极难分离和提纯；c. 即使反应进行得再完全，也很难得到纯相的体系；d. 还存在反应容器污染产物的问题。

4.2 化学气相沉积法

4.2.1 化学气相沉积法的基本原理

利用气态物质在一固体表面进行化学反应，生成的固体产物沉积于衬底上的制备方法称为化学气相沉积（chemical vapor deposition，CVD）法，CVD 法是近二三十年发展起来的制备无机材料的新技术，已经广泛用于提纯物质，研制新晶体，沉积各种单晶、多晶或玻璃态无机薄膜材料。最常见的化学气相沉积反应有：热分解反应、化学合成反应和化学传输反应等。热分解反应主要有氢化物的分解、金属有机化合物的分解和羰基氯化物的分解；化学合成反应主要用于绝缘膜的沉积；化学传输反应主要用于稀有金属的提纯和单晶生长。

化学气相沉积法的反应系统一般包括三个步骤（如图 4-1 所示）：① 产生挥发性物质；② 将挥发性物质输运到沉积区；③ 于基体上发生化学反应而生成固态产物。

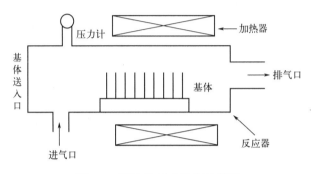

图 4-1　CVD 法反应系统示意图

其中，反应器是 CVD 装置最基本的部件。根据反应器结构的不同，可将 CVD 技术分为开管气流法和封管气流法两种基本类型。

① 封管气流法：这种反应系统是把一定量的反应物和适当的基体分别放在反应器的两端，管内抽真空后充入一定量的输运气体，然后密封，再将反应器置于双温区内，使反应管内形成一温度梯度。温度梯度造成的负自由能变化是传输反应的推动力，于是物料就从封管的一端传输到另一端并沉积下来。封管法的优点是：可降低来自外界的污染；不必连续抽气即可保持真空；原料转化率高。其缺点是：材料生长速率慢，不利于大批量生产；有时反应管只能使用一次，沉积成本较高；管内压力测定困难，具有一定的危险性。

② 开管气流法：开管气流法的特点是反应气体混合物能够连续补充，同时废弃的反应产物不断排出沉积室。按照加热方式的不同，开管气流法可分为热壁式和冷壁式两种。热壁式反应器一般采用电阻加热炉加热，沉积室室壁和基体都被加热，因此，这种加热方式的缺点是管壁上也会发生沉积。冷壁式反应器只有基体本身被加热，故只有热的基体才发生沉积。实现冷壁式加热的常用方法有感应加热、通电加热和红外加热等。

4.2.2　化学气相沉积法的特点

化学气相沉积法的优点是：

① 既可以制备金属薄膜、非金属薄膜，又可按要求制备多成分的合金薄膜。

② 成膜速度可以很快，每分钟可达几微米甚至数百微米。

③ CVD 反应在常压或低真空进行，镀膜的绕射性好，对于形状复杂的表面或工件的深孔、细孔都能均匀镀覆，在这方面比 PVD 优越得多。

④ 能得到纯度高、致密性好、残余应力小、结晶良好的薄膜镀层。由于反应气体、反应产物和基体的相互扩散，可以得到附着力好的膜层，这对表面钝化、抗蚀及耐磨等表面增强膜是很重要的。

⑤ 由于薄膜生长的温度比膜材料的熔点低多，可以得到纯度高、结晶完全的膜层，这是有些半导体膜层所必需的特点。

⑥ CVD 方法可获得平滑的沉积表面。

⑦ 辐射损伤低，这是制造 MOS 半导体器件等不可缺少的条件。

化学气相沉积的主要缺点是：反应温度太高，一般要 1000℃ 左右，许多基体材料都耐受不住 CVD 法的高温，因此限制了它的应用范围。

4.3 溶胶-凝胶法

4.3.1 溶胶-凝胶法的基本原理

胶体分散系是分散程度很高的多相体系。溶胶的粒子半径在 1~100nm 之间，具有很大的相界面，表面能高，吸附性能强，许多胶体溶液之所以能长期保存，就是由于胶粒表面吸附了相同电荷的离子，借着同性的斥力胶粒不易聚沉。因而胶体溶液是一个热力学不稳定而动力学稳定的体系。如果在胶体溶液中加入电解质或者让两种带相反电荷的胶体溶液相互作用，则这种动力学上的稳定性会立即受到破坏，胶体溶液就会发生聚沉，成为凝胶。利用这样的过程制备无机材料的方法叫作溶胶-凝胶法。

溶胶-凝胶法是以无机聚合反应为基础，以金属醇盐或无机金属盐作为前驱物，用水作为水解剂，以醇为溶剂来制备高分子化合物。在溶液中前驱物进行水解、缩合反应，形成凝胶。传统的溶胶-凝胶体系中，反应物通常是金属醇盐，通过醇盐缩聚而得到溶胶。但由于稀土金属的醇盐易水解、成本高等问题，限制了溶胶-凝胶法在更多领域的应用。因此在很多领域中应用较多的是络合溶胶-凝胶法。该法在制备前驱液时添加强络合剂，通过可溶性络合物的形成减少前驱液中的自由离子，控制一系列实验条件，移去溶剂后得到凝胶，最后通过分解的方法除去有机配体而得到粉体颗粒。

溶胶-凝胶过程通常分为两类：①金属盐在水中水解成胶粒，含胶粒的溶胶经凝胶化形成凝胶；②金属醇盐在溶剂中水解，缩合形成凝胶。

聚合程度决定于原颗粒的大小，而聚合速率取决于水解速率。如果水解反应速率大于缩聚反应速率，能够促进凝胶的形成。但在许多情况下，水解反应比缩聚反应快得太多，往往形成沉淀而无法形成稳定的均匀凝胶。要成功合成稳定的凝胶，关键在于降低络合物的水解速率，配制在 pH 值增大的条件下也足够稳定的前驱液。金属离子络合的目的是控制配位水分子在去离子反应中的水解速率，尽量减慢水解反应速率使缩聚反应完全。

影响水解、缩合反应的因素有前驱物、温度、溶剂、添加剂、水、pH 值等。

(1) 溶剂的影响

溶剂在溶胶-凝胶反应过程中主要起分散化作用，首先为了保证前驱体的充分溶解，需保证一定量的溶剂，但如果一种溶剂的浓度过高，会使表面形成的双电层变薄，排斥能降低，制备的粉体团聚现象严重。在保证 pH 值、温度等条件不变的情况下随溶剂量的增加，形成的溶胶的透明度提高，但黏度降低，同时，陈化形成凝胶的时间延长。凝胶的形成是通过溶胶中单体的交联聚合完成的，但聚合需要单体粒子接触距离较小时才易进行。当溶胶浓度降低时，在单位体积中的粒子数目减少，同时粒子自由度提高，减少了碰撞的机会，减缓了聚合速率，同时由于蒸发溶剂量大延长了挥发时间，凝胶时间也延长，形成的凝胶之间空隙较大，且网络骨架结合力小，强度低。在干燥的过程中由于外力或内应力作用其空间结构易遭到破坏，其中的溶剂重新释放。因而选择一个合适的浓度有利于缩短形成凝胶的时间，提高凝胶的均匀性，避免溶胶的不稳定，减少反应时间等。

(2) 反应温度的影响

反应温度主要影响到水解与成胶的速率，当反应温度较低时，不利于盐类水解的发生，金属离子的水解速率降低，溶剂挥发速度减慢，因而导致成胶时间过长，胶粒由于某种原因长时间作用导致不断团聚长大。当反应温度过高时，溶液中水解反应速率过快，且导致挥发组分的挥发速度提高，分子聚合反应也加快，成胶的时间就会大大缩短，由于缩聚产物碰撞过于频繁，形成的溶胶不稳定，制备出的颗粒尺寸变大且分布范围会增加，同时金属离子水解不够充分，过快的聚合可能会降低不同离子混合的均匀性。因此选择合适的反应温度有利于改善溶胶-凝胶的反应并缩短制备工艺周期。

(3) 凝胶干燥温度的影响

陈化形成凝胶后，水解和缩聚反应还在不断进行，通过一定温度的干燥除去水分或其它液体，水解才能完成或停止，形成干凝胶。凝胶的干燥速度主要受水分的蒸发速度影响，因此决定了凝胶的干燥时间。湿凝胶在一定的温度下干燥，胶体形成的骨架之间的水的毛细管力会对最终粉体形态产生明显影响，由于毛细管力拉近相邻颗粒的距离，在干燥结束时产生桥接作用导致粉体团聚的产生，特别是这种团聚结合力较强，因此较难去除。当干燥温度提高后，干燥的时间会明显缩短，因此提高了粉体制备效率，但同时水的桥接作用导致煅烧后的颗粒尺寸也逐渐增大。当温度在适当范围时，干燥的颗粒粒度变化较小。当温度太高时粒度变化就较大。原因在于温度过高，其中的溶剂挥发太快，导致凝胶收缩剧烈，很易形成硬团聚，导致成品的烧结性能降低。

(4) pH 值的影响

溶液 pH 值对溶胶和凝胶水解起催化作用，选用一定的碱调节 pH 值，不同 pH 值条件会对制备的粉体有一定影响。当 pH 值较高时，盐类的水解速率较低，而聚合速率较大，且易于沉淀，粉体粒径易粗化；当 pH 值较小时，金属离子水解速率快，聚合速率较小，凝胶粒子小；但 pH 值过低，溶液酸度过高，金属离子络合物的稳定性下降。

(5) 前驱物性质的影响

不同的前驱物所含的金属离子不同，在相同温度、相同 pH 值的情况下的水解速率与程度就会不同，从而影响离子的络合，进而影响到溶胶、凝胶的性质。

(6) 络合剂的影响

不同的络合剂，所含羧基的数目与键的结合力强弱就会不同。例如柠檬酸与草酸，从结构上分析，草酸含有 2 个酸性较强的羧基，与金属阳离子结合反应较缓慢，因此金属离子水解较充分，草酸与金属离子结合生成分散的晶核，可以制备较细小的物质前驱体。而柠檬酸具有 3 个羧基，且存在三级电离，在不同 pH 时与金属的络合能力有一定的区别，与金属盐结合速率较快，新生成的晶核较少，晶核长大速度较快，因此前驱体尺寸较大。草酸分子量小于柠檬酸，空间结构也较简单，而柠檬酸的三维空间结构提高了凝胶的稳定性，反而有利于胶体粒子的分散。

4.3.2 溶胶-凝胶法的特点

溶胶-凝胶法具有以下优点：

① 由于溶胶-凝胶法中所用的原料首先被分散到溶剂中而形成低黏度的溶液，因此，就可以在很短的时间内获得分子水平的均匀性，在形成凝胶时，反应物之间很可能在分子水平上被均匀地混合。

② 由于经过溶液反应步骤，因此就很容易均匀定量地掺入一些微量元素，实现分子水平上的均匀掺杂。

③ 与固相反应相比，化学反应容易进行，而且仅需要较低的合成温度，一般认为溶胶-凝胶体系中组分的扩散在纳米范围内，而固相反应时组分扩散在微米范围内，因此反应容易进行，所需温度较低。

④ 选择不同的工艺过程，同一原料可制备不同的制品。

⑤ 由于有液体参与，反应温度较低，加热时反应物温度均匀，容易控制反应的进行。

⑥ 可制备比表面积很大的凝胶或粉体。

除了以上优点外，溶胶-凝胶法也存在某些问题：通常整个溶胶-凝胶过程所需时间较长（主要指陈化时间），常需要几天或几周。

4.4 液相沉淀法

4.4.1 液相沉淀法的基本原理

液相沉淀法是在原料溶液中添加适当的沉淀剂，经过在溶液中进行的化学反应，生成难溶的氢氧化物、碳酸盐、硫酸盐、草酸盐等而从溶液中沉淀出来的方法。

液相沉淀法可分为直接沉淀法、共沉淀法、均匀沉淀法和水解法。

直接沉淀法是在金属盐溶液中直接加入沉淀剂，在一定条件下生成沉淀析出，沉淀经过洗涤、热分解等处理工艺后得到超细产物。此方法操作简单易行，对设备技术要求不高，产品纯度较高，有良好的化学计量性，成本较低。缺点是洗涤原溶液中的阴离子较难，得到的粒子粒径分布较宽，分散性较差。

共沉淀法也可用来合成无机超细粉体。在混合离子溶液中加入某种沉淀剂或混合沉淀剂使多种离子同时沉淀的过程，叫共沉淀，共沉淀的目标是通过形成中间沉淀物制备多组分陶瓷氧化物，这些中间沉淀物通常是水合氧化物，也可以是草酸盐、碳酸盐或者是它们之间的混合物。由于被沉淀的离子在溶液中可精确计量，只要能保证这些离子共沉淀完全，就能得到组成均匀的多组分混合物，从而保证煅烧产物的化学均匀性，并可以降低其烧成温度。对于少量离子掺杂的多组分材料的合成，在共沉淀过程中必须按少量离子完全沉淀的条件来进行控制，对于单一沉淀溶解度差异较大的物质，如 $Mg(OH)_2$ 和 $Al(OH)_3$ 的共沉淀，如果只用 NaOH 的话，$Mg(OH)_2$ 沉淀完全后（pH=10.4），$Al(OH)_3$ 已形成 $[Al(OH)_4]^-$ 而溶解，不能得到按计量配比的混合材料，这时，如果用稀 Na_2CO_3 溶液去作沉淀剂，控制 pH>7.8，则按计量生成 $MgCO_3$ 和 $Al(OH)_3$ 混合沉淀，煅烧后得 $MgO-Al_2O_3$ 混合物。

均匀沉淀法是利用某一化学反应使溶液中的构晶离子（构晶负离子和构晶正离子）由溶液中缓慢均匀地产生出来的方法。这种方法避免了直接添加沉淀剂而产生的体系局部浓度不均匀现象，使过饱和度维持在适当范围内，从而控制粒子的生长速度，制得粒度均匀的纳米粉体。常用的沉淀剂有尿素和六亚甲基四胺。均匀沉淀法可以较好地控制粒子的成核与生长，制得粒度分布均匀的纳米粉体，如用硝酸锌为原料，尿素为沉淀剂，反应温度超过 70℃，尿素发生水解，水解产生的氨均匀分布在溶液中，随着氨的不断产生，溶液中的 OH^- 浓度逐渐增大，在整个溶液中均匀生成氢氧化锌沉淀，然后经过洗涤、干燥、煅烧制得粒度在 20~80nm 的氧化锌粉体。又比如采用硫酸锌为锌源，硫代乙酰胺（TAA）作为硫源，TAA 水溶液在酸性和一定条件下水解，均匀地释放 H_2S，随着 H_2S 的不断产生，溶液中 S^{2-} 的浓度逐渐增大，均匀产生硫化锌沉淀，洗涤、干燥后即得粒度均匀的纳米硫化锌。

水解法主要是利用金属阳离子的水解反应来制备高纯度的氧化物陶瓷微粒及纳米材料。其反应通式如下

$$M^{n+}(aq) + nH_2O(l) \longrightarrow M(OH)_n(s) + nH^+(aq)$$
$$M(OH)_n(s) \longrightarrow MO_{0.5n}(s) + 0.5nH_2O(g)$$

影响水解反应的因素主要有：①金属离子的电荷、半径及电子构型，或金属离子的极化力；②溶液温度；③溶液的酸度；④溶液的浓度。

4.4.2 液相沉淀法的分类

不同于气相沉积法，液相沉淀法是将液相状态下的微观粒子凝胶析出纳米粒子。根据有无化学反应发生，可将其分为反应沉淀法和非反应沉淀法。反应沉淀法是借助液相反应物之间的化学反应，生成难溶单质或化合物纳米粒子，包括醇盐水解法、沉淀转化法、络合沉淀法、化合物分解沉淀法、水热法、反胶团法、喷雾热分解法等。非反应沉淀法是指通过物理过程，提高溶液过饱和度，使溶质快速析出的方法，如超临界流体快速膨胀过程沉淀法、高流体抗溶剂沉淀法、不良溶剂法、喷雾干燥法等。由于液相沉淀法能精确地控制化学组成，可用于合成单一或复合化合物粒子，生产成本低，应用非常广泛。

液相沉淀法也存在不少问题，如：合成的产品分散性差，有团聚，洗涤、过滤困难等，这些都有待解决。另外，沉淀反应、过滤/洗涤、干燥、煅烧等环节的控制是制备纳米粉体的关键，其中还有许多需要研究和改进。

4.5 晶体生长法

晶体生长的方法很多，本节仅介绍一些常用的技术。在这些方法中，最通常的应是采取熔体的固化和溶液的结晶来得到所需要的晶体。

4.5.1 熔体固化技术

熔体固化技术中有一种方法称之为 Czochralski 法，即通常所谓的提拉技术。它是将原料熔于一无反应性的热坩埚中，熔体的温度调节到略高于原料的熔点，晶种插入到熔体里，达到热平衡后，晶种缓慢地在熔体里生长，当晶种由熔体里逐渐拉出时，在界面就连续地发生晶体生长。至于生长晶体的直径可由拉伸速率、熔体液面的下降速率以及进出系统的热通量来控制。这种技术的优点是晶体生长的界面与坩埚的壁不接触，避免了不希望的成核现象。硅、锗以及陶瓷氧化物、石榴石、重晶石等晶体都可用此方法生长。

4.5.2 悬浮区熔技术

熔体中进行晶体生长的另一种方法是无坩埚悬浮区熔技术。在这种技术中，原料先被烧结制成垂直棒状，利用高频感应加热，在适当的温度下棒中形成一段窄的熔区，当棒由上向下移动时，熔区的下端逐渐熔化，而上端则发生晶体生长。如果晶种置于棒的一端，那么整根棒将转变为一根单晶。这种技术的优点是晶体不受到来自坩埚的污染。

4.5.3 焰熔技术

焰熔技术指的是采用的原料是粉末，它们直接被加入到氢氧火焰中，熔化后滴到下置的晶种上，在顶端缓慢地结晶，这样能够生长出很大的晶体。这种技术适用于制备一些高熔点的氧化物，如红宝石和蓝宝石等。如果把这里的火焰改成保持高频电流的热等离子，那么改变后的技术称之为等离子炬技术。

4.5.4 溶液法

很多结晶的生长也可采取溶液法。这时的结晶需在过饱和溶液中进行，过饱和溶液的制备可以通过温度的调节，使之处于溶解和结晶区域之间；也可以通过溶剂挥发或化学反应来实现。从溶液中生长单晶，最关键的问题是控制和保持溶液有一定的过饱和度，使整个过程晶体生长的速度保持恒定，这样就可以有效地生长出质量好的晶体。溶液法一个较大的缺点是不可避免地会在晶体中带有一定痕量的杂质，它们来自于所制备的溶液。

不溶性的固体无法很容易地通过溶液法来进行晶体生长，这时凝胶则非常有用。以制备分子筛沸石材料为例，这是一种碱金属的硅酸盐与铝酸根负离子的作用，可用下列过程来表示：

$$NaAl(OH)_4(水溶液) + Na_2SiO_3(水溶液) + Na_2OH(水溶液)$$
$$\downarrow 25℃$$
$$Na_a(AlO_2)_b(SiO_2)_c NaOH \cdot H_2O(凝胶)$$
$$\downarrow 25\sim175℃$$
$$Na_x(AlO_2)_x(SiO_2)_y \cdot mH_2O(沸石晶体)$$

电化学方法也能用于晶体的成长。早期的熔盐电化学方法大多数能制备一些大的单晶体，现在已能生长出固定组成的晶体。这在有关的技术性书籍中也都有较详细介绍。

4.6 自蔓延合成法

4.6.1 自蔓延合成法的基本原理

自蔓延合成法是利用两种以上物质的生成热，通过连续燃烧放热来合成化合物。它是1976年苏联科学家在研究火箭固体燃料过程中发现的"固体火焰"的基础上提出并命名的。

自蔓延合成法的反应过程在图4-2中进行了简单说明。外部热源将原料粉末进行局部或整体加热，当温度达到点燃温度时，撤掉外部热源，利用原料颗粒发生的固体与固体反应或者固体与气体反应放出的大量反应热，使反应得以继续进行，最后所有原料反应完毕生成所需材料。

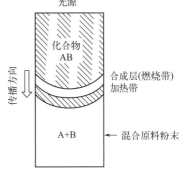

图4-2 自蔓延合成法示意图

4.6.2 自蔓延合成法的分类

迄今为止，用自蔓延合成法制备的材料已涉及碳化物、氮化物、硼化物、氧化物及复合氧化物、超导体、合金等许多领域，带动了相应的各种新型自蔓延合成技术的产生和发展。

按原料组成进行分类，自蔓延合成有三种类型：

(1) 元素粉末型

通常将压坯置于惰性气氛的反应容器中，通过镁热还原等自蔓延反应方式得到疏松的烧结块体。若产物为单一物相，可采用机械粉碎法获得烧结粉体，如TiB_2的合成：

$$Ti + 2B \longrightarrow TiB_2 + 280kJ/mol$$

(2) 铝热剂型

利用氧化-还原反应，例如：$Fe_2O_3 + 2Al \longrightarrow Al_2O_3 + 2Fe + 850kJ/mol$

(3) 混合型

以上两种类型的组合，例如：$3TiO_2 + 3B_2O_3 + 10Al \longrightarrow 3TiB_2 + 5Al_2O_3$

按反应形态进行分类，有三种类型：

① 固体-气体反应，例如：$3Si + 2N_2(g) \longrightarrow Si_3N_4$

② 固体-液体反应，例如：$3Si + 4N(l) \longrightarrow Si_3N_4$

③ 固体-固体反应，例如：$3Si + 4/3NaN_3(s) \longrightarrow Si_3N_4 + 4/3Na$

4.7 非晶态材料的合成

合成非晶态材料最根本的条件就是要有足够快的冷却速率，并冷却到材料的再结晶温度以下。为了达到一定的冷却速率，必须采用特定的方法与技术，而不同的技术方法，其非晶态的形成过程又有较大区别。考虑到非晶态固体的一个基本特征是构成的原子或分子在很大程度上的排列混乱，体系的自由能比对应的晶态要高，因而是一种热力学意义上的亚稳态。基于这样的特点，无论哪一类制备方法都要解决如下两个技术关键：①必须形成原子或分子混乱排列的状态；②将这种热力学亚稳态在一定温度范围内保存下来，并使之不向晶态发生转变。最常见的非晶态材料制备方法有液相骤冷和从稀释态凝聚，包括蒸发、离子溅射、辉光放电和电解沉积等，近年来还发展了离子轰击、强激光辐照和高温压缩等新技术。

4.7.1 液相骤冷法

液相骤冷法是目前制备各种非晶态金属和合金的主要方法之一，并已经进入工业化生产阶段。它的基本特点是先将金属或合金加热熔融成液态，然后通过不同途径使它们以 $10^5 \sim 10^8$ ℃/s 的高速冷却，这时液态的无序结构得以保存下来而形成非晶态，样品以制备方法不同可以形成几微米到几十微米的薄片、薄带或细丝状。

快速冷却可以采用多种方法：

① 将熔融的金属液滴用喷枪以极高的速度喷射到导热性好的大块金属冷砧上；

② 让金属液滴被快速移动活塞送到金属砧座上，形成厚薄均匀的非晶态金属箔片；

③ 用加压惰性气体把液态金属从直径为几微米的石英喷嘴中喷出，形成均匀的熔融金属细流，连续喷到高速旋转（每分钟约 2000～10000 转）的一对轧辊之间（双辊急冷法）或者喷射到高速旋转的冷却圆筒表面（单滚筒离心急冷法）而形成非晶态。

4.7.2 气相沉积法

气相沉积法是使用较广泛的一种方法，在这项技术中，稀释的蒸气里的原子、分子或离子沉积在保持低温的衬底上，形成非晶态的结构。大部分气相沉积的非晶态材料在加热时会结晶，也有一些会呈现出二次转变，类似于玻璃态转变，非晶态固态的水和甲醇显示出这种转变。气相沉积制备的非晶态材料结构特征与熔融-淬火制备的同样材料的玻璃态特征类似。

气相沉积法是先用各种不同的工艺将固体的原子或离子以气态形式离解出来，然后使它们无规则地沉积在冷却底板上，从而形成非晶态。根据离解和沉积方式的不同，可有以下几种方法：溅射法、真空蒸发沉积法、电解和化学沉积法及辉光放电分解法。

思考题

1. 简述固相法的原理和优缺点。

2. 简述化学气相沉积法的原理和优缺点。
3. 化学气相沉积法反应包括哪几个步骤？
4. 化学气相沉积技术有哪些基本类型？
5. 简述溶胶-凝胶法的原理和反应过程。
6. 影响溶胶-凝胶法的因素有哪些？各自是如何影响的？
7. 溶胶-凝胶法有哪些显著的特点？
8. 简述液相沉淀法的分类和原理。
9. 不同于气相沉积法，液相沉淀法有哪些特点？
10. 晶体生长的方法有哪些？
11. 简述自蔓延合成法的原理。
12. 按原料组成进行分类，自蔓延合成有哪几种类型？
13. 按反应形态进行分类，自蔓延合成有哪几种类型？
14. 合成非晶态材料最根本的条件是什么？
15. 非晶态材料的制备方法有哪些？

参考文献

[1] 杨南如，余桂郁. 溶胶-凝胶法的基本原理与过程 [J]. 硅酸盐通报，1993，12（2）：56-63.
[2] Yang J, Weng W, Ding Z. The drawing behavior of Y-Ba-Cu-O sol from non-aqueous solution by a complexing process [J]. Journal of Sol-Gel Science and Technology, 1995, 4 (3): 187-193.
[3] 宋继芳. 溶胶-凝胶技术的研究进展 [J]. 无机盐工业，2005，37（11）：14-16.
[4] 翟学良，刘伟华，宋双居，等. 溶胶-凝胶法制备功能陶瓷纤维材料研究进展 [J]. 河北师范大学学报：自然科学版，2007，31（2）：233-236.
[5] 王君龙，梁国正，祝保林. 溶胶-凝胶法制备纳米 SiO_2/CE 复合材料的研究 [J]. 航空材料学报，2007，27（1）：61-64.
[6] 祖庸，刘超峰，李晓娥，等. 均匀沉淀法合成纳米氧化锌 [J]. 现代化工，1997（9）：33-35.
[7] 牛新书，刘艳丽，徐甲强，等. 纳米硫化锌的合成研究 [J]. 无机盐工业，2002，34（3）：3-4.

第 5 章
金属材料

内容提要

本章首先介绍了金属材料的通性和分类，详细阐述了金属材料的结构，包括一维、二维密堆积和三维密堆积。另外，介绍了合金的分类和特性。最后分别阐述了超耐热合金、超低温合金、形状记忆合金、超塑性合金和非晶态金属材料的定义、发展、组成和性能以及分类。

学习目标

1. 认识金属材料与人类生活和社会发展的密切联系。
2. 掌握自由电子理论和能带理论。
3. 了解金属单质的结构。
4. 了解合金的结构。
5. 了解超耐热合金和超低温合金的含义和性能特点。
6. 了解形状记忆合金和超塑性合金的特殊性和实现机理。
7. 了解非晶态金属材料的结构和性能特征。

5.1 金属材料的发展与分类

金属材料是指金属元素或以金属元素为主构成的具有金属特性的材料的统称，包括纯金属、合金、金属间化合物和特种金属材料等。金属是人类最早认识和利用的材料之一，早在公元前 3000 年之前，人类已开始使用青铜器。金属在自然界的分布也非常广泛，在人类已发现的 100 多种元素中金属元素占 80% 以上。

金属通常可分为黑色金属、有色金属和特种金属。

黑色金属又称钢铁材料，包括含铁 90% 以上的工业纯铁，含碳 2%~4% 的铸铁，含碳小于 2% 的碳钢，以及各种用途的结构钢、不锈钢、耐热钢、高温合金、精密合金等。广义的黑色金属还包括铬、锰及其合金。黑色金属常作为结构材料使用。

有色金属通常是指钢铁之外的所有金属及其合金，通常分为轻金属、重金属、贵金属、半金属、稀有金属和稀土金属等。有色合金的强度和硬度一般比纯金属高，并且电阻大、电阻温度系数小。有色金属多作为功能材料来使用。

特种金属材料包括不同用途的结构金属材料和功能金属材料。其中有通过快速冷凝工艺获得的非晶态金属材料，以及准晶、微晶、纳米晶金属材料等；还有具有隐身、抗氢、超导、形状记忆、耐磨、减振阻尼等特殊功能合金以及金属基复合材料等。

目前，对金属晶体化学键和性质的研究是材料科学的重大课题之一。

5.2 金属键与金属的通性

金属有许多共同性质：不透明、有金属光泽、具有良好的导电性能和传热性能、富有延展性等。金属的这些特性是它内部结构的外在反映。

金属晶体中原子间有较大的结合能，例如气态钠原子转化为晶态钠所放出的能量为 108.8kJ/mol，可见金属键能比分子间作用力（约 10～20kJ/mol）和氢键（约 50kJ/mol）大得多，所以金属晶体中的相互作用是一种较强的化学键。由于金属元素的电负性一般都比较小，电离能也较小，最外层价电子很容易脱离原子的束缚而在金属晶粒中由各个正离子形成的势场中比较自由地运动，形成"自由电子"或称"离域电子"。与有限分子中的离域共价键相比较，金属晶体中各金属原子的价电子共有化于整个金属晶粒，所有成键电子可在整个聚集体中流动。在金属晶体中根本没有定域的双原子键，也没有几个原子间的离域键，而是所有原子都参加了成键。因而可以说，金属键既不同于共价键，也不同于离子键，它是一种特殊的化学键。

金属键的强度，可以用金属的原子化热来衡量。金属的原子化热，是指 1mol 的固态金属变成气态原子吸收的能量。金属的许多性质和原子化热有关，若原子化热的数值较小，这种金属的熔点较低，硬度较小，键的强度也小；反之则相反。

正是由于金属键的这些特点，引起了人们广泛的注意，并将各种研究化学键的理论应用于金属晶体，建立了金属键理论，下面主要介绍自由电子理论和能带理论。

5.2.1 自由电子理论

早期的"古典自由电子论"将金属晶体中的金属键解释为：金属的正离子在空间紧密堆积，同时浸没在由金属价电子组成的"电子气"中形成金属晶体中的金属键。

电子在金属晶体内受恒定势场的作用做自由运动，若将这个势场视为金属晶体骨架对电子运动的限制，即金属表面势能由零变为无限大（即表面内的势能为零，离开表面的势能无限大），以致电子被限制在金属内部运动，而不能离开金属表面。这就类似于三维势阱中的自由粒子，称为自由电子模型。

用这一自由电子模型理论，可以较成功地定性甚至定量描述金属的许多物理和化学性质，如自由电子能较"自由"地在整个晶粒内运动，使金属具有良好的导电传热性；自由电子能吸收多种波长的光并能立即放出，使金属不透明、有金属光泽；由于自由电子的胶合作用，当晶体受到外力作用时，原子间容易进行滑动，所以能锤打成薄片，抽拉成细丝，表现出良好的延展性和可塑性。金属间能形成各种组成的合金，也是由金属键的性质决定的。按自由电子模型，金属键没有方向性，每个原子中电子的分布基本上是球形对称的，自由电子的胶合作用，将使球形的金属原子作紧密堆积，形成能量较低的稳定体系。

但由于此理论是在经典力学的基础上来研究"电子气"的运动规律的，因而有许多问题不能用它来得到圆满的解释。后来 Bloch 和 Brillouin 深入研究了电子在晶格的周期性势场中运动的特征，发展了固体能带理论。

5.2.2 能带理论

在自由电子理论中，电子是在均匀的势场中自由运动，这显然不符合实际情况。在实际晶体中，电子并非完全自由。金属离子按点阵结构有规则地排列着，每一个离子带有一定的正电荷。电子在其间运动时与正离子之间有吸引势能，而且电子所处的位置不同，与正离子之间距离不同，势能的大小就不同，因此，电子实际上是在一维周期性变化的电场中运动。电子除直线运动外，在正电荷附近还要作轻微的振动。

电子的能量被限制在某些区域中，这些电子能量允许取的区域称为能带。每个能带都有一定的能量范围，能带按能量高低排列起来成为能带结构。比如，由于锂的 1s，钠的 1s、2s、2p，镁的 1s、2s、2p、3s 轨道都充满电子，形成相应的能带称为满带；而锂的 2s、钠的 3s 轨道是半充满的，它们形成的能带是有电子而未充满的，电子在这些能带中可以流动，所以称为导带；那些空轨道，如锂的 2p、镁的 3p 轨道组成的能带则称为空带。能带之间的区域电子不能存在，称为禁区或禁带。满带和空带重叠，会使满带变成导带，例如镁的 3s 和 3p 能带重叠，从而使 3s 和 3p 组成导带。

金属原子都有未充满的价轨道，它们形成的能带称为价带，显然价带也大多是未充满状态，大部分价电子处在价带下半部，从而使金属体系能量降低形成稳定的金属键。金属电子在能带中分布的特点能很好地解释金属的导电现象。一般情况下，难以将满带电子激发到空带。半导体的特征是最高满带和最低空带间禁带较窄（$E<3eV$），在较强的外场作用下，部分满带电子可跃入空带，使原来的满带和空带都成为导带，从而能够导电，如图 5-1 所示。半导体起导电作用的是被激发后的电子和激发后剩下的"孔穴"，它们成为负的和正的（n 型和 p 型）载流子。在这种晶体中掺入富电子或缺电子的杂质时，则 n 型和 p 型载流子的数目会发生变化，于是产生 n 型半导体或 p 型半导体。有的杂原子的能级正处在禁带的中间，这样掺杂就相当于改变禁带宽度，从而改变半导体的导电性能。

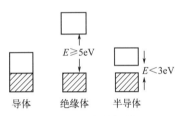

图 5-1 能带结构特征

由能带理论可以看出金属键本质是金属原子的价电子共有化于整个金属晶粒，原子内电子能级进入晶体的能带，形成离域的多中心键，电子的高度离域使体系能量有较大的降低，从而形成一种各原子间的强烈相互吸引力，这就是金属键。能带中高度离域、活动自由的价电子也称为"自由"电子。导带中的自由电子使金属具有良好的导电、传热性能；自由电子能级的连续性使它能吸收可见光并及时放出，于是金属不透明而有光泽；多数金属原子价电子 s 轨道的球对称性，使它们之间发生轨道重叠时，没有方向性和数目的限制（只要空间允许），所以金属键没有饱和性和方向性；金属原子的正离子是球形对称的电子云，它们具有最紧密堆积的结构和高的配位数；最紧密堆积的球形正离子间的相对位移，不会破坏金属键，因此金属大都有良好的延展性。

5.3 金属单质的结构

5.3.1 一维、二维密堆积

由于金属原子的价电子进入金属能带，因此金属原子已相当于离子状态，电子云球形对称的状态造成了单质金属近似为等径圆球的紧密堆积结构，金属键的作用力使各金属原子紧密地堆积。因此，可用等径圆球紧密堆积模型来描述金属单质结构。

（1）一维密置列

一维的等径圆球的紧密堆积为一维密置列，将每个球抽象为一个几何点就构成直线点阵。如图 5-2 所示。

（2）二维的密置层

二维等径圆球的紧密堆积为二维的密置层，如图 5-3(a) 所示。将每个球抽象为一个几何点，就构成平面点阵，可将平面点阵划分成一组六方格子，每个六方格子中含有一个球和两个空隙，空隙有两种，有三角形顶点向上和向下之分，如图 5-3(b) 所示。

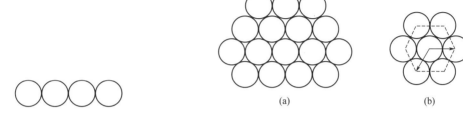

图 5-2　一维等径圆球密置列

图 5-3　二维等径圆球密置层
(a) 等径圆球密置层；(b) 划分出的六方格子

（3）密置双层

双层等径圆球的紧密堆积如图 5-4 所示，上层球的球心对准下层的空隙中心，这种堆积为最紧密堆积方式。在这种密置双层中，存在两种不同的空隙，如图 5-5 所示。第一种是由下一层的一个向上的空隙与上一层一个向下的空隙对准，这样便将 6 个球的球心连接起来，构成一个八面体，所以这样的空隙称为正八面体空隙，如图 5-5(a) 所示。第二种是由下一层的 3 个球的空隙对准上一层球的球心，这样便由 4 个球组成一个空隙，如图 5-5(b) 所示。若将这 4 个球的球心连接起来，就构成一个正四面体，所以这样的空隙称为四面体空隙。由图 5-5 可见，四面体空隙小于八面体空隙，四面体空隙中能容纳的小球要比八面体空隙能容纳的小球更小。在密置双层的基础上，可进一步得出等径圆球的三维紧密堆积。

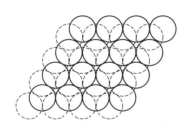

图 5-4　双层等径圆球的紧密堆积

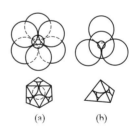

图 5-5　八面体空隙和四面体空隙

5.3.2　三维密堆积

（1）A1 型密堆积

第一层密置层为 A 层，第二层为 B 层（构成密置双层），第三层为 C 层，使 C 层球的球心的投影对准第一和第二层中球组成的八面体空隙中心，第四层的投影与第一层重合，第五层与第二层重合，第六层与第三层重合……形成 ABCABC…型式的密置层堆积，如图 5-6(a) 所示。这种堆积称为 A1 型密堆积，又称立方最密堆积。若将晶体中每球抽象成几何点，构成的三维空间点阵可以划分成立方空间点阵单位,如图 5-6(b) 所示,对应的晶胞为立方最紧堆积。

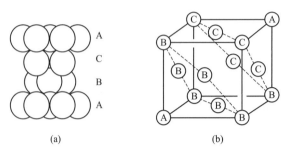

图 5-6 A1 型密堆积
(a) 立方最密堆积侧视图;(b) A1 型密堆积的立方晶胞

A1 型密堆积的立方晶胞中含有 4 个球,配位数为 12。A1 型密堆积中球数∶八面体数∶四面体数=4∶4∶8。晶胞中球占据的体积与晶胞体积的比值称为堆积系数或空间占有率,A1 型堆积系数为 74.05%。Cu、Ag、Au 和 Pt 等单质金属属于 A1 型密堆积结构。

(2) A2 型密堆积

A2 型密堆积又称立方体心堆积,其中无密置层存在,这种晶体的晶胞为立方体,在立方体顶点及体心位置上圆球占据,如图 5-7 所示。每个晶胞中存在两个球,每个球的配位数为 8,球心间距为 2R(R 为球的半径),它的堆积系数为 68.02%。A2 型密堆积的晶体为立方体心点阵结构,金属 Na、K、Li、Rb 和 Cs 等都为 A2 型密堆积结构。

(3) A3 型密堆积

等径圆球的三维最紧密堆积有两种不同的方式,它们都是将二维密置层沿垂直于层的方向堆积而得。设第一层为 A 层,第二层为 B 层(两层堆积为密置双层),第三层球的球心对准第一层的球心,第四层的球心对准第二层……这样便形成 ABAB…型式的密置层堆积,如图 5-8(a) 所示。这种堆积称为 A3 型密堆积。若将各球抽象成一个阵点,便构成三维空间点阵,该点阵能划分成六方空间点阵单位,对应的晶胞为六方晶胞,如图 5-8(b) 所示,所以这种堆积又称为六方最密堆积。

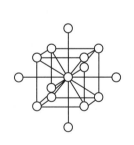

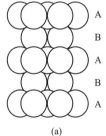

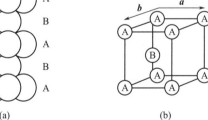

图 5-7 A2 型密堆积　　　图 5-8 A3 型密堆积
(a) 六方密堆积侧视图;(b) A3 型密堆积的六方晶胞

A3 型密堆积的六方晶胞中含有两个球,每个球的配位数为 12。A3 型密堆积中的球数∶八面体空隙数∶四面体空隙数=2∶2∶4。六方紧密堆积的堆积系数和 A1 型一样为 74.05%。这是等径圆球的最高堆积系数,所以 A3 型密堆积是一种最紧密的堆积。单质金属 Mg、Ti、Zn、Ru、Cd 等具有 A3 型密堆积结构。

除了 A1、A3、A2 型密堆积以外，有的金属单质结构也存在 A4、A10 型等形式。但是 A1、A3 型密堆积和 A2 型堆积是绝大多数单质金属的结构。各种单质金属结构及有关数据可参考其他专业手册。

5.3.3 金属原子半径

金属单质的结构通常用 X 射线衍射法测定，从金属晶体的晶胞参数可以算出两个邻近金属原子间的距离，取一半便是原子半径。金属原子半径与配位数有密切的关系，配位数越高，半径越大。相对半径差值与配位数的关系如表 5-1 所示。

表 5-1 相对半径差值与配位数的关系

配位数	12	8	6	4
相对半径差	1.00	0.97	0.96	0.88

表 5-1 中的数据是在室温下由稳定晶型的实际原子接触距离求得的，若将这些数据用于其他配位，则应根据配位数与相对半径差进行换算。金属原子半径在周期表中的变化有一定的规律性，具体可总结如下。

① 同一族元素原子半径随原子序数的增加而增加。这是由于同族元素外层电子组态相同，电子层数增加，半径加大。

② 同一周期元素原子半径随原子序数的增加而下降。这是由于电子价层不变，有效核电荷数随原子序数的增加而递增，使半径收缩。

③ 同一周期过渡元素的原子半径开始时稳定下降，然后稍有增大，但变化幅度不大，一方面，当原子序数增加时，电子因填内层 d 轨道，有效核电荷数虽有增大，但增大较少，半径下降不多；另一方面，随电子数增加，半径稍有增加，出现两种相反因素。

④ 镧系元素在原子序数递增时，核电荷数增加，核外电子数也增加，但电子充填在较内部的 4f 轨道上，不能屏蔽所增加的全部核电荷，出现半径随原子序数增加而缩小的"镧系收缩"效应，镧系元素的原子半径由 La 的 187.3pm 下降到 Lu 的 172.7pm。但值得注意的是在其中有两个例外：Eu 和 Yb 的原子半径特别大，这被认为是由于这两个元素参加成键的电子只有 2 个，Eu 和 Yb 的化学性质以及 Eu^{2+} 和 Yb^{2+} 比较稳定存在等事实均可以佐证。

受镧系收缩效应的影响，第二长周期比第一长周期同族元素的半径大，但第三长周期与第二长周期的同族元素的半径却极相近，Zr 和 Hf、Nb 和 Ta、Mo 和 W 的半径极为近似，成为极难分离的元素，而 Ru、Rh、Pd、Os、Ir 和 Pt 6 个元素的原子半径和化学性质相似，通称铂族元素。

5.4 合金结构

合金是由两种或两种以上金属元素或由金属与非金属元素组成的具有金属特性的物质。例如，由铜和锌两种元素组成的黄铜，由铜和锡组成的锡青铜，由铁和碳组成的碳钢或铸铁，由铝、铜、镁组成的硬铝，等等，都是合金。

合金中具有同一化学成分且结构相同的均匀部分称为相（phase）。相与相之间有明显的界面。根据合金所含相的不同，可将其分为单相合金和多相合金。例如 18-8 型不锈钢由 18% 的 Cr、8% 的 Ni 和 74% 的 Fe 组成，是三元合金，虽然具有多晶结构，但所有晶粒具有相同的组成和结构，尽管晶粒间存在着界面，但它们仍属于同一种相，所以这种三元合金是单相的。又如含 0.8%C 的碳钢同时含有铁素体和渗碳体两个相。铁素体是具有体心立方结构的 α-Fe 或其固熔体,而渗碳体是 Fe_3C 新相,两者成分、结构均不相同。所以这种二元合金是多相的。多相合金中可能存在着非金属相。例如球墨铸铁除含有铁素体和渗碳体相外,还含有非金属石墨相。

合金的性能一般取决于组成合金相的成分、结构、形态以及各相之间的组合情况。针对上述两类具体分析如下:

(1) 单相合金

工业上应用的单相合金都是单相固溶体,其性能决定于溶剂金属的性质和溶质元素的种类、数量和溶入方式。对于一定的溶剂和溶质,溶入的溶质越多溶剂晶格畸变越大,固溶体强度、硬度和电阻越高。单相固溶体合金还具有较高的塑性、韧性和耐蚀性。

(2) 多相合金

多相合金中各相仍保持各自的性能特点,因此其性能一般是组成相的算术平均值。但是,除了组成相性能和相对数量外,决定多相合金性能的还有组成相的形状、大小和分布情况。

最常见的多相合金相结构是以一种固溶体为基体,在其上分布着第二相,第二相一般是硬而脆的化合物或以化合物为溶剂的固溶体。这种合金塑性变形主要在基体内进行,第二相则对基体变形起阻碍作用,因此性质上表现为塑性变形能力低于单相固溶体。根据第二相(脆性相)的作用情况,可以把多相合金分为 4 种情况:

① 脆性相以网状分布于基体的晶界上。由于基体晶粒被脆性相包围,在空间形成硬壳,使基体的塑性变形能力无从发挥,脆性的第二相又几乎不能塑性变形,因而合金的塑性和韧性都很低。

② 脆性相以片状分布于基体晶粒内。由于第二相不连续,不致严重破坏基体的变形能力,因而合金塑性比前者好。第二相在基体晶粒内呈层片状分布,增加了相界面积,加重了晶格畸变程度,位错的移动被限制在层片的短距离中,增加了塑性变形的抗力,因而合金有较高的强度和硬度,且层片越细,合金的强度、硬度越高。

③ 脆性相以颗粒状分布于基体晶粒内。由于塑性好的基体几乎是连成一片的,第二相对基体塑性变形的阻碍作用大为减少,所以合金塑性比前两者都好。用于冷冲压、冷挤压、冷镦的钢材都要求有这种类型的组织。

在弥散度相同的条件下,由于颗粒状的表面积比片状的小,减少了相界面积,对塑性变形的抗力减小,因此合金的强度、硬度比第二种情况低。工具钢、轴承钢等大多要经球化退火。球化退火是经过反复数次的加热、冷却,因为球状比片状表面能小而使渗碳体自发趋于球状,并在缓冷过程中,由奥氏体中析出的次渗碳体也能围绕已经球状化的渗碳体粒为核心,形成球状。因此,这样的球化退火可以达到降低钢材硬度,改善切削性能的目的。

④ 脆性相呈弥散的质点分布于基体晶粒内。由于脆性的第二相以非常微小的质点均匀地分布于基体的晶粒内,大大增加了相界面积,从而阻碍位错的运动并增大变形抗力,所以合金具有很高的强度和硬度。靠弥散的第二相质点提高合金强度的方法叫弥散强化,又叫析出强化或沉淀强化。

弥散强化是工业合金最有效、应用最广的强化方法之一,许多高强度钢以及主要用于仪表、电器、接触弹簧、电焊机滚焊、点焊电极的铍青铜等有色合金都是靠弥散强化的手段来获得高强度的。

合金可分为金属固溶体和金属化合物两大类。下面分别对这两类进行进一步阐述。

5.4.1 金属固溶体

合金由液态结晶成固态时,其组元之间仍能相互溶解而形成的均匀相称为固溶体。固溶体的晶格类型与其某一组元(溶剂)的晶格类型相同,其他组元(溶质)的晶格结构则消失而以原子状态分布在溶剂的晶格中。在固溶体中,一般溶剂含量较多,溶质含量较少。

按照溶质原子在溶剂晶格中分布情况的不同,固溶体可分为置换固溶体、间隙固溶体和缺位固溶体三类。

(1) 置换固溶体

由溶质原子代替一部分溶剂原子而占据着溶剂晶格某些结点位置所组成的固溶体称为置换固溶体。例如 Cu-Ni 合金中镍原子代替部分铜原子而占据面心立方晶格某些结点位置,形成了置换固溶体,如图 5-9 所示。

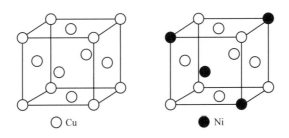

图 5-9 铜与铜-镍置换固溶体

在置换固溶体之中,溶质在溶剂中的溶解度主要取决于两者原子半径的差别、它们在周期表中相对位置和晶格类型。一般地说,两者原子半径差别越小,两者在周期表中位置越靠近,则溶解度也越大。满足上述两条件,再加上两者晶格类型相同,则这些组元往往能无限相溶,即可以任何比值形成置换固溶体,如铁和铬、铜、镍可以形成无限固溶体。反之,则溶质在溶剂中的溶解度是有限的,如铜和锌、铜和铅都只形成有限固溶体。有限固溶体的溶解度还与温度有关,一般温度越高,则溶解度越大。形成置换固溶体时,溶质原子与溶剂原子的半径不尽相同,会导致固溶体晶格常数变化和晶格的畸变。晶格畸变使得位错移动时所受的阻力增大,结果使金属材料强度、硬度增高,称之为固溶强化。

固溶强化是提高金属材料力学性能的一种重要途径。例如,南京长江大桥大量采用含锰量为 1.3%~1.6% 的普通低合金结构钢,锰的固溶强化作用提高了材料的强度,既大大节约了钢材,又减轻了大桥的自重。

(2) 间隙固溶体

金属单质结构中存在许多四面体和八面体空隙,将半径较小的非金属原子填入空隙中,可形成金属间隙固溶体。

间隙固溶体中的溶质原子在溶剂晶格中并不占据其晶格结点位置,而是处于各结点间的空隙中,如图 5-10 所示的四面体间隙和八面体间隙。图中 r_A 和 r_B 分别为溶剂原子半径和间隙能容纳的最大溶质原子半径。

随着溶质原子的溶入,溶剂晶格将发生畸变,溶入的溶质原子越多,所引起的畸变就越大。当晶格畸变量超过一定数值时,溶剂的晶格就会变得不稳定,于是溶质原子就不能继续溶解,也就是说,间隙固溶体的溶解度有一定的限度。温度升高,溶解度相应提高。

纯铁在室温下是体心立方结构,称为 α-Fe。将纯铁加热至 910℃时,由 α-Fe 转变为 γ-Fe,γ-Fe 是面心立方结构。继续升高温度至 1390℃,γ-Fe 转变为 σ-Fe,它的结构与 α-Fe 一样,是体心立方结构。

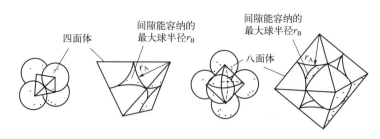

图 5-10 四面体间隙和八面体间隙钢球模型

碳钢中碳原子溶入 α-Fe 晶格间隙形成的间隙固溶体称为铁素体。由于 α-Fe 体心晶格的间隙较小，能容纳碳原子的数量很少，例如在 723℃ 时仅为 0.02%。铁素体的塑性、韧性高，但强度、硬度低。提高铁素体的强度可借助过量碳的溶入或其他合金元素的作用，即固溶强化。碳原子溶于 γ-Fe 的间隙固溶体称为奥氏体，如图 5-11(a) 所示。由于 γ-Fe 面心晶格的间隙较大，能容纳碳原子的数量较多，例如在 1130℃ 时为 2%。奥氏体有较好的塑性，同时强度也较高。马氏体是碳原子在 α-Fe 中过饱和的间隙固溶体，铁原子按体心四方分布，碳原子填入变形八面体空隙中，如图 5-11(b) 所示。

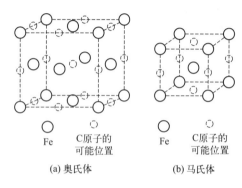

图 5-11 奥氏体和马氏体结构

有些固溶体同时兼有置换和间隙两种溶解方式。例如，碳钢中除了碳原子嵌入间隙中形成间隙固溶体外，其所含的锰、硅等合金元素则是以置换铁的晶格结点而形成置换固溶体的。

(3) 缺位固溶体

这类固溶体一般是由被溶元素溶于金属化合物中生成的，如 Sb 溶于 NiSb 中的固溶体，溶入元素（Sb）占据着晶格的正常位置，但另一组分元素（此处是 Ni）应占的某些位置是空着的。

5.4.2 金属化合物

组成合金的元素如果在周期表中的位置相距较远，即其电负性相差较大时，往往容易形成化合物。合金中化合物可分为金属化合物和非金属化合物。金属化合物是指那些由相当程度金属键结合的、具有明显金属特性的化合物，它可以成为金属材料的组成相。

金属化合物的晶格类型与组成它的组元的晶格类型完全不同，具有较高的熔点，且硬而脆。金属化合物通常使合金的强度、硬度和耐磨性提高，但也使其塑性和韧性降低。金属化合物物相的结构特征一般表现在两方面：第一，金属化合物的结构形式一般不同于纯组分在独立存在时的结构形式。第二，在金属 A 与 B 形成的金属化合物物相中，各种原子在结构中的位置已经有了分化，它们已分为两套不同的结构位置，而两种原子分别占据其中的一套。

常见的金属化合物有以下三种：

(1) 正常价化合物

组成正常价化合物的元素是严格按照化合价规律结合的，成分固定，可用化学式表示。通常金属性强的元素与非金属或类金属可形成正常价金属化合物，例如，Mg_2Si、Mg_2Sn、

Mg_2Pb、Mg_3Bi_2、Na_2Sb 等。

这类化合物的化学键介于金属键与离子键之间，因此其导电性、导热性、韧性变差，而熔点、硬度提高。在合金中，当其在固溶体基体上细小而均匀分布时，将使合金得到强化，起着强化相的作用。

（2）电子化合物

电子化合物不遵循原子价规律，而是按照一定的电子浓度组成的一定晶格结构的化合物。这类化合物可由一价金属（Au、Ag、Cu、Li、Na 等）和Ⅷ族元素（Fe、Co、Ni、Pt、Pd 等）与二价至五价的金属（Be、Mg、Zn、Cd、Al、Ga、Ge、Sn、Sb 等）结合而成。其特点是有一定的电子浓度，且一定的电子浓度一般对应于一定的晶格结构。电子浓度是指合金中化合物的价电子数目与原子数目的比值。

电子化合物虽然可用化学式表示，但实际上完全是一个成分可变的相，可以在其基础上再溶解一定量的组元，形成以它为基体的固溶体。例如，Cu-Zn 合金相的化学成分可在含锌量为 36.8%～56.5%范围内变化。

这类化合物的熔点、硬度都很高，但塑性很差，因此，它和正常价化合物一样，一般只作为强化相存在于合金之中。电子化合物的结构取决于电子浓度，当电子浓度为 3/2 时，晶体结构为体心立方晶格，称为 β 相；电子浓度为 21/13 时，晶体结构为复杂立方晶格，称为 γ 相；电子浓度为 7/4 时，晶体结构为密排六方晶格，称为 ε 相。合金中常见的电子化合物见表 5-2。

表 5-2 合金中常见的电子化合物及其结构类型

合金	电子浓度		
	3/2（β 相）	21/13（γ 相）	7/4（ε 相）
	晶体结构		
	体心立方晶格	复杂立方晶格	密排六方晶格
Cu-Zn	CuZn	Cu_5Zn_8	$CuZn_3$
Cu-Sn	Cu_5Sn	$Cu_{31}Sn_8$	Cu_3Sn
Cu-Al	Cu_3Al	Cu_9Al_4	Cu_5Al_{53}
Cu-Si	Cu_5Si	$Cu_{31}Si_8$	Cu_3Si
Fe-Al	FeAl		
Ni-Al	NiAl		

（3）间隙化合物

间隙化合物一般由原子半径较大的过渡金属元素（Fe、Cr、Mo、W、V 等）和原子半径较小的非金属元素（H、C、B、N 等）所组成，其晶格结构的特点是前者的原子占据新晶格的结点位置，而后者的原子则有规律地嵌入这一新晶格的间隙中，间隙化合物因此得名。实际上，大多数间隙相是一个成分可变的相，如 Fe_4N 的含氮量可在 5.7%～6.1%之间变化，间隙并未填满而是相当于以间隙相为基体的缺位固溶体。

根据组成元素原子半径比值及结构特征的不同，可将间隙化合物分为两类：

① 间隙相。当非金属原子半径与金属原子半径比值小于 0.59 时，形成具有简单晶格的间隙化合物，称为间隙相，如 TiC、TiN、ZrC、VC、NbC、Mo_2N、Fe_2N 等。间隙相具有极高的熔点、硬度和脆性，而且十分稳定，是高合金工具钢的重要组成相，也是硬质合金和高温金属陶瓷材料的重要组成相。

② 具有复杂结构的间隙化合物。当非金属原子半径与金属原子半径的比值大于 0.59 时，

形成具有复杂结构的间隙化合物。如钢中的 Fe_3C、$Cr_{23}C_6$、Fe_4W_2C、Cr_7C_3、Mn_3C 等。Fe_3C 称为渗碳体,具有复杂的斜方晶格。

具有复杂结构的间隙化合物也具有很高的熔点、硬度和脆性,但与间隙相相比要稍低一些,加热时也易于分解。这类化合物是碳钢及合金钢中重要的组成相。金属化合物也可以溶入其他元素的原子,形成以金属化合物为基的固溶体。

间隙化合物在钢铁材料和硬质合金中具有很大作用。例如,碳钢中的渗碳体 Fe_3C 可提高其强度和硬度,工具钢中的 VC 可提高其耐磨性,高速钢中的 WC、VC 等可使其在高温下保持高硬度,而 WC 和 TiC 则是硬质合金的主要成分。

5.5 典型金属材料

5.5.1 超耐热合金

(1) 定义

超耐热合金又称高温合金,一般是指在 700~1200℃ 以上使用具有高强度、耐腐蚀、耐冲刷、抗氧化、抗蠕变和密度适中等性能的金属材料。

(2) 性能

超耐热合金根据其用途和工作条件的不同,对性能的要求有所不同。金属的氧化和其他腐蚀反应的速率随着温度的升高而显著加快,在高温下金属受外力或反复加热冷却作用会因疲劳而断裂,有的甚至不受外力作用也会因蠕变而自动不断地变形。因此,对高温材料的要求主要有两个方面:一方面是在高温下有优良的抗腐蚀性;另一方面是在高温下有较高的强度和韧性。除此以外,超耐热合金还具有良好的室温和高温力学性能、高熔点、密度适中、良好的抗疲劳性等优点,但其高温抗氧化能力较差。

在上述众多特点中,高熔点只是超耐热合金的一个必要条件,但远远不够。第ⅤB族、ⅥB族、ⅦB族元素是高熔点金属,因为其原子中未成对的价电子数很多,在金属晶体中形成强的化学键,而且其原子半径较小,晶格结点上粒子间的距离短,相互作用力大,所以其熔点高、硬度大。但在远低于其熔点下,力学性能迅速下降,因而,极少用纯金属直接作为超耐热材料使用。但在其中加入一些其他金属成分,耐高温水平就可不断提高。超耐热合金主要是由ⅤB~ⅦB族元素和第Ⅷ族元素形成的合金。

(3) 分类

超耐热合金具体分为铁基、镍基和钴基三类。

① 铁基超耐热合金。铁基超耐热合金由奥氏体不锈钢发展而来,20 世纪 40 年代在 18-8 型不锈钢中加入钼、铌、钛等元素,使该钢在 500~700℃ 条件下的持久强度提高。铁基合金中的镍是形成稳定奥氏体的主要元素,铬用来提高抗氧化性和抗燃气腐蚀性,钼和钨用来强化固溶体的晶界,铝、铌、钛起沉淀硬化作用,故它的基体为奥氏体。它是中等温度(600~800℃)条件下使用的重要材料。其成本较低,可用于制作一些使用温度要求不高的航空发动机和工业燃气轮机上的涡轮盘、导向叶片、涡轮叶以及其它承办件、紧固件等。

② 镍基超耐热合金。镍基超耐热合金以镍为基体,镍含量大于 50%,可在 700~1000℃ 温度范围内使用。镍基可溶解较多的合金元素,且保持其较好的组织稳定性,可形成共格有序的金属间化合物相作为强化相,使合金得到有效的强化。含 Cr 的镍基合金比铁基的抗氧化性和抗腐蚀性更好,现代喷气发动机中,涡轮叶片几乎全部采用镍基合金制造。

③ 钴基超耐热合金。钴基超耐热合金是含钴量为 40%~60% 的奥氏体,可在 730~

1100℃条件下使用。一般钴基合金含 10%～22%Ni 和 20%～30%Cr，以及 W、Mo、Ta、Nb 等固溶强化元素和碳化物形成元素，其含碳量高，是以碳化物为主要强化相的超耐热合金。钴基超耐热合金缺少共格的强化相，中温强度只有镍基合金的 50%～75%，但当高于 980℃时，其强度较高，抗热疲劳、热腐蚀性均佳，适合于制作航空发动机、工业燃气轮机、舰船燃气轮机的导向叶片和喷嘴导向叶片以及柴油机喷嘴等。

5.5.2 超低温合金

(1) 定义

通常，把常温以下直至绝对零度的较大温度范围称为低温。针对不同的特定用途，不同低温领域的构造物，必须利用与之相适应的合金材料。

天然气和液氮的沸点分别为－163℃和－195.8℃，这些产业所需要的低温构造物，铁素体钢铁就不适用了。至于在液氢温度（－253℃）、液氦温度（－269℃）下使用的材料，其要求就更高了，必须开发新的超低温合金材料。

(2) 性能与改良

超低温技术对所用材料的特性要求比一般材料高而复杂，首先是防止低温脆性。一般合金在低温下强度会增加，但延伸率、断面收缩率、冲击值等都会下降，从而产生脆性破坏。例如铁素体钢早体心立方结构，在温度达到－300℃左右时，就会出现韧性-脆性转变，这是体心立方结构金属的固有特性。添加 13% 的镍，可以使其过渡温度下降至液氮温度，即在液氮温度以上不会出现低温脆性。防止低温脆性的另一种方法是采用面心立方结构的金属，如铝合金、奥氏体不锈钢等。现代研究表明：1912 年泰坦尼克号与冰山相撞后迅速沉没，就是由于那时所用的钢材中硫、磷含量高，在冰冷的海水中与冰山碰撞发生脆性断裂所致。其次需要具备低温下的热性能。低温构件在经历低温和室温之间反复多次变化后容易发生热变形。要防止这种现象，就要求低温合金热膨胀系数尽可能小。低温下强度和韧性都较好的不锈钢、铝合金的热膨胀系数却都较大，因此，低膨胀合金，如铁镍合金、钴合金的开发研究受到关注。

超低温技术多在磁场下利用，在这种情况下，如果采用带有磁性的合金，则构件就会由于产生电磁力的作用而造成对磁场的不良影响，所以必须是非磁性合金。奥氏体不锈钢虽是非磁性合金，但其在低温下不稳定，在超低温反复冷却循环中，会生成有磁性的马氏体相，因而会产生磁性。

(3) 分类

① 高锰奥氏体钢。高锰奥氏体钢是专门开发的超低温合金。它即使在液氮温度下也具有良好的强度和延伸率，而且热膨胀系数特别小，但是机械加工性不佳，耐冲击性也稍差。

② 铁锰铝新合金钢。如果把铁镍铬不锈钢中的镍和铬分别由锰和铝代替，则可制成铁锰铝新合金钢，其强度、韧性都十分优异。而在铁锰铝新合金钢中添加过量的铝，可以增加奥氏体的强度和耐腐蚀性。对这种合金添加碳和硅也可以增加其强度，硅还有助于增加其耐腐蚀性，但硅能强化铁素体的形成，为了维持奥氏体，硅不能添加过多。由于锰、铝密度都较小，所以合金也有密度小的特点，此外，铁锰铝新合金钢在常温下还有良好的加工性。据认为，这是一种在超低温且强度、延伸率、耐冲击值都大的，可能对低温技术发展产生重要影响的优秀材料。

5.5.3 形状记忆合金

(1) 定义

材料受外力作用而变形，当外力去除后，仍保持其变形后的形状，但在合适的外场作用

（温度、光、电等）下，材料会自动恢复到变形前原有的形状，似乎对以前的形状保持记忆，这种材料称为形状记忆材料。形状记忆合金（shape memory alloy，SMA）是形状记忆材料中的一种。

(2) 形状记忆效应机理

SMA 的形状记忆效应源于某些特殊结构合金在特定温度下发生的马氏体相-奥氏体相两者组织结构的相互转换。在形状记忆合金中，马氏体相远比母相软得多（这与钢恰好相反），在受到外力作用时，能够很容易地通过马氏体相内部孪晶面的移动或马氏体相之间的移动而改变其形状，经加热而恢复到原来的母相时，这种形状的改变会全部消失。形状记忆合金超弹性变化的微观机理如图 5-12 所示。

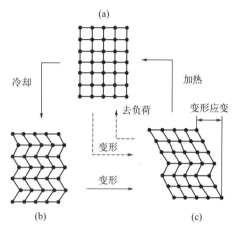

图 5-12 形状记忆合金超弹性变化的微观机理示意图
(a) 母相奥氏体；(b) 孪晶马氏体相；(c) 形变马氏体

从图可知，当形状记忆合金在冷却至马氏体相变温度 T_{Ms} 之后，从高温母相奥氏体（a）转变成含有孪晶的低温马氏体相晶体——孪晶马氏体（b），这种马氏体与钢中淬火的马氏体不一样，通常它比母相还软，称之为热弹性马氏体。在这种状态下，受到外力作用时，适合于变形的孪晶部分将不适合于变形的孪晶部分侵蚀掉，成为有利于取向的有序马氏体——形变马氏体（c）。将形变马氏体加热至逆转温度 T_{As} 以上 T_{Af}（逆相变完成的温度），晶体恢复到原来单一取向的奥氏体母相。

上述相变温度可以通过改变合金成分作适当调节。例如钛镍合金中镍的含量提高到 50%（原子）以上，可使发生形状记忆的温度降低到零下几十摄氏度。

既然形状记忆是马氏体相因加热而逆转变为原来的奥氏体相时发生的现象，为什么同样发生马氏体相变的一般钢材却不能记忆自己的形状呢？这是因为钢的 T_{As} 和 T_{Ms} 之间的温度差（称为相变温度滞后）高达数百摄氏度，即必须过热或冷却到足以积蓄很大的亥姆霍兹自由能差（称为相变驱动力）才能发生马氏体相的转变。而 Au-Cd 合金和 Ti-Ni 合金相变温度滞后仅有 10~30℃，也就是说只要有极小的相变驱动力就发生相变。因此，把后面这种类型的相变叫作热弹性型马氏体相变，以示与前者的区别。显示形状记忆效应的合金都仅限于热弹性型相变的范围之内，而且其中绝大部分高温的奥氏体相是有序晶体结构，马氏体相则呈对称性低的单斜和三斜晶体结构。也就是说，由于马氏体相对称性差且相界面容易移动，所以也容易使移动路径调转方向固定，因而也只有这种在高温下发生向有序晶格逆转变的合金才能显示形状记忆效应。

根据其相变机理，SMA 应具备的条件有：马氏体相变是热弹性类型的；马氏体相变是通过孪生完成，而不是通过滑移产生的；母相和马氏体相均属有序结构。

5.5.4 超塑性合金

(1) 定义

金属在某一小的应力状态下，可以延伸十倍甚至上百倍，既不出现缩颈，也不发生断裂，呈现一种异常的延伸现象，即超塑性现象。超塑性合金是指那些具有超塑性的金属材料。具有超塑性的合金在其超塑性条件下，能吹制成气球一样的薄壳。

（2）结构与性能

在通常情况下，金属的延伸率不超过 90%，而超塑性材料的最大延伸率可高达 1000%～2000%，个别的达到 6000%。从本质上讲，超塑性是高温蠕变的一种。但金属不会自动具有超塑性，只有在特定条件下才显示出超塑性。产生超塑性的方法有：使原材料产生超细化晶粒，提供适宜的形变温度和速率。超塑性合金根据金属学特征可分为细晶超塑性和相变超塑性合金。

细晶超塑性也称等温超塑性或第一类超塑性。产生细晶超塑性的合金，晶粒一般是微小等轴晶粒，是塑性合金的组织结构基础。超塑性合金的晶粒形状规则精细，晶粒与晶粒之间的排列整齐有序。一般来说，金属的晶粒越细，越整齐，其塑性越好，同时也就越容易被拉伸。除了材料组织为非常细的等轴晶粒外，产生细晶超塑性的必要条件还有温度要高、变形速率要小。

还有一些金属受热达到某个温度时，会出现一些异常的变化，若使这种金属在内部结构发生变化的温度范围上下波动，同时又对金属施加外力，就会使金属呈现出相变超塑性。相变超塑性不要求金属有超细晶粒组织，但要求金属有固态相变特点。在一定外力条件作用下，将金属或合金在一定相变温度附近循环加热和冷却，经过一定的循环次数以后，就可能诱发产生反复的组织结构变化，使金属原子发生剧烈运动而呈现超塑性，从宏观上获得很大的伸长率。

金属塑性成形时宏观变形有几个特点：大变形、无紧缩、小应力、易成形。

① 大变形：超塑性材料在单向时延伸率极高，这使材料的成形性能大大改善，可以使许多形状复杂，一般难以成形的材料变形成为可能。

② 无紧缩：超塑性材料的变形类似于黏性物质的流动，没有（或很小）应变硬化效应，但对应变速率敏感，当变形速度增大，材料会强化。因此，超塑性材料变形时初期有紧缩形成，但由于紧缩部位变形速度增大而发生局部强化，而其余未强化局部继续变形，这样使紧缩传播出去，结果获得巨大的宏观均匀变形。超塑性的无紧缩是指宏观上的变形结果，并非真的没有紧缩。

③ 小应力：超塑性材料在变形过程中，变形抗力可以很小，因为它具有黏性或半黏性流动的特点。通常用流动应力来表示变形抗力的大小。在最佳变形条件下，流动应力是常规变形应力的几分之一乃至几十分之一。

④ 易成形：超塑性材料在变形过程中没有或只有很小的应变硬化现象，所以超塑性材料易于加工，流动性和填充性好，可以进行多种方式成形，而且产品质量可以大大提高。

（3）分类

现在超塑性合金种类很多，其中重要的工业用有下面几种。

① 锌基合金。最早发现的超塑性合金是锌基超塑性合金。锌基合金具有巨大的无紧缩延伸率，但由于这种材料的蠕变强度低，不宜作结构材料，难于加工成板材，冲压加工性差，易龟裂，孔洞必须切削加工，因此用于一般无需切削的简单零件。

② 铝基合金。铝基超塑性合金为超塑性结构材料。但其综合力学性能较差，室温脆性大，限制了在工业上的应用。

③ 镍基合金。镍基耐热合金是高温强度大的超耐热合金，难以锻造成形。利用超塑性作精密锻造，锻造压力小，节约材料和加工费，制品均匀性好。

④ 超塑性钢。碳素钢的超塑性基础研究正在进行，其中含碳 1.25% 的碳钢，在 650～700℃ 的加工温度下，可取得 400% 的伸长率。

另外，以 Ti-6Al-4V 合金为代表的超塑性钛合金可呈现 2000% 的伸长率。过去采用加热到 600～790℃ 和较小压力缓慢变形的蠕变成形法，生产率低。现在比上述温度略高，以压力为 1.37~2.06MPa 的超塑性成形，仅需要 8min 即可成形，大大提高了生产率。

⑤ 钛基合金。钛基合金变形抗力大，回弹严重，加工困难，难以获得高精度零件。利用超塑性进行等温模锻或挤压，变形抗力大为降低，可制出形状复杂的精密零件。

5.5.5 非晶态金属材料

(1) 定义

通常而言，非晶态仅存在于玻璃、聚合物等非金属领域，而传统的金属材料都是以晶态形式出现的。非晶态金属材料是指在原子尺度上结构无序的一种金属材料。大部分金属材料具有很高的有序结构，原子呈现周期性排列，表现为平移对称性，或者是旋转对称性、镜面对称性、角对称性等。而与此相反，非晶态金属不具有任何的长程有序结构，但具有短程有序和中程有序结构。一般地，具有这种无序结构的非晶态金属可以从其液体状态直接冷却得到，所以非晶态金属材料是相对于晶态金属材料而言的，又称为"金属玻璃"或"玻璃态金属"。一般说来，人们对晶态金属已较熟悉，也有较成熟的理论，所以习惯于以晶态金属为参照，利用对比的方法来研究非晶态金属。

(2) 结构与性能

金属玻璃的结构迄今并无定论，一种观点是把金属玻璃中的原子看作硬球，按完全无规律地排列堆积，呈现混乱性和随机性。另一种观点是把金属玻璃看作由非常细小的微晶粒组成，晶粒的尺寸属纳米量级，相当于几个到几十个原子间距，在微晶内部的短程有序和晶态材料相同，但是各个微晶的取向是无规的，不存在长程有序性。无论哪种观点，非晶态金属材料内部无规则排列的特征使得其区别于传统的晶态合金材料，具有以下的基本特征。

① 非晶态形成能力对合金组成的依赖性。最早得到的非晶态合金是由熔体骤冷的方法获得的。通常，非晶态合金由金属组成或由金属与类金属组合，后一种组合更有利于非晶态的形成，尤其是组合的类金属是 B、P、Si、Ge 这样一些元素。可见非晶态合金的形成对合金组元有较大的依赖性。

② 结构的长程无序和短程有序性。X 射线、电子束衍射结果表明，非晶态金属材料不存在原子排列的长程有序性，电子显微镜等手段也观察不到晶粒的存在。进一步的研究表明，非晶态金属的原子排列也不是完全杂乱无章的。但非晶态金属材料结构特征上存在的长程无序性反映其原子在总体上的排列是不规则的，从而不存在对称性、自范性和各向异性，原子的密集程度也下降，反映在密度一般是同种具有晶态结构的金属的百分之几。而短程有序性则反映在其最近邻的原子数（配位数）、原子间距（键长）及周边原子的空间排列方式（键角）等，与晶态时基本一致。由于固体材料许多性质主要取决于原子与其最近邻原子的交互作用，所以金属材料以非晶态存在时，其金属的基本属性不变。

③ 热力学的亚稳性。非晶态金属处于热力学的非平衡状态，所以，说它是亚稳态是因为从热力学来看，它有继续释放能量、向平衡态转变的倾向，从动力学来看，要实现这种转变首先必须克服一定的能垒，否则这种转变实际上是无法实现的，因而非晶态金属又是相对稳定的。非晶态金属的亚稳性区别于晶态的稳定性，一般在 400℃ 以上的高温下，它就能够获得克服能垒的足够能量，实现结晶化。因此，这种能垒的高低是十分重要的，能垒越高，非晶态金属越稳定，越不容易结晶化。可见能垒高低直接关系到非晶态金属材料的实用价值和使用寿命。

④ 高强度、高韧性的力学性能。在结晶材料中一般难以兼得的高强度、高硬度和高韧性可以在非晶态合金上达到较好的统一，尤其是由金属和半金属组成的非晶态合金。由于这两种原子间有很强的化学键合，合金的强度更大；合金中原子犬牙交错不规则的排列使得它具有较高的撕裂能，即较高的韧性。

⑤ 高导磁性、低铁损的软磁特性。非晶态合金最显著的特点是具有良好的软磁性，即它在外磁场作用下容易磁化，当外磁场除去后又很快消失。目前使用的软磁材料主要是硅钢、铁-镍坡莫合金和铁氧体，都是结晶材料，具有磁晶各向异性而互相干扰，致使磁导率下降。非晶态合金中只有很少晶粒，不存在磁晶各向异性，磁特性极弱。

⑥ 耐强酸、强碱腐蚀的化学特性。非晶态合金还具有良好的催化特性、高的吸氢能力、超导电性、低居里温度等特性，是一种大有前途的新材料，但也有不尽如人意的地方。主要表现为，一是由于采用急冷法制备材料，其厚度受到限制；二是热力学不稳定，受热有晶化倾向。解决的方法主要是采取表面非晶化及微晶化。

思考题

1. 金属材料有哪些共同的属性？
2. 请简述金属材料的分类。
3. 什么是金属的自由电子理论？
4. 请比较金属单质的结构类型和区别。
5. 简述合金的分类。
6. 简述铁素体、奥氏体和马氏体的区别。
7. 超耐热合金的含义是什么？主要有哪几类？
8. 提高超耐热合金高温强度和耐腐蚀性的途径有哪些？
9. 与普通合金相比，超耐热合金具有哪些特点？
10. 超低温技术对所用的材料的特性要求有哪些？
11. 形状记忆合金有哪些特点？
12. 根据其相变机理，SMA 应具备的条件有哪些？
13. 简述超塑性的含义。
14. 根据金属学特征可将超塑性合金分为哪几类？实现超塑性的条件是什么？
15. 超塑性合金宏观变形有哪些特点？
16. 工业上重要的超塑性合金有哪些？
17. 简述金属玻璃的含义。
18. 非晶态金属材料具有什么样的结构特征和性能特征？

参考文献

[1] 李齐，陈光巨. 材料化学 [M]. 北京：高等教育出版社，2004.
[2] 李宗和. 结构化学 [M]. 北京：高等教育出版社，2002.
[3] 周公度，段连运. 结构化学基础 [M]. 3版. 北京：北京大学出版社，2002.
[4] 钱逸泰. 结晶化学导论 [M]. 合肥：中国科学技术大学出版社，2005.
[5] 周公度. 结构和物性 [M]. 北京：高等教育出版社，2000.
[6] 麦松威，周公度，李伟基. 高等无机结构化学 [M]. 香港：香港中文大学出版社，2006.
[7] 石德珂. 材料科学基础 [M]. 2版. 北京：机械工业出版社，2003.
[8] 侯增寿，卢光熙. 金属学原理 [M]. 上海：上海科学技术出版社，1990.
[9] 姜传海，周健威，叶长青. 铌及铌合金的氧化行为 [J]. 机械工程材料，2003，27（12）：4.

第 6 章
无机非金属材料

内容提要

本章介绍了无机非金属材料的特点和分类，详细阐述了无机非金属材料的晶体结构，包括离子晶体和共价晶体。另外，分别介绍了陶瓷材料（传统陶瓷和特种陶瓷）、水泥材料、半导体材料（单晶硅、化合物半导体和非晶态半导体）、超导材料（低温超导材料和高温超导材料）。

学习目标

1. 了解无机非金属材料的定义和分类。
2. 掌握无机非金属材料的特点。
3. 理解无机非金属材料的晶体结构和影响因素。
4. 理解特种陶瓷与传统陶瓷的不同。
5. 理解水泥水化硬化机理和影响因素。
6. 了解半导体材料和超导材料的定义、分类和特点。

6.1 无机非金属材料的特点和分类

无机非金属材料（inorganic nonmetallic materials）是以某些元素的氧化物、碳化物、氮化物、卤素化合物、硼化物以及硅酸盐、铝酸盐、磷酸盐、硼酸盐等物质组成的材料，是除有机高分子材料和金属材料以外的所有材料的统称。无机非金属材料的提法是 20 世纪 40 年代以后，随着现代科学技术的发展从传统的硅酸盐材料演变而来的。无机非金属材料是与有机高分子材料和金属材料并列的三大材料之一。在材料学飞速发展的今天，无机非金属材料有广阔的应用前景和良好的就业形势。

无机非金属的晶体结构远比金属复杂，并且没有自由的电子，具有比金属键和纯共价键更强的离子键和混合键。这种化学键所特有的高键能、高键强赋予这一大类材料以高熔点、高硬度、耐腐蚀、耐磨损、高强度和良好的抗氧化性等基本属性，以及宽广的导电性、隔热性、透光性及良好的铁电性、铁磁性和压电性。

无机非金属材料品种和名目繁多，用途各异，因此，还没有一个统一而完善的分类方法，通常把它们分为传统的和新型的无机非金属材料两大类。习惯上无机非金属材料按沿用传统生产工艺分为陶瓷、玻璃、水泥、耐火材料、搪瓷、碳素材料等类型；同时，新型材料按其生产工艺、用途和发展状况，又逐步形成一些新的材料类别，如无机复合材料、无机多孔材料等。有些品种按习惯并入传统分类中，如压电陶瓷并入陶瓷，微晶玻璃、光导纤维等并入玻璃。有时又可按照材料的主要成分分类，如硅酸盐、铝酸盐、氧化物和氮化物材料等；也可以根据材料的用途分为日用、建筑、化工、电子、航天、通信和医学材料等；也有按材料性质分的，如胶凝、耐火、耐磨、导电、绝缘和半导体材料等。无机非金属材料的分类如表6-1所示。

表6-1 无机非金属材料的分类

材料		品种示例
传统无机非金属材料	水泥和其他凝胶材料	硅酸盐水泥、铝酸盐水泥、石灰和石膏等
	陶瓷	黏土质、长石质、滑石质和骨灰质陶瓷等
	耐火材料	硅质、硅酸质、高铝质、镁质和铬镁质等
	玻璃	硅酸盐、硼酸盐、氧化物、硫化物和卤素化合物玻璃等
	搪瓷	钢片、铸铁、铝和铜胎等
	铸石	辉绿石、玄武岩和铸石等
	研磨材料	氧化硅、氧化铝和碳化硅等
	多孔材料	硅藻土、沸石、多孔硅酸盐和硅酸铝等
	碳素材料	石墨、焦炭和各种碳素制品等
	非金属矿	黏土、石棉、石膏、云母、大理石、水晶和金刚石等
新型无机非金属材料	高频绝缘材料	氧化铝、氧化铍、滑石、镁橄榄石质陶瓷、石英玻璃等
	铁电和压电材料	钛酸钡系、锆钛酸铅系材料等
	磁性材料	锰-锌、镍-锌、锰-镁、锂-锰等铁氧体、磁记录和磁泡材料等
	导体陶瓷	钠离子、锂离子、氧离子的快离子导体和碳化硅等
	半导体陶瓷	钛酸钡、氧化锌、氧化锡、氧化钒、氧化锆等
	光学材料	钇铝石榴石激光材料，氧化铝和石英系
	高温结构陶瓷	高温氧化物、碳化物、氮化物及硼化物等难熔化合物
	超硬材料	碳化钛、人造金刚石和立方氮化硼等
	人工晶体	铌酸锂、钽酸锂、砷化镓和氟金云母等
	生物陶瓷	长石质齿材、氧化铝、磷酸盐骨架和酶的载体等
	无机复合材料	陶瓷基、金属基、碳素基的复合材料

普通无机非金属材料的特点是：耐压强度高、硬度大、耐高温、抗腐蚀。此外，水泥在胶凝性能上，玻璃在光学性能上，陶瓷在耐蚀、介电性能上，耐火材料在防热隔热性能上都有其优异的特性，为金属材料和高分子材料所不及。但与金属材料相比，它抗断强度低、缺少延展性，属于脆性材料。与高分子材料相比，密度较大，制造工艺较复杂。

新型无机非金属材料的特点是①各具特色，例如：高温氧化物等的高温抗氧化特性，氧化铝、氧化铍陶瓷的高频绝缘特性，铁氧体的磁学性质，光导纤维的光传输性质，金刚石、立方氮化硼的超硬性质，导体材料的导电性质，快硬早强水泥的快凝、快硬性质等。②各种物理效应和微观现象，例如：光敏材料的光-电、热敏材料的热-电、压电材料的力-

电、气敏材料的气体-电、湿敏材料的湿度-电等对物理和化学参数间的功能转换特性。不同性质的材料经复合而构成复合材料，例如：金属陶瓷、高温无机涂层，以及用无机纤维、晶须等增强的材料。

6.2 无机非金属材料的晶体结构

无机非金属材料可以是以离子键、共价键或兼有离子键和共价键的方式结合的。大多数无机非金属材料可以看成是由带电的离子组成的。无机非金属材料的组成是多样化的，化合物的形式也较复杂，它们的晶体结构比金属材料的复杂得多。若以粒子间结合力来讨论晶体结构，主要有离子晶体与共价晶体等。

6.2.1 离子晶体

离子晶体是指由正、负离子结合形成的晶体。在离子晶体中，电负性小的金属元素将部分价电子转移给电负性大的非金属元素，形成具有较稳定的电子组态的正、负离子（正、负离子也可以是多原子组成的基团，例如 NH_4^+、SO_4^{2-}、NO_3^- 等），正、负离子间相互作用是一种远程的静电作用，这种静电作用产生的结合力即为离子键。由于正、负离子通常具有球对称的电子云，所以离子键一般没有方向性和饱和性。离子晶体中正、负离子可视为不等径圆球，离子晶体中相邻的正、负离子中心之间的距离即为正、负离子的半径和。具有稳定电子组态的正、负离子形成的离子晶体通常是绝缘体。

由于球对称的正、负离子间有静电作用力，因此可将离子晶体视为不等径圆球的密堆积。离子晶体中的正、负离子各自与尽可能多的异性离子接触，使体系能量尽可能降低，从而形成稳定的结构。因此，离子晶体具有较高的配位数。在密堆积中，较小的正离子进入较大的负离子的堆积空隙中，使离子晶体具有较大的硬度和相当高的熔点。

离子晶体的结构比较复杂，一般有六种典型的离子晶体，如图 6-1 所示。

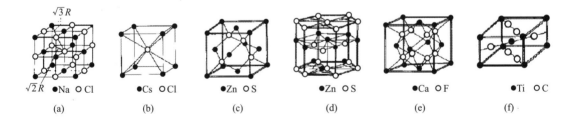

图 6-1 典型离子晶体结构示意图
(a) NaCl 型结构；(b) CsCl 型结构；(c) 立方 ZnS 型结构；(d) 六方 ZnS 型结构；
(e) CaF_2 型结构；(f) 金红石 TiO_2 型结构

离子晶体结构可看成不等径圆球的密堆积，正、负离子的半径和就等于离子键键长。但是离子并非完全的刚性球，在不同晶体中，同一种离子由于极化程度不同，共价成分不同，以致离子半径也不完全一致。因此离子半径的数值还与具体晶体结构类型有关。通常以 NaCl 型（配位数为 6）晶体中离子半径值为标准，其余构型的晶体离子半径应做一定校正。离子半径的确定方法通常有两种。

(1) Goldschmidt 方法

根据不等径圆球的密堆积结构，以及同一种离子在同一类型的不同晶体中半径基本不变的观点，研究 X 射线衍射的实验数据，从而推断出一些离子的半径，再间接推出另一些离子半径。用这种方法确定的 80 多种离子半径，称为 Goldschmidt 半径。

（2） Pauling 方法

这种方法利用离子的核对外层电子的引力来计算离子半径。计算得到的离子半径称为 Pauling 半径。这种方法认为单价离子半径 R_1 与外层电子层数 n 以及有效核电荷 Z^* 有关，单价离子半径的计算公式如式(6-1) 所示。

$$R_1 = C_n / Z^* = C_n / (Z - \sigma) \tag{6-1}$$

式中，C_n 是由外层电子的主量子数 n 决定的常数；Z 是原子序数；σ 是屏蔽常数。

离子晶体的结构与离子的大小、化合价价数和极化程度等因素有关，这些因素对结构的影响可以归纳为三方面。

（1） 正、负离子相对大小对结构影响

离子晶体的不等径圆球密堆积可以看作是半径较小的正离子占据了半径较大的负离子的密堆积空隙而形成的，显然这种不同离子的镶嵌关系受到正、负离子半径比 R_+/R_- 的限制。从等径圆球的密堆积讨论中，已经发现八面体空隙大于四面体空隙。若考虑由负离子堆积的空隙中填入正离子形成离子晶体，则较大的正离子应填入较大的空隙，以保证正、负离子尽可能多的相互接触，使体系的能量降低。因此，随正、负离子半径的比值 R_+/R_- 的增加，正离子的配位数增加，正离子的配位数可以从 3 增加到 12。

（2） 正、负离子的数量比对结构的影响

因为稳定的离子化合物是电中性的，所以根据正离子的配位数和所带电荷数，可以确定负离子的配位数，确定晶体的结构。这种方法称为离子晶体的电价规则，每个负离子的电价等于这个负离子与其相邻正离子间的静电强度的总和。

（3） 离子配位多面体共用顶点、棱边和面的规则

从 NaCl 晶体的讨论可见，由于 $n_+ = 6$，所以每个 Cl^- 处于 Na^+ 六配位的八面体的公共顶点。离子晶体的电价规则规定了共用同一配位多面体顶点的多面体数目等于负离子配位数 n_-。

对于一些复杂的离子晶体，电价规则的应用可以得出一些多面体共用顶点的数目。由于离子晶体中同号离子间距越大，体系能越低，结构越稳定，以致在一个配位多面体结构中，共用棱，特别是共用面的存在会降低结构的稳定性。正离子的价数越大，配位数越小，这一效应就越显著。在含有一种以上正离子的晶体中，电价大、配位数低的那些正离子间，倾向于不共用配位多面体的几何元素。

6.2.2 共价晶体

共价晶体中的原子是通过共价键结合起来的。由于共价键具有方向性和饱和性，所以在共价晶体中原子的配位数一般都比较小。又因为共价键的结合力比离子键的结合力强，故共价晶体的硬度和熔点一般都比离子晶体的高。

金刚石是最典型的共价键晶体，其结构如图 6-2 所示。其中每个碳原子通过 sp^3 杂化轨道与相邻的 4 个碳原子形成共价键，故配位数等于 4。金刚石晶体结构相当于立方 ZnS 晶胞中所有原子均换为碳原子，同时所有键长都等于碳碳单键的键长。

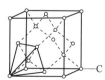

图 6-2 金刚石的结构

AB 型共价晶体的结构主要就是立方 ZnS 和六方 ZnS 型两种，配位数都是4。实际上立方 ZnS 和六方 ZnS 型晶体中的化学键都不是离子键,而是极性共价键,属于过渡型的晶体。

6.3 几种无机非金属材料

6.3.1 陶瓷

陶瓷是人类在征服自然过程中获得的第一种经化学变化而制成的产品,它的出现比金属材料早得多。陶瓷材料作为材料科学的一个分支,其名称与含义也几经变迁,早期,陶瓷是陶器与瓷器的总称,陶瓷是指以各种黏土为主要原料,成型后在高温窑炉中烧成的制品;硅酸盐材料曾是这一材料科学分支的另一个名称,它包括陶瓷器、玻璃、水泥和耐火材料。在近代,陶瓷材料是无机非金属材料的同义词,不仅包括传统的陶瓷,还包括了硅酸盐材料和氧化物、碳化物、氮化物、硼化物等新型材料。

陶瓷材料具有熔点高、硬度大、化学稳定性好、耐高温、耐磨损、耐氧化和腐蚀等特点,成为非常重要的结构材料;另外,陶瓷材料具有性能和用途的多样性与可变性,因而在磁性材料、介电材料、半导体材料,光学材料等方面占据了重要地位,成为一种有发展前途的功能材料。

6.3.1.1 陶瓷的分类

随着生产与科学技术的发展,陶瓷材料及产品种类日益增多。为了便于掌握各种材料或产品的特征,通常以不同的角度加以分类。

(1) 按化学成分分类

陶瓷按化学成分分类见表 6-2。

表 6-2 陶瓷按化学成分分类

氧化物	Al_2O_3、SiO_2、MgO、ZrO_3、CeO_2、BeO、$MgO \cdot Al_2O_3$、Y_2O_3、$BaTiO_3$、$CaTiO_3$
碳化物	SiC、TiC、WC、ZrC、B_4C、TaC、B_2C、VC、UC、NbC、Mo_2C、MoC
氮化物	Si_3N_4、TiN、BN、C_3N_4、ZrN、VN、TaN、NbN、ScN
硼化物	TiB、ZrB_2、Mo_2B、WB_6、LaB_6、WB、ZrB

① 氧化物陶瓷。氧化物陶瓷种类繁多,在陶瓷家族中占有非常重要的地位。最常用的氧化物陶瓷有 Al_2O_3、SiO_2、MgO、ZrO_3、CeO_2 及莫来石($3Al_2O_3 \cdot 2SiO_2$)和尖晶石($MgAl_2O_4$)等。陶瓷中的 Al_2O_3 和 SiO_2 相当于金属材料中的钢铁和铝合金一样被广泛应用,表 6-2 中列出了一些氧化物陶瓷。

② 碳化物陶瓷。碳化物陶瓷一般具有比氧化物更高的熔点。最常用的是 SiC、WC 和 TiC 等。碳化物陶瓷在制备过程中应有 N_2 或 Ar 气氛保护。

③ 氮化物陶瓷。它具有优良的综合力学性能和耐高温性能。另外,TiN、BN 等氮化物陶瓷的应用也日趋广泛。最近刚刚出现的 C_3N_4,可望其性能超过 Si_3O_4。

④ 硼化物陶瓷。硼化物陶瓷的应用并不很广泛,主要是作为第二相加入其它陶瓷基体中,以达到改善性能的目的。

(2) 按性能和用途分类

① 结构陶瓷。结构陶瓷作为结构材料用来制造结构零部件,主要使用其力学性能,如强度、韧性、硬度、模量、耐磨性、耐高温性能(高温强度、抗热震性、耐烧蚀性)等。上面讲到的按化学成分分类的四种陶瓷大多数均为结构陶瓷。

② 功能陶瓷。功能陶瓷作为功能材料用来制造功能器件，主要使用其物理性能如电磁性能、热性能、光性能、生物性能等。例如铁氧体、铁电陶瓷主要使用其电磁性能，用来制造电磁元件，介电陶瓷用来制造电容器，压电陶瓷用来制作位移或压力传感器，固体电解质陶瓷利用其离子传输特性可以制作氧探测器，生物陶瓷用来制造人工骨骼和人工牙齿等，超导材料和光导纤维也属于功能陶瓷的范畴。

值得提出的是，上述分类也是相对的，而不是绝对的，结构陶瓷和功能陶瓷有时并无严格界限，对于某些陶瓷材料二者兼而有之。但是，不论是结构陶瓷还是功能陶瓷，力学性能是陶瓷材料的最基本性能，只不过是不同用途对力学性能要求的高低不同而已。

6.3.1.2 陶瓷的相组成

组成无机非金属材料的基本相及其结构要比金属复杂得多，就陶瓷材料来说，在显微镜下观察，可看到陶瓷材料的显微结构通常由三种不同的相组成，即晶相、玻璃相、气相（气孔）。

晶相是陶瓷材料中最主要的组成相，决定陶瓷材料的物理化学性质的主要是主晶相，例如，刚玉瓷的主晶相是 $\alpha\text{-}Al_2O_3$，由于结构紧密，因而具有机械强度高、耐高温、耐磨蚀等特性。

玻璃相是非晶态结构的低熔点固体，对于不同陶瓷材料的玻璃相的含量不同，日用瓷及电瓷的玻璃相含量较高，高纯度的氧化物陶瓷（如氧化铝瓷）中玻璃相含量较低。玻璃相的作用是充填晶粒间隙，粘接晶粒，提高陶瓷材料的致密程度，降低烧结温度，改善工艺，抑制晶粒长大。

气相（气孔）在陶瓷材料中也占有重要地位，大部分气孔是在工艺过程中形成并保留下来的，有些气孔则通过特殊的工艺方法获得，气孔含量在 0%～90%（材料容积）变化。气孔包括开口气孔和闭口气孔两种，在烧结前全是开口气孔，烧结过程中一部分开口气孔消失，一部分转变为闭口气孔。陶瓷的许多电性能和热性能将随着气孔率、气孔尺寸及分布的不同可在很大范围内变化，因此合理控制陶瓷中气孔数量、形态和分布是非常重要的。

6.3.1.3 陶瓷的化学组成

大多数非金属材料如陶瓷、玻璃、水泥、耐火材料等都是由石英、黏土、长石三部分组成的，只是各组分的含量及加工工艺不同，因而其性能和用途各异。石英、黏土、长石这三种矿物在自然界广泛存在。

石英的化学组成为 SiO_2，石英不受 HF 以外的所有无机酸的侵蚀，在室温下与碱不发生化学反应，硬度较高，所以石英是一种具有耐热性、抗蚀性、高硬度等特征的优异物质。在陶瓷中，石英构成陶瓷制品的骨架，赋予制品耐热、耐蚀等特性。石英的黏性很低，属非可塑性原料，无法做成制品的形状，为了使其具有成型性需掺入黏土。

黏土是一种含水铝硅酸盐矿物，主要化学成分为 SiO_2、Al_2O_3、H_2O、Fe_2O_3、TiO_2 等，黏土具有独特的可塑性与结合性，调水后成为软泥，能塑造成型，烧后变得致密坚硬。黏土矿物有多种，其中以高岭土最重要。

长石是一类矿物的总称，为架状硅酸盐结构。如钠长石（$Na_2O \cdot Al_2O_3 \cdot 6SiO_2$）、钾长石（$K_2O \cdot Al_2O_3 \cdot 6SiO_2$）、钙长石（$CaO \cdot Al_2O_3 \cdot 2SiO_2$）和钡长石（$BaO \cdot Al_2O_3 \cdot 2SiO_2$）。长石在高温下为有黏性的熔融液体，并润湿粉体，冷却至室温后，可使粉体中的各组分牢固地结合，成为致密的陶瓷制品。

石英、黏土、长石构成传统的三组分瓷，其中石英为耐高温的骨架成分，黏土提供可塑性，长石为助熔剂。应该指出，上述三组分中，真正不可少的组分只有骨架成分，其余两个组分的存在，破坏了骨架成分所具有的耐高温、耐腐蚀、高硬度等特性。

6.3.1.4 陶瓷制造过程的化学变化

经过成型的坯料，必须最后通过高温烧成才能获得陶瓷的特性。烧成也称烧结，目的是去除坯体内所含溶剂、黏结剂、增塑剂等，并减少坯体中的气孔，增强颗粒间的结合强度。

普通陶瓷一般采用窑炉在常压下进行烧结，坯体在烧结过程中发生一系列物理化学变化，这些变化在不同阶段中进行的状况决定了陶瓷的质量与性能，该过程大致分为四个阶段：

(1) 蒸发期

蒸发期的温度约300℃，此阶段不发生化学变化，主要是排出坯体内的残余水分。

(2) 氧化物分解和晶型转化期

转化期的温度范围为300~950℃，此阶段发生较复杂的化学变化，这些变化主要包括黏土中结构水的排出，碳酸盐的分解，有机物、碳素、硫化物的氧化，以及石英的晶型转变。

(3) 玻化成瓷期

此阶段的烧结温度为950℃，这是烧结过程的关键。坯体的基本原料长石和石英、高岭土在三元相图上的最低共熔点为985℃，随着温度升高，液相量逐渐增多，液相坯体致密化。同时，液相析出新的稳定相莫来石，莫来石晶体的不断析出和线性尺寸的长大，交错贯穿在瓷坯中起骨架作用，使瓷坯强度增大。最终，莫来石、残留石英及瓷坯内的其他组分借助玻璃状物质而连接在一起，组成了致密的瓷坯。

(4) 冷却期

冷却过程的止火温度为室温，玻璃相在775~550℃之间由塑性状态转变为固态，残留石英在573℃发生转化。在液相固化温度区间必须减慢冷却速率，以避免由于结构变化引起较大的内应力。

6.3.1.5 陶瓷的性能

陶瓷材料具有优异的耐磨性，用氧化铝、氧化锆、碳化硅、氮化硅、碳化硼和立方氮化硼等烧结制作的陶瓷，有很强的耐磨性，可用作研磨材料、切削刀具、机械密封件、工业设备衬里等；陶瓷材料还具有高强度难变形性，用氧化铝、碳化硅、氮化硅等陶瓷可以制作精密结构部件，如主轴和轴承等；具有超高硬度，由氮化硼、碳化硅等超硬材料烧制的陶瓷，可作切削工具、岩石钻头、磨料等。此外，陶瓷材料的耐热性、隔热性和导热性优异，如氧化铝、碳化硅等熔点高、耐腐蚀，可制作陶瓷发动机部件或其他耐高温陶瓷材料；氧化铝和碳化硅陶瓷可作超大规模集成电路基板等。

除了以上性能外，陶瓷材料还具有透光性和偏光透光性，氧化铝、氧化镁、氧化钇、氧化铟等陶瓷可制作电光源发光管、透明电极等；锆钛酸铅镧陶瓷（PLZT）具有偏光透光性，可制作光开关、护目镜等。不仅如此，陶瓷材料也是良好的绝缘体，可用来制作电气元件等。

6.3.1.6 特种陶瓷

特种陶瓷区别于普通陶瓷的主要特征是：原料系人工合成而非天然，制品基本上由骨架成分构成。特种陶瓷的原料纯度高，颗粒细小，只加入很少甚至完全不加入助溶剂与提高可塑性的添加剂；产品具有完全可以控制的显微结构，以达到特定的性能及符合要求的尺寸精度。特种陶瓷与传统陶瓷的比较如表6-3所示。

表 6-3 特种陶瓷与传统陶瓷的比较

种类	化学成分	组织结构	烧结温度	力学性能
特种陶瓷	人工提纯或合成高纯组元	致密无孔 不上釉	>1300℃	高强高韧
传统陶瓷	多元化合物复合物 天然矿物	多孔体 表面上釉	≤1300℃	强度韧性低

特种陶瓷不同的化学组成和显微结构，决定其不同于传统陶瓷的性能和功能，既具有传统陶瓷的耐高温、耐腐蚀等特性，又具有光电性、压电性、介电性、半导体性、透光性、化学吸附性、生物适应性等优异性能，因此特种陶瓷已成为新材料的重要组成部分。

在特种陶瓷的生产过程中，原料粉体的纯度、粒径大小、粒径分布均匀性、凝聚特性及粒子的各向异性，对产品的显微结构及性能有极大的影响。因此，制备特种陶瓷的粉体是制造特种陶瓷工艺中的首要问题。其制备方法分为两大类：一是机械粉碎法，二是物理化学法。前一种方法是应用机械力将粗颗粒粉碎，获得细粉的方法。这类方法不易获得粒径在 $1\mu m$ 以下的超细颗粒，且易引入杂质。后一种方法是在离子、原子、分子水平上通过反应、成核和生长制成粒子的方法。这种方法的特点是纯度、粒度可控，均匀性好，颗粒微细，并可实现分子水平上的复合均化。

6.3.2 水泥

水泥是一种多组分的人造矿物粉料，它与水拌和后成为塑性胶体，既能在空气中硬化，又能在水中硬化，并能将砂石等材料胶结成具有一定强度的整体。水泥属于传统的无机非金属材料，它是水硬性胶凝材料，它具有良好的黏结性，凝结硬化后有很高的机械强度，是基本建设中不可缺少的建筑材料，广泛应用于工业建筑、民用建筑、道路、桥梁、水利工程、地下工程以及国防工程中。

6.3.2.1 水泥的分类与组成

水泥的品种很多，包括硅酸盐水泥系列、铝酸盐水泥系列、硫铝酸盐水泥系列、硫酸盐水泥系列和其他水泥系列。其中，硅酸盐水泥是最主要的一种，其主要化学成分是钙、铝、硅、铁的氧化物，其中绝大部分是 CaO，占 60% 以上；其次是 SiO_2，占 20% 以上；剩下部分是 Al_2O_3、Fe_2O_3 等。水泥中的 CaO 来自石灰石，SiO_2 和 Al_2O_3 来自黏土，Fe_2O_3 来自黏土和氧化铁粉。硅酸盐系列水泥又可进一步细分为通用水泥、专用水泥和特性水泥，具体分类如图 6-3 所示。

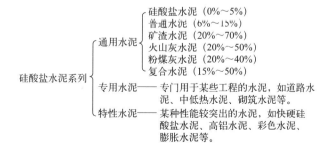

图 6-3 硅酸盐水泥系列的分类
（括号内表示的是石灰石的含量）

6.3.2.2 硅酸盐水泥的生产

(1) 原料

生产水泥的原料主要包括石灰质原料、黏土质原料和校正原料（辅助原料）。石灰质原料主要提供 CaO，可采用石灰岩、凝灰岩和贝壳等获得；黏土质原料主要提供 SiO_2、Al_2O_3 及 Fe_2O_3，可采用黏土、黄土、页岩、泥岩、粉砂岩及河泥等获得；校正原料是为满足成分要求用的，如铁矿粉的铁质原料补充氧化铁的含量，砂岩的硅质原料增加二氧化硅的成分等。

(2) 生产过程

水泥的生产过程可总结为"两磨一烧"，即制备生料时需要进行第一次研磨，然后煅烧得熟料，最后进行第二次磨细得到水泥成品，其生产过程如图 6-4 所示。

图 6-4 水泥的生产过程

6.3.2.3 硅酸盐水泥的水化与硬化

水泥加水调和后具有可塑性，并逐渐硬化，在硬化过程水对砖瓦、碎石和钢骨等部分有很强的黏着力，从而结合成坚硬、完整的构件，其过程如图 6-5 所示。

图 6-5 水泥的水化与硬化过程

(1) 水化过程

水泥的水化和硬化是很复杂的物理化学变化过程。水泥与水作用时，颗粒表面的成分很快与水发生水化或水解作用，产生一系列新的化合物，其反应式如下：

$$3CaO \cdot SiO_2 + nH_2O \longrightarrow 2CaO \cdot SiO_2(n-1)H_2O + Ca(OH)_2$$
$$2CaO \cdot SiO_2 + mH_2O \longrightarrow 2CaO \cdot SiO_2 \cdot mH_2O$$
$$3CaO \cdot Al_2O_3 + 6H_2O \longrightarrow 3CaO \cdot Al_2O_3 \cdot 6H_2O$$
$$4CaO \cdot Al_2O_3 \cdot Fe_2O_3 + 7H_2O \longrightarrow 3CaO \cdot Al_2O_3 \cdot 6H_2O + CaO \cdot Fe_2O_3 \cdot H_2O$$

从上述反应可以看出，硅酸盐水泥和水反应后，形成四个主要化合物：氢氧化钙、含水硅酸钙、含水铝酸钙和含水铁酸钙。其中氢氧化钙占据了约 20%，硅酸钙占据了约 70%，这两者是水泥石形成强度最主要的化合物，同时也决定了水泥硬化过程中的一些特性。

(2) 硬化过程

水泥凝结硬化过程大致分为三个阶段：溶解期（或称准备期）、胶化期（或称凝结期）、结晶期（或称硬化期）。

① 溶解期：水泥遇水后，在颗粒表面进行上述化学反应，生成氢氧化钙、含水硅酸钙和含水铝酸钙。前两个化合物在水中易溶解，随着它们的溶解，水泥颗粒的新表面又暴露出来，再与水作用，使周围水溶液很快成为它们的饱和溶液。

② 胶化期：当溶液已达饱和时，水分继续深入颗粒内部，颗粒内部产生的新生成物不能再溶解，只能以分散状态的胶体析出，并包围在颗粒的表面形成一层凝胶薄膜，使水泥浆具有良好的塑性。随着化学反应的继续进行，新生成物不断增加，凝胶体逐渐变稠，使水泥浆失去

塑性，而表现为水泥的凝结。

③ 结晶期：水泥浆凝结后，凝胶体中水泥颗粒未水化部分将继续吸收水分进行水化、水解作用，因此，凝胶体逐渐脱水而紧密，同时氢氧化钙及含水铝酸钙也从胶体状态转变为稳定的结晶状态，析出的结晶体嵌入凝胶体，并互相交错结合，使水泥产生强度。

6.3.3 半导体材料

6.3.3.1 半导体材料的定义与分类

材料按其导电性能的大小通常分为导体、半导体和绝缘体三大类。半导体的导电性能介于导体和绝缘体之间。半导体的主要特点不仅表现在电阻率的数值上，而且反映在导体电阻变化的敏感性上。它的敏感性与所含杂质和晶格缺陷，以及外界条件，如热、光、磁、力等的作用有关。

半导体中存在两种载流子——电子和空穴，电子导电的半导体称为 n 型（电子型）半导体，空穴导电的半导体称为 p 型（空穴型）半导体。那些纯度高，晶体结构完整的半导体称作本征半导体，否则称为杂质半导体。

作为半导体器件，对半导体材料的要求是合适的禁带宽度，高的载流子迁移率，一定的导电类型，适当的杂质浓度和相应的电阻率，较高的载流子寿命等。

半导体材料在目前的电子工业和微电子工业中主要用来制作晶体管、集成电路、固态激光器等器件。本节主要介绍无机半导体材料。

6.3.3.2 单晶硅

目前已经发现的半导体材料种类很多，并且正在不断开拓它们的应用领域。但是目前电子工业中使用最多的半导体材料仍然是单晶硅。单晶硅是单质硅的一种形态，熔融的单质硅在凝固时，硅原子以金刚石晶格排列成许多晶核，如果这些晶核长成晶面取向相同的晶粒，则这些晶粒平行结合起来便结晶成单晶硅。

(1) 制备方法

单晶硅的制法通常是先用碳在电炉中还原 SiO_2 制得高纯度硅（多晶硅或无定形硅），然后用提拉法或悬浮区熔法从熔体中生长出一定直径的棒状单晶硅。

单晶硅的制备普遍采用提拉法，该法可以生长出比较均匀、无缺陷的硅单晶体。具体操作是在坩埚中盛装高纯硅并使其温度保持在高于硅熔点 100℃ 左右（约 1680℃），将一颗小的硅晶种浸入熔融硅中，随后将它缓缓地从熔融硅中拉起来并同时旋转拉杆。在晶种向上提拉时，熔融的硅便附在上面，晶体尺寸便逐渐增大，直至达到最终尺寸。目前，利用提拉法可以生长出直径约为 150mm 的优质硅单晶，可望达到 200mm。

用上述方法生长出晶体以后，要将它切割成片并抛光，制成晶片。晶片要求表面光滑，表面上各点的高度差小于十亿分之一米，然后在硅片上集成许许多多的晶体管或其他元件。这样的晶片制成后又被切割成许多芯片，每个芯片可包含多达上百万个晶体管，随后用特种陶瓷将芯片封装，便构成了具有特殊功能的集成块，集成块包含了晶体管、电阻、电容以及它们之间连线的网络，即集成电路。

(2) 性质

单晶硅具有准金属的性质，有较弱的导电性，且其电导率随温度的升高而增加，有显著的半导电性。超纯的单晶硅是本征半导体。在超纯的硅中掺入微量的ⅢA族元素，如硼，可以提高其导电的程度而形成 p 型硅半导体；掺杂微量的ⅤA族元素，如磷或砷，也可提高导电程度，形成 n 型半导体。

6.3.3.3 化合物半导体

由两种或两种以上元素以确定的原子配比形成的化合物,并具有确定的禁带宽度和能带结构等半导体性质的材料称为化合物半导体材料。

以砷化镓(GaAs)为代表的化合物半导体晶体应用于硅单晶所不及的各种高速器件、光电器件(长波长及超长波长)。化合物半导体的最大特点在于可以按照任意比例混合两种以上的化合物,从而得到混合晶体化合物半导体,其性质将介于原来两种化合物半导体之间。

(1) GaAs 半导体

砷化镓为黑灰色固体,熔点为 1238℃,是化合物半导体中最重要、用途最广泛的半导体材料,也是目前研究得最成熟、生产量最大的化合物半导体。它在 600℃ 以下,能在空气中稳定存在,并且不被非氧化性的酸侵蚀。材料制备主要从熔体中生长单晶和外延生长薄层单晶等方法。

GaAs 具有电子迁移率高(是硅的 5~6 倍)、禁带宽度大(它为 1.43eV,硅为 1.1eV)、工作温度可以比硅高、直接带隙、光电特性好、可作发光与激光器件、容易制成半绝缘材料(电阻率 10^7~$10^9 \Omega \cdot cm$)、本征载流子浓度低、耐热、抗辐射性能好、对磁场敏感、易拉制出单晶等优点。用砷化镓材料制作的器件频率响应好、速度快、工作温度高,能满足集成光电子的需要。它是目前最重要的光电子材料,也是继硅材料之后最重要的微电子材料。

材料 GaAs 单晶常分为高阻(半绝缘)和低阻(n 型、p 型)两类,GaAs 材料由于其禁带宽度较宽(1.43eV)和电子迁移率高[$6000cm^2/(V \cdot s)$],可以在较高的工作温度和工作频率下工作,所以在高频器件、光电器件、高速集成电路等方面有着重要应用。

根据量子学原理,GaAs 中电子的有效质量仅为自由电子质量的 1/15(硅中电子的有效质量为自由电子质量的 1/5)。正因为 GaAs 中电子有效质量小,因而电子在 GaAs 中的运动速度就比在硅中快。根据理论计算表明,用 GaAs 制成的晶体管开关速度,比硅晶体管的开关速度快 1~4 倍。因此用这样的晶体管可以制造出速度更快、功能更强的计算机。同时,GaAs 中电子速度更快这一事实,也使制造用于高频通信信号的放大器成为可能。再者,根据 GaAs 的电子结构特征,砷化镓中的电子激发后释放能量是以发光的形式进行的,因而可以用它来制作半导体激光器和光探测器。

GaAs 在人们日常生活中的应用很广,如现在看电视、听音响、开空调用的遥控器。这些遥控器是通过砷化镓发出的红外光把指令传给主机的;又比如许多家电上都有小的红色、绿色的指示灯,它们是以砷化镓等材料为衬底做成的发光二极管;VCD、DVD 都是用以砷化镓为衬底制成的激光二极管读出的。

(2) Ⅲ-Ⅴ族化合物半导体

GaAs 只是元素周期表中第ⅢA 族和第ⅤA 族元素构成的化合物半导体中的一种。利用不同的第ⅢA 族元素,如 Ga、Al、In,与不同的第ⅤA 族元素如 P、As、Sb,可以组合成不同的半导体材料。这一大类半导体统称为Ⅲ-Ⅴ族化合物半导体。把不同比例的ⅢA 族和ⅤA 族元素组合起来,可以改变材料的电学和光学性能,以适应特定器件的需要。除 GaAs 外,用得较多的化合物半导体还有磷化铟(InP)、氮化镓(GaN)、磷化镓(GaP)等。

① 磷化铟。InP 是继 Si、GaAs 之后的新一代电子功能材料。当 InP 的熔点温度为 (1335±7)K 时,磷的离解压为 27.5atm(1atm=101325Pa),因此 InP 多晶的合成相对比较困难,单晶生长也困难得多,整个过程始终要在高温高压下进行,所以 InP 单晶就难获得,而且在高温高压下生长单晶,其所受到的热应力也大,所以晶片加工就很难,再加上 InP 的堆垛层错能较低,容易产生孪晶,致使高质量的 InP 单晶的制备更加困难。所以目前相同面积的 InP 抛光片

要比 GaAs 的贵 3~5 倍，而对 InP 材料的研究还远不如 Si、GaAs 等材料来得深入和广泛。与 GaAs 材料相比，在器件制作中，InP 材料具有下列优势：

  a. InP 器件的电流峰-谷比高于 GaAs，因此，InP 器件比 GaAs 器件有更高的转换效率；

  b. 惯性能量时间常数小，只及 GaAs 的一半，故其工作频率的极限比 GaAs 器件高一倍；

  c. 热导率比 GaAs 高，更有利于制作连续波器件；

  d. 基于 InP 材料的 InP 器件有更好的噪声特性。

  InP 作为衬底材料主要应用途径有：a. 光电器件，包括光源（LED、LD）和探测器（PD、APD 雪崩光电探测器）等，主要用于光纤通信系统；集成激光器、光探测器和放大器等的光电集成电路（OEIC），是新一代 40Gb/s 通信系统必不可少的部件，可以有效提升器件可靠性和减小器件的尺寸；InP 高转换效率的太阳能电池，具有高抗辐射性能，被用于空间卫星，对未来航天技术的开发利用起着重要的推动作用。b. 电子器件，包括高速高频微波器件（金属绝缘场效应晶体管 MISFET、HEMT 高电子迁移率晶体管和 HBT 异质结晶体管）；InP 基器件在毫米波通信、防撞系统、图像传感器等新的领域也有广泛应用。目前，InP 微波器件和电路的应用还都主要集中在军事领域，随着各种技术的进步，InP 微电子器件必将过渡到军民两用，因此 InP 将有着不可估量的发展前景。

  ② 氮化镓。GaN 是 1928 年被合成出来的，其化学性质稳定，为纤锌矿结构，键能大，坚硬，熔点较高（约 1700℃），晶格常数较小，具有高的电离度，在 Ⅲ-Ⅴ 族化合物半导体中是最高的（0.5 或 0.43）。非掺杂是 n 型半导体，Mg 掺杂是 p 型半导体。对于 GaN 材料，长期以来由于衬底单晶没有解决，异质外延缺陷密度相当高，但是目前器件水平已可实用化。

  GaN 的主要应用是发光二极管，其具有发光效率高、节省能源、低电压、小电流的优点，其耗电量仅为同等亮度白炽灯的 10%~20%，荧光灯的 1/2。另外，该材料绿色环保、为冷光源、不易破碎、没有电磁干扰、产生废物少、寿命长（可达 10 万小时）、体积小、重量轻、方向性好、响应速度快，并可以在各种恶劣条件下使用，因此被广泛应用在半导体白光照明、车内照明、交通信号灯、装饰灯、大屏幕全彩色显示系统、太阳能照明系统、紫外和蓝光激光器以及高容量蓝光 DVD、激光打印和显示、军事领域等。

  ③ 磷化镓。目前市场主要供应的红、绿色普通 LED，主要使用 GaP 衬底材料，超高亮度 LED 主要使用 GaAs、GaN、ZnSe 和 SiC 等材料。

6.3.3.4 非晶态半导体

  非晶态半导体根据其结构可分为共价键非晶半导体和离子键非晶半导体。共价键非晶半导体主要分三类：包括四面体结构半导体（如 Si，SiC 等）、硫系半导体（如 S，Se，Te，As_2S_3，As_2Te_3，As_2Se_3，Sb_2S_3，Sb_2Te_3，Sb_2Se_3）和氧化物半导体（如 GeO_2，B_2O_3，SiO_2，TiO_2，SnO_2，Ta_2O_3）。离子键非晶半导体主要是氧化物玻璃，如 V_2O_5-P_2O_3，V_2O_5-P_2O_5-BaO 等。

(1) 非晶态半导体与晶态半导体的不同

  非晶态与晶态一样，也是凝聚态的一种形式，但又存在不同点，具体分析如下。

  首先，在非晶态材料中由于缺乏长程有序，当无序大到一定程度时，电子态就会定域化。同时在非晶态半导体的能带中，电子态的定域化常常只发生在能带边缘密度比较低的部分，而在能带的中间部分仍然是电子共享的状态，称为扩展态。在带尾定域态与扩展态之间存在着确定的分界线，称为迁移率界或迁移率边，因为在定域态中电子的迁移率远小于扩展态中电子的迁移率。

  其次，由于结构缺陷造成能隙中间的状态称隙态。隙态的多少及分布因材料而异，但也强烈地依赖于制备条件及后处理等因素。在非晶态半导体中，结构缺陷都可归结为配位缺陷和带尾态。比如，一个正常的硅原子是四配位的，其三配位缺陷就是 Si 悬键。过去，人们一直认为，在非晶硅中，主要的配位缺陷就是 Si 悬键，但是，1987 年 Pantelides 提出，可能存在过配位（五配位）缺陷——Si 浮键。虽然这几年的一些实验并没有证实浮键的存在，但人们仍持十分审慎的态度，并没有否定它存在的可能性。

（2）非晶态半导体的特性

在晶态半导体中，载流子的漂移迁移率可用渡越时间法来测定，即测量从样品一端注入的载流子在电场作用下漂移到样品另一端所需的时间。在晶体中，每一个漂移的电子产生一恒定的电流，当电子到达另一端时，电流终止。在渡越过程中，由于扩散和电子漂移率的渐减，电荷波包的展宽或弥散非常严重，这就是"弥散输运"现象。弥散输运与非晶态材料的无序性紧密相关，在非晶态半导体中，注入的载流子会陷落到带尾定域态中去，只有再被热激发到迁移率边以上，才能参加输运，所以载流子在渡越过程中常常经历多次陷落和激发，定域态能级的无规分布，造成输运的弥散，这称为"多次陷落"机构。此外，如果定域态之间的隧穿跳跃也对输运有贡献的话，则定域态之间空间距离的无规分布也会导致输运的弥散，这称为"跳跃"机构。哪种机构起主要作用，视材料和具体情况而定。一些实验及分析表明，在不掺杂和轻掺杂 α-Si：H 中，多次陷落起主要作用；在重掺杂材料中，跳跃输运变得重要。

在非晶硅中，辐照、载流子注入、高温淬火都会引起亚稳缺陷的增加，150℃ 以上退火又能恢复。另外，电导温度曲线常常在一定的温度出现拐点。通过反复实验，现在已清楚，这些现象都与热平衡过程有关，存在一个热平衡温度 T_E，当温度高于 T_E 时，热平衡容易达到，表现的是热平衡性质；温度低于 T_E 时，达到热平衡的弛豫时间很长，以致材料会保持一种由外界因素引起的非平衡状态，比如，由于辐照、高温淬火等所引起的缺陷，以及由其造成的电导率、光电导等性质变化。

在非晶态半导体中，载流子的输运或者是多次陷落的，或者是跳跃的，这使得磁场对它们的作用比晶态情形要复杂得多。

6.3.4 超导材料

6.3.4.1 超导材料的定义与分类

1911 年，荷兰物理学家 Onnes 在观察低温下水银电阻的变化时，偶然发现在温度降至 4.2K 以下时，水银的电阻突然消失了，人们初次称这种现象为超导。但是，像水银这样的金属的超导状态在很弱的磁场中就会被破坏。进一步的研究表明，要成为超导状态，温度 T、磁场强度 H 和电流密度 J 都必须分别处于临界温度 T_c、临界磁场强度 H_c 和临界电流密度 J_c 以下。如图 6-6 所示。在 T-H-J 坐标空间中有一个临界面，其内部就是超导状态。临界条件下具有超导性的物质称为超导材料或超导体。

按成分可将超导材料分为元素超导体、合金和化合物超导体、有机高分子超导体三类。现在已知的有 24 种元素具有超导性。除碱金属、碱土金属、铁磁金属、贵金属外几乎全部金属元素都具有超导性。合金和化合物超导体包括二元、三元和多元的合金及化合物，组成可以全为超导元素，也可以部分为超导元素，部分为非超导元素。有机高分子超导体主要是非碳高分子 $(SN)_x$。

6.3.4.2 超导材料的性能

（1）低温超导材料

这种材料的超导临界温度较低，大约在 30K 以下。上述三种超导体均属于这一类超导

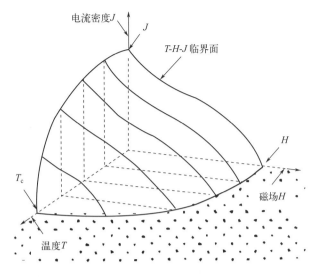

图 6-6 超导状态的 T-H-J 临界面
(曲面内：超导状态；曲面外：正常状态)

材料。早期研究的单质金属的超导临界温度都很低，一般都在 10K 以下，没有实用价值。因此，人们逐渐转向研究金属合金的超导性，发现一些金属合金的超导性临界温度有较大提高，但它们仍属于低临界温度超导体，这就意味着要用液氦作制冷剂才能呈现超导状态。由于液氦的价格高及供应方式等问题，故上述合金超导体的应用仍然受到很大限制。超导化合物的超导临界参量均较高，是性能良好的强磁场超导材料。但质脆，不易直接加工成线材或带材，需要采用特殊的加工方法。目前能够使用的超导材料，如 Nb-Ti 合金、V_3Ga 所产生的磁场均不超过 20T。而其他材料，如 Nb_3Al 和 Nb_3(AlGe) 等临界温度及上临界磁场均高于 Nb_3Sn 和 V_3Ga。近年来日本采用熔体急冷法、激光和电子束辐照等新方法进行试验，取得了重要进展。如用电子束和激光束辐照 Nb_3(AlGe)，在 4.2K、25T 的磁场下，临界电流密度达到 $3 \times 10^4 A \cdot cm^{-2}$。具有超导电性的合金及化合物多达几千种，真正能够实际应用的并不多。

(2) 高温超导材料

1987 年中国科学院首次在世界上宣布了钇-钡-铜-氧体系，其临界温度为 92K，将临界温度大大提高到前所未有的高水平，这是第一个高温超导氧化物体系。这种材料大多具有较高的临界转变温度，超过了 77K，可在液氮的温度下工作。它们大多为氧化物陶瓷，首先开发的氧化物超导体是钇系氧化物 $YBa_2Cu_3O_{7-\delta}$（YBcO）超导体，随后开发的是铋系氧化物 $Bi_2Sr_2Ca_2Cu_3O_x$（BSC-CO）超导体和铊系氧化物 TlBaCaCuO 超导体。少数的非氧化物高温超导体主要是 C_{60} 化合物。

① **氧化物超导体**　高温超导体与低温超导体有相同的超导特性，即零电阻特性、Meissner 效应、磁通量子化和 Josephson 效应。高温超导体都具有层状的类钙钛矿型结构组元，整体结构分别由导电层和载流子库层组成。导电层是指分别由八面体、四方锥和平面四边形构成的铜氧层，这种结构组元是高温氧化物超导体所共有的，也是对超导电性至关重要的结构特征，它决定了氧化物超导体在结构上和物理特性上的二维特点。超导主要发生在导电层上。其他层状结构组元构成了高温超导体的载流子库层，它的作用是调节导电层的载流子浓度或提供超导电性所必需的耦合机制。载流子库层的结构根据来自键长的限制作相应调整，这也

导致了载流子库层往往具有更多的结构缺陷。体系的整个化学性质以及导电层和载流子库层之间的电荷转移决定了导电层中的载流子数目,而电荷转移又是由体系的晶体结构、金属原子的有效氧化态以及电荷转移和载流子库层金属原子的氧化还原之间的竞争来决定的。

② 非氧化物超导体　非氧化物高温超导体主要是 C_{60} 化合物,C_{60} 具有极高的稳定性,C_{60} 原子团簇的独特掺杂性质来自它特殊的球状结构,其尺寸远远超过一般的原子或离子。当其构成固体时,球外壳之间较大的空隙提供了丰富的结构因素。总结以往的研究工作得出,C_{60} 及其衍生物具有巨大的应用前景,如作为实用超导材料和新型半导体材料以及在许多领域获得重要的应用。

③ 非晶态超导材料　非晶态超导体的研究始于 20 世纪 50 年代。非晶态超导材料主要包括非晶态简单金属及其合金和非晶态过渡金属及其合金。它们具有高度均匀性、高强度、高耐磨性以及高耐蚀性等优点。超导电性主要是由于电子和声子之间的相互作用而引起的。非晶态结构的长程无序性对其超导性的影响很大,使有些物质的超导临界温度提高,而且显著改变了上临界磁场能隙和电声子耦合作用。这些都是由于非晶态超导体的电子结构与晶态超导体不同所引起的。

④ 复合超导材料　由许多超导线(或带)与良导体复合可得复合超导材料。它的优点是:可承载更大的电流,减少退化效应,增加超导的稳定性,提高机械强度和超导性能。

复合超导体大致有:超导电缆、复合线、复合带、超导细丝复合线、编织线和内冷复合超导体等六种。它们一般由以下几个部分构成:a. 超导材料;b. 良导体,其主要作用是将电流或磁通量所造成的局部发热散开和在超导局部破坏时起分流作用减少发热,而减少退化效应;c. 填充料,为改善超导体与良导体之间的接触,在空隙间需填以填充料;d. 绝缘层,虽然良导体在液氮温度下对超导体而言是绝缘体,但为提高绝缘效果常设此层;e. 高强度材料包层,此层是保证线圈的机械稳定性;f. 屏蔽层,屏蔽磁场的干扰,用于要求磁场十分稳定的线圈。

⑤ 重费米子超导体　重费米子超导体是 20 世纪 70 年代末发现的,这类超导体的比热容测量显示其低温电子比热系数非常大,是普通金属的几百甚至几千倍,由此被称为重费米子超导体。尽管目前发现的一些重费米子超导体的临界温度都较低,从实用价值上无重要性,但在理论上重费米子系统却存在两种不同的基态:反铁磁态和超导电态,即重费米子系统可以通过某种相互作用进入反铁磁态,或者通过某种电子配对机制而进入超导态。与通常的磁性超导体比较,通常的转变是独立的磁性离子晶格的磁序参量与传导电子的超导序参量之间的竞争结果,而重费米子体系则是同一组电子本身的磁性与超导电性之间的选择。还有如热容、磁化率和输运性质等,都表明重费米子超导体的超导机制是非常规的。

⑥ 有机超导材料　第一个被发现的有机超导体是 $(TMTSF)_2PF_6$,尽管这种有机盐的 T_c 只有 0.9K,但是有机超导体的低维特性、低电子密度和电导的异常频率关系以及有机超导体的发现预示了一个新的超导电性研究领域的出现。随后,新的有机超导体 $(BEDT-TTF)_2ReO_4$ 被合成,它的 T_c 为 2.5K。此后又有一些新的有机超导体陆续被发现。这类有机超导材料与无机材料相比,其最大的优点是质量轻,且十分容易进行分子水平上的剪裁与设计。这些优越条件使得有机超导体具有重要的应用价值。

思考题

1. 无机非金属材料是通过什么方式结合形成的?
2. 离子晶体的结构有哪些?与哪些因素有关?离子晶体中离子半径的确定方法有哪些?
3. 共价晶体的结构主要有哪些类型?

4. 简述传统陶瓷与特种陶瓷的不同。
5. 简述水泥水化和硬化机理。影响水泥凝结硬化的因素有哪些？
6. 半导体材料区别于导体材料的特点是什么？
7. 简述化合物半导体的特点。典型的化合物半导体有哪些？
8. 简述非晶态半导体与晶态半导体的不同。
9. 超导材料具有哪些性质特点？可以分为哪几类？各具有什么样的性质？

参考文献

[1] 李齐，陈光巨. 材料化学 [M]. 北京：高等教育出版社，2004.
[2] 周公度. 结构化学基础 [M]. 北京：北京大学出版社，1989.
[3] 麦松威，周公度，李伟基. 高等无机结构化学 [M]. 香港：香港中文大学出版社，2006.
[4] 石德珂. 材料科学基础 [M]. 2版. 北京：机械工业出版社，2003.
[5] 唐小真. 材料化学导论 [M]. 北京：高等教育出版社，1997.
[6] 徐祖耀，李鹏兴. 材料科学导论 [M]. 上海：上海科学技术出版社，1986.
[7] 张令弥. 智能结构研究的进展与应用 [J]. 振动、测试与诊断，1998，18（2）：6.
[8] 邱关明. 新型陶瓷 [M]. 北京：兵器工业出版社，1993.
[9] 高彦峰，罗宏杰. 智能材料简论 [J]. 陶瓷科学与艺术，1999（4）：44-45.
[10] 樱井良文，陈俊彦，王余君. 新型陶瓷：材料及其应用 [M]. 北京：中国建筑工业出版社，1983.
[11] 贡长生. 新型功能材料 [J]. 新材料产业，2001，000（012）：48-49.
[12] 殷景华，王雅珍，鞠刚. 功能材料概论 [M]. 哈尔滨：哈尔滨工业大学出版社，1999.
[13] 周馨我. 功能材料学 [M]. 北京：北京理工大学出版社，2002.
[14] 温树林. 现代功能材料导论 [M]. 北京：科学出版社，1983.
[15] 李见. 新型材料导论 [M]. 北京：冶金工业出版社，1987.
[16] 刘云旭. 新型材料及其应用 [M]. 武汉：华中理工大学出版社，1990.
[17] 耿文学. 激光及其应用 [M]. 石家庄：河北科学技术出版社，1986.
[18] 丁俊华. 激光原理及应用 [M]. 北京：电子工业出版社，2004.
[19] 林德华. 超导物理基础与应用 [M]. 重庆：重庆大学出版社，1992.
[20] 王曙中，王庆瑞，刘兆峰. 高科技纤维概论 [J]. 中国纺织大学学报，1999（3）.
[21] 窦光宇. 揭秘光导纤维 [J]. 百科知识，2008，000（015）：15-16.
[22] 顾超英. 世界光导纤维的开发生产应用与发展前景分析 [J]. 化工文摘，2008（1）：22-24.
[23] 西鹏，高晶，李文刚. 高技术纤维 [M]. 北京：化学工业出版社，2004.
[24] 李刚，欧书方，赵敏健. 石英玻璃纤维的性能和用途 [J]. 玻璃纤维，2007（4）：6.
[25] 刘新年，张红林，贺祯，等. 玻璃纤维新的应用领域及发展 [J]. 陕西科技大学学报，2009，27（005）：169-171.

第 7 章
高分子材料

内容提要

本章详细阐述了高分子材料的结构层次（链结构和聚集态结构）、特殊性能（力学性能、热性能、电学性能、光学性能和稳定性等）和合成方法，包括缩合聚合（可逆、不可逆）和加成聚合（自由基加聚、阴离子加聚、阳离子加聚、配位聚合），阐述了三大高分子材料（塑料、橡胶和纤维）的分类、加工和应用，最后分别介绍了超吸水高分子材料、离子交换树脂、生物医用高分子材料、导电高分子材料和高分子光子材料的定义、分类和应用。

学习目标

1. 了解高分子材料的基本概念和特点。
2. 掌握高分子的结构层次。
3. 理解高分子微观结构与宏观性能的关系。
4. 掌握高分子材料力学性能的特点。
5. 理解不同种聚合物温度-形变的关系。
6. 掌握聚合物的合成方法、分类和机理。
7. 了解三大高分子材料的特点和分类。
8. 了解不同种高分子材料的定义和分类。

7.1 高分子材料的基本概念

高分子化合物，又称大分子化合物、高聚物、聚合物，指分子量很高并由多个重复单元以共价键连接的一类化合物，并且这些重复单元实际上或概念上是由相应的小分子衍生而来的。高分子材料是以高分子化合物为基础的材料。高分子材料是由分子量较高的化合物构成的材料，包括橡胶、塑料、纤维、涂料、胶黏剂和高分子基复合材料。

高分子材料的种类很多，而且还在不断增加。为了研究的方便，需对其进行分类。依据高分子化合物来源的不同可分为天然高分子材料和合成高分子材料，如天然橡胶、虫胶、棉麻纤维、蚕丝、土漆等都属于天然高分子材料；合成高分子材料更多，如聚乙烯、聚丙烯、聚苯乙烯、氯丁橡胶、丁腈橡胶、尼龙、涤纶等不胜枚举。依据聚合物性能用途的不同，可分为塑料、橡胶、纤维、涂料、黏合剂等。此外还可按聚合物主链的结构分为碳链、杂链及元素有机聚合物。碳链聚合物的主链由碳原子组成,例如聚烯烃及其衍生物等;杂链聚合物链上除碳原子外还含有氧、氮、硫、磷等,如聚醚、聚酯、聚氨酯、聚硫醚、聚砜等;元素有机聚合物主链中含有硅、钛、铝等天然有机物中不常见的元素,如聚硅氧烷、聚钛氧烷等。

7.2 高分子材料的结构和性能

7.2.1 高分子链的结构

高分子链的结构包括高分子的近程结构——高分子链结构单元的化学组成、空间排列方式、高分子链的几何形状和序列结构等,也包括高分子链的远程结构——高分子链的平均分子量及分子量分布与高分子链的内旋转。

(1) 近程结构

① 结构单元的化学组成。高分子由高分子链组成,而高分子链则是由数目众多的重复结构单元以共价键的形式连接而成的。高分子主链除了碳原子之外,往往还有其他元素的原子与碳原子以共价键连接成杂链高分子。含有氧、氮、硫等元素原子的杂链高分子如聚酯、聚酰胺、酚醛树脂、环氧树脂、聚氨酯等,因主链带有极性,较易水解、醇解或酸解;含有如硅、磷、锗、铝、钛、砷、锑等元素的高分子称为元素有机高分子,元素有机高分子往往具有无机物的热稳定性及有机物的弹性和塑性。高分子主链元素组成如图7-1所示。

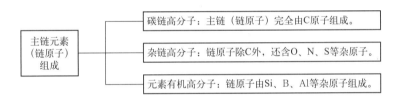

图7-1 高分子主链元素组成

② 键接方式。键接方式即指结构单元在高分子链中的结构方式,对于结构完全对称的单体(如乙烯、四氟乙烯),只有一种键接方式,然而对于 $CH_2=CHX$ 或 $CH_2=CX_2$ 类单体,由于结构不对称,形成高分子链时可能有三种不同键接方式:首-尾连接、首-首连接和尾-尾连接,如图7-2所示。

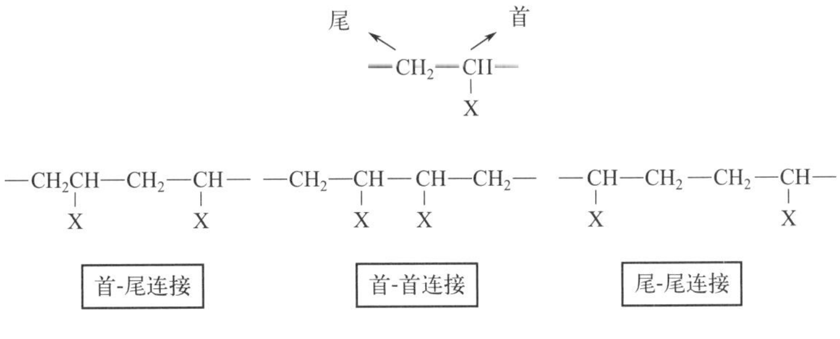

$$\begin{array}{c} \text{尾} \quad \text{首} \\ \nwarrow \quad \nearrow \\ -CH_2-CH- \\ | \\ X \end{array}$$

—CH₂CH—CH₂—CH—   —CH—CH—CH₂—CH₂—   —CH—CH₂—CH₂—CH—
       | | | | | |
       X   X   X   X   X   X

  首-尾连接   首-首连接   尾-尾连接

图7-2 单体单元的结构排列

高分子链中结构单元的键接方式与单体的结构和聚合条件有关,可以通过改变聚合条件来控制结构单元的键接方式。而高分子链中结构单元的键接方式往往对高分子性能有比较明显的影响。例如，用来作纤维的高分子，如果其分子链中结构排列规整，则高分子结晶性能较好，强度高，便于抽丝和拉伸。用来作维尼纶的聚乙烯醇分子链中如果出现首-首连接，还会使羟基缩醛化难以完成，导致残留一部分羟基，造成维尼纶纤维缩水性较大，如果羟基数量太多，还会使纤维的强度下降。

③ 空间排列方式。构型指分子中由化学键所固定的原子在空间的排列，也就是表征分子中最近邻原子间的相对位置，这种原子排列非常稳定，只有使化学键断裂和重组才能改变构型。构型不同的异构体有旋光异构体和几何异构体。

若正四面体的中心原子上四个取代基是不对称的（即四个基团不相同），此原子称为不对称中心原子，这种不对称中心原子的存在会引起异构现象，其异构体互为镜像对称，各自表现不同的旋光性，故称为旋光异构体。有一个不对称中心原子存在，每一个链节就有两个旋光异构体。根据它们在高分子链中的链接方式，聚合物链的立体构型分为三种。以乙烯基高分子为例，如图 7-3 所示：a. 全同立构，全部由一种旋光异构单元链接；b. 间同立构，由两种旋光异构单元交替链接；c. 无规立构，两种旋光异构单元完全无规链接。如果把主链上的碳原子排列在平面上，则全同立构链中的取代基 X 都位于平面同侧，间同立构中的 X 交替排列在平面的两侧，无规立构中的 X 在两侧任意排列。

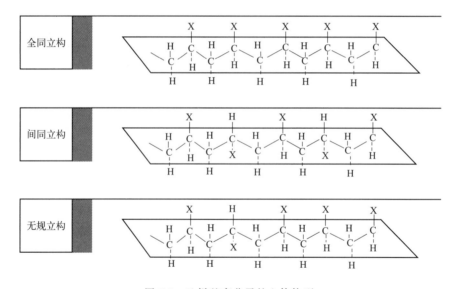

图 7-3 乙烯基高分子的立体构型

旋光异构会影响高聚物材料的性能，例如，全同立构的聚苯乙烯，其结构比较规整，能结晶，软化点为 240℃；而无规立构的聚苯乙烯结构不规整，不能结晶，软化点只有 80℃。又如，全同或间同立构的聚丙烯，结构也比较规整，容易结晶，为高度结晶的聚合物，熔点为 160℃，可以纺丝制成纤维即丙纶，而无规立构的聚丙烯是无定形的软性聚合物，熔点为 75℃，是一种橡胶状的弹性体。通常由自由基聚合的高聚物大都是无规立构的，只有用特殊的催化剂进行定向聚合才能合成有规立构的高分子。全同立构和间同立构的高分子都比较规整，有时又通称为等规高分子，所谓等规度是指高聚物中全同立构或间同立构高分子所占的百分数。

另一种异构体是几何异构体，由于聚合物内双键上的基团在双键两侧排列的方式不同，分为顺式和反式构型。例如聚丁二烯利用不同催化系统，可得到顺式和反式构型，前者为聚丁橡胶，后者为聚丁二烯橡胶，构型不同，性能就不完全相同。聚丁二烯的几何异构形式如图7-4所示。

图 7-4 聚丁二烯的几何异构形式

④ 高分子链的几何形状。高分子链的结构形态有三种：线型、支链型和体型，如图7-5所示。高分子链究竟呈何种结构形态，取决于单体种类和聚合条件。如二元醇与二元酸反应可以得到线型聚酯；若以多元醇（如甘油），代替部分二元醇，则可得体型结构的缩聚产物。又如乙烯在高压下聚合得到支链型的低密度聚乙烯；而用配位催化剂在低压下聚合，则可得线型的高密度聚乙烯；聚乙烯通过辐射处理，又可以得到体型的交联聚乙烯。支化和交联的高分子力学性能较线型高分子有显著的变化。

大多数线型聚合物加热会熔融，又可溶于适当的溶剂之中。不同的支链型高分子，因支链的长短和多寡，其性能也各不相同。在支化不太严重的情况下，支链的存在可导致聚合物结晶度降低，密度减小，而溶解性则增大。随着高分子合成化学的发展，还可合成星形、梳形、梯形等一些新型支链高分子。

高分子链之间通过支链联结成为一个三维空间网型大分子时，即成为交联结构。支化与交联有质的区别，交联的高分子聚集而成的材料不溶、不熔，只有在交联度不太大时能在溶剂中溶胀。热固性塑料（如酚醛树脂、环氧树脂、不饱和聚酯等）和硫化橡胶是交联高分子。

⑤ 序列结构。当高分子含有两种或两种以上结构单元时，就有这些结构单元如何相互联结成序列的问题。以由 A 和 B 两种结构单元组成的高分子为例，按其联结方式，可分为交替共聚物、无规共聚物、嵌段共聚物、接枝共聚物等，其联结方式如图7-6所示。

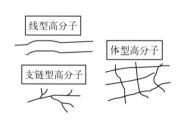

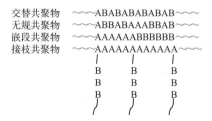

图 7-5 高分子链的结构形态　　图 7-6 共聚物的 4 种联结方式

不同的共聚物结构赋予材料不同的性能。共聚的目的是使聚合物获得新的性能。例如，聚甲基丙烯酸甲酯的性能与聚苯乙烯相似，但其分子中极性酯基的存在，使得其分子链之间的相互作用力较大，因此，在室温下是硬的，其高温流动性差，不能像聚苯乙烯那样采取注塑成型法加工。如果让少量苯乙烯与甲基丙烯酸甲酯共聚，共聚物便可获得较好的高温流动性，便于加工成型。

共聚物的单体相同，序列结构不同时其性能亦不相同。例如，交替共聚的丁腈橡胶的耐油性、弹性均优于一般的丁腈橡胶。必须使丙烯腈的浓度大大高于丁二烯的浓度，才能得到满意的聚合产物。然而，完全交替共聚的情况不多。当然，通过两种双功能基缩聚而得到的共聚物是交替共聚物。

嵌段共聚物和接枝共聚物是通过设计的、连续而又分别进行的两步聚合反应而得到的。例如 SBS 树脂是由苯乙烯与丁二烯通过阴离子聚合得到的嵌段共聚物，其分子链中间段是顺式的聚丁二烯，形成高分子材料的连续橡胶相，分子链两端的聚苯乙烯则形成硬的分散相，它对聚丁二烯起着"锚位"的作用，相当于一定的硫化交联，又起着硬质填料的作用。因而 SBS 树脂是一种不需要硫化的橡胶。在高温下，它还是热塑性的，聚苯乙烯链端赋予其高温流动性，可用注塑方式加工成型。所以 SBS 又称为热塑性弹性体。

(2) 远程结构

① 平均分子量及分子量分布。高分子由分子量不同的同系聚合物所组成，因此通常所测得的分子量都具有统计平均的意义。

由于测定和统计平均方法不同，所得平均分子量也不一样。根据不同的测定方法，平均分子量种类有：数均分子量 M_n、重均分子量 M_w、Z 均分子量 M_z、黏均分子量 M_v，各类平均分子量的数学表达式也各不相同。例如，设有一高分子样品，其中分子量为 10^4 的分子有 10mol，分子量为 10^5 的分子有 5mol，则根据不同的数学表达式计算出 $M_n = 4 \times 10^4$，$M_w = 8.5 \times 10^4$，而 $M_z = 9.8 \times 10^4$，$M_v = 8 \times 10^4$。

通常，把聚合物分子长短不一的特性称为分子量的多分散性。分子量的多分散程度一般可用分子量分布曲线来描述，如图 7-7 所示。

由图可见，分子量分布曲线具体体现出聚合物的多分散性。不难看出，硝酸纤维的分子量分布较窄（见曲线 1），聚苯乙烯的分子量分布较宽，即较为分散（见曲线 2）。

聚合度也同样用来作为分子量大小的衡量参数，它是指高分子中所含结构单元的数目。其值与分子量成正比。显然，聚合度也只具有统计平均意义。

高分子的分子量和分子量分布是高分子最基本的结构参数之一。分子量和分子量分布对高分子的力学性能有很大影响，如抗张强度、弹性模量、硬度、抗应力开裂性都随分子量增大而增大。聚乙酸乙烯酯聚合度小于 50 不能成薄膜，聚丙烯腈分子量在 $5 \times 10^4 \sim 9 \times 10^4$ 才易于纺丝，聚碳酸酯分子量分布宽时，小分子部分会加剧应力开裂。

高分子分子量的大小及其分布取决于聚合反应机理和条件，可以通过合适聚合方法和工艺条件的选择，在一定程度上对其进行控制。

② 高分子链的内旋转。不同的高分子链其卷曲程度不同，形状不同。高分子的物理性能都与高分子链分子的柔性有关，而高分子链的柔性是由于分子链绕单键内旋转所引起的。高分子主链中存在许多单键，它可以绕键轴旋转，此种现象为单键内旋转。假定 C-C 键上不带任何其他原子或基团，则内旋转应完全自由，在旋转过程中没有位阻效应。如图 7-8 所示，C3 可以出现在以 C1-C2 为轴、键角为 $109°28'$ 的圆锥底面圆周的任何位置上。这种由于围绕单键内旋转而产生的分子在空间的不同形态称为构象，分子链的构象越多，高分子链卷曲成各种形状的可能性就越大。分子链的这种可卷曲性能称为柔顺性。

完全自由的内旋转实际上是不存在的，因为碳原子上总是带有其他原子或原子团，内旋转时，这些原子或基团充分接近，原子外层电子云之间产生排斥力，阻碍内旋转。高分子链单键的内旋转总是不自由的，差别在于不同的分子链受阻程度不同，即内旋转势垒不同。

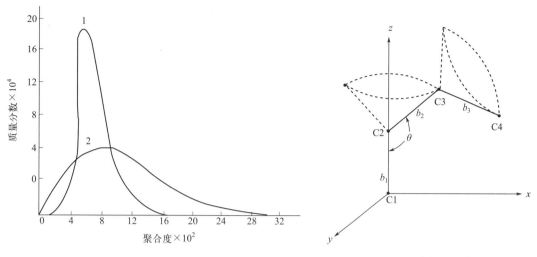

图 7-7 分子量分布曲线　　　　　图 7-8 单键的内旋转

1—硝酸纤维（平均聚合度 800）；2—聚苯乙烯（平均聚合度 800）

影响高分子链柔性的结构因素有如下几方面：

a. 主链结构。主链结构对高分子链柔性的影响最大。若主链全部由单键组成，一般说来，这种主链的柔性较好，但不同的单键其柔性仍有差异。主链中含有 C-O、C-N 和 Si-O 键，其内旋转均比 C-C 键容易，因为氧、氮原子周围没有或仅有少量其他原子，内旋阻力减小，故聚酯、聚酰胺、聚氨酯分子链均为柔性链。此外，Si-O-Si 的键长大于 C-O 的键长，键角也较大，又进一步减小了内旋转势垒，所以聚二甲基硅氧烷（硅橡胶）分子链柔性很大，是一种低温下仍能使用的特殊橡胶。若主链上含有孤立的不饱和键，大分子的柔性也较大，例如天然橡胶和氯丁橡胶，其主链结构如图 7-9 所示。

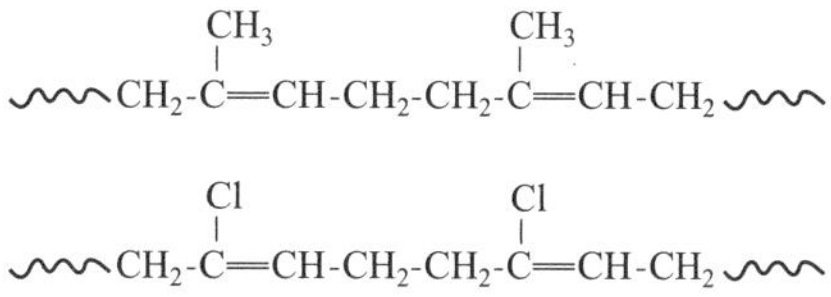

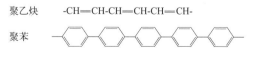

图 7-9　天然橡胶和氯丁橡胶的主链结构

以上两种高分子链中双键本身并不能内旋转，但由于组成双键的碳原子上各减少了一个基团，内旋转受到的阻力较单键为小，这种阻力减小足以抵消由于双键本身不能内旋转而带来的影响。因此，非共轭双键引入主链会使其柔性增加。如果主链为共轭双键，则因电子云的重叠不能产生内旋转而使分子链呈刚性，例如聚乙炔和聚苯，其主链结构如图 7-10 所示。

聚乙炔　　-CH=CH-CH=CH-CH=CH-

图 7-10　聚乙炔和聚苯的主链结构

主链中引入芳环、杂环，即使在温度较高的情况下分子链也不易产生内旋转，所以分子链柔性差而具有刚性，这是耐高温聚合物所具有的一个结构特征。

b. 侧基。侧基极性越强，数目越多，相互作用力就越大，链的柔性就越差。如聚乙烯、氯化聚乙烯和聚氯乙烯，其分子链柔性依次递减。非极性侧基的体积越大，空间位阻就越大，链的柔性越差。如聚乙烯、聚丙烯、聚苯乙烯的柔性递减，刚性递增。

c. 氢键。如分子内或分子间形成氢键，就会增加分子链的刚性，减少柔性，如聚酰胺的柔性比聚己酸乙二酯的差，这是由于聚酰胺分子间存在着氢键的缘故。图 7-11 是聚酰胺的链构象，表明不同分子链上的-C=O 基与-NH-键形成分子间氢键。

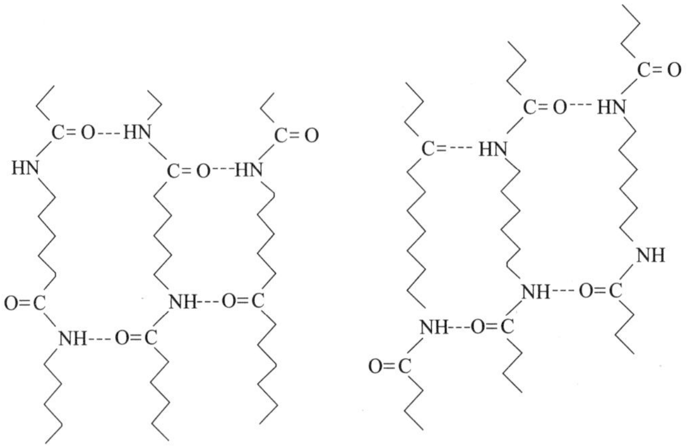

(a) 尼龙6（反向平行）　　　　(b) 尼龙-66

图 7-11　聚酰胺的链构象

除了以上三点外，分子量的规整度、高分子链的支化和交联以及分子量的大小，均会影响高分子链的柔顺性。规整性好，易结晶，柔性下降；交联后形成网状分子，柔性下降；分子量越大，柔性越好。以上皆是高分子链内部结构的影响，此外，环境因素也会有所影响，如温度的高低和外力作用的速度快慢等。

7.2.2　高分子聚集态结构

高分子聚集态结构又称超分子结构，它是指高分子本体中分子链的排列和堆积结构包括结晶态、非结晶态、取向态、液晶态和聚合物合金的织态结构等。链结构固然对高分子材料性能有显著的影响，但因为高分子材料是由许许多多高分子链聚集而成的，即使具有相同链结构的同一种聚合物，在不同的加工成型条件下会产生不同的聚集状态，从而使制品性能迥然不同。因此，实际应用中的高分子材料或制品，其使用性能更直接决定于加工成型过程中所形成的聚集态结构。

(1) 聚合物的结晶态

聚合物大分子链因分子间力的作用聚集成固体，又按其分子链的排列有序和无序而形成晶态和非晶态。一些聚合物从溶液中析出或从熔体冷却时，分子有序地排列起来，形成结晶态。聚合物的结晶程度和结晶形态，对聚合物材料的性能诸如密度、透明性、溶解性、耐热性、模量及强度等均有影响。

① 聚合物的结晶度。由于结晶性聚合物中晶区和非晶区的共存，因此提出了结晶度的概念，用来说明结晶程度。通常所说的晶态聚合物并不是完全结晶的，结晶度多数在 50% 左右，超过 80% 的都很少。

金属材料、无机非金属材料和高分子材料都有晶态结构，但后者的特点是有很长的分子链，如何排列进入晶格中是长期以来研究的课题。聚合物结晶度的大小是受内在的高分子链化

学结构因素和外在的温度、应力等因素所影响的:

a. 高分子链化学结构的影响。凡是高分子链的化学结构越简单的，主链的立体构型规整性及对称性越大的，主链上侧链基团的空间位阻越小的，以及主链上有一定的极性基因能增大链间作用力或形成氢键的都有利于结晶。换言之，凡高分子链间能紧密而又规整排列的结构因素（包括构型和构象因素），都有利于结晶。例如构型为无规的聚丙烯、聚氯乙烯、聚苯乙烯等聚合物都很难结晶，但一旦合成出构型为等规或间规的相应聚合物便都可能结晶，并使耐热性大大提高。

b. 温度的影响。为使结晶过程能顺利进行，高分子链必须有足够的活动性。温度过低，链段运动被"冻僵"；温度过高，链段运动过于剧烈，也不利于结晶。因为在玻璃化转变温度与熔点之间有一个结晶合适温度 T_k，此时结晶速率最快。T_k 大致可用经验公式计算，见式(7-1)：

$$T_k = 0.5(T_g + T_m) \tag{7-1}$$

式中，T_g 为玻璃化转变温度；T_m 为熔点；T_k 为结晶合适温度。

在注射成型中，注模后的冷却速率对高聚物结晶度影响很大。聚乙烯、涤纶等纤维和塑料为了提高结晶度以增大制品强度，冷却速率宜慢；若作为薄膜时，为了降低结晶度以增大透明度，就要采用急冷（淬火）。

c. 拉应力的影响。拉伸能促使高分子链取向、排列较紧密且增大链间作用力。如将涤纶拉伸长四倍，结晶度可从 3% 增至 41%。在合成纤维的抽丝工艺中，拉伸是个十分重要的工序，有利于高分子链取向、结晶，从而提高纤维强度。天然橡胶在常温下不结晶，在拉伸作用下却易提高结晶度并增大链间吸引力和抗拉强度，一次结晶的熔点约为 30～40℃，故在常温下拉伸结晶是不稳定的，易吸热熔化恢复为无定形。

d. 成核剂的影响。成核剂起着晶种的作用，能大大加快结晶的速率，并可得到微晶结构的薄膜材料。这种微晶由于尺寸小于光的波长，故既能提高薄膜的机械强度又能提高透明度。

② 聚合物的结晶形态。结晶形态是高分子材料聚集态结构中的重要形式，不同的高分子，不同的结晶条件及结晶过程，生成的结晶形态不一样，主要有以下几种。

a. 单晶。单晶是最完整的一种晶态结构，多从线型高分子的稀溶液中培养而得。例如，在78℃聚乙烯可从 0.1% 二甲苯溶液中慢慢地生成菱形晶片，并可叠起成多层，如图 7-12 所示。单晶片边长最长可达 $50\mu m$，每片厚度约 100Å，且与分子量无关。晶片平面可用高倍光学显微镜观察，截面厚度可用 10 万倍电子显微镜观察。

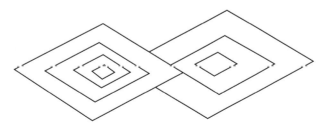

图 7-12　聚乙烯单晶

晶片的成型过程是聚乙烯的构象（二级结构）的规整化及聚集态结构（三级结构）的规整化过程。图 7-13 为聚乙烯单晶片形成过程示意图，无规线团的高分子链的构象先行伸直取向成锯齿形并互相有序地排列成链束，链束可再折叠（180°）起来形成折叠"带"，折叠"带"又进一步合成晶片。

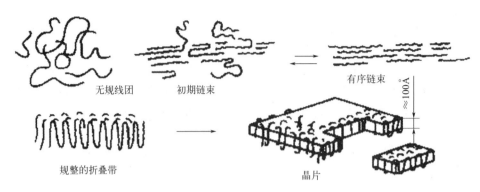

图 7-13　聚乙烯单晶片形成过程示意图

b. 球晶。线形高分子聚合物从熔融态慢慢冷却下来,生成球晶,夹杂在无定形区中,对提高高分子材料的强度和耐热性等有重要作用。如聚乙烯的注射成型制品中便含有球晶。球晶是有球形界面的内部组织复杂的多晶。有些高聚物的球晶,直径达到几十甚至几百微米,呈散射形结构,用偏光显微镜可容易辨认。由于偏光效应,每个球晶显示出暗十字图像,球晶的偏光显微镜图像如图 7-14 所示。

图 7-14　球晶的偏光显微镜图像

c. 聚合物微丝晶。聚合物微丝晶是由一些聚合物分子链段排列及部分结晶化形成的。结晶性聚合物在拉伸下结晶时可以形成微丝晶,这时,折叠链微晶通过纽带分子联结起来,纽带分子承受着结构强度。许多取向的结晶性合成纤维都具有这种结构,一些聚合物球晶在拉伸时也产生类似的结构。

d. 伸展链结晶。一些聚合物在熔点附近以极慢速度结晶,或在高压下从熔体结晶,或在取向条件下结晶时,可以形成伸展链结晶,这时高分子链并不发生折叠。伸展链结晶可以具有针状结晶形态,伸展链结晶具有高的刚性和抗张强度。例如,聚对苯二甲酰对苯二胺(芳纶)分子链的刚性强,结晶时具有伸展链结构,是一种高强度、高模量的纤维。

e. 聚合物串晶。聚合物串晶是折叠链晶体和伸展链晶体之间的多晶体。这种晶体具有伸展链结构的中心轴,周围生长着间隔出现的片晶。聚合物串晶是在应力作用下产生的结晶。如5%聚乙烯-二甲苯溶液在搅拌下于100℃结晶就得到聚乙烯串晶,图 7-15 为聚合物串晶结构示意图。串晶中伸展链部分随剪切应力的增大而增加,强度、耐腐蚀性、耐溶剂性也得以改善,所以串晶的研究对纤维的纺丝和薄膜的成型工艺有重要的实用意义。如高速挤出并经淬火的聚合物薄膜,由于串晶结构的存在,其模量和透明度大大提高。

(2) 聚合物的非结晶态

除晶态聚合物外,还有大量的非晶态聚合物。晶体聚合物中也存在非晶区(几乎所有的高分子都不可能完全结晶,结晶度一般只有 50%~80%),所以非晶态结构的研究也很重要。

早在 1949 年,Flory 从高分子溶液理论的研究结果推论出了非晶态聚合物的无规线团模型,如图 7-16 所示。按照这个模型,在非晶态聚合物中,聚合物分子链采取无规线团构象,高分子链之间是相互贯穿的,非晶态聚合物的聚集态结构是无序的。这个模型应用于聚合物橡胶弹性和黏弹性的研究都取得了成功。特别是 1970 年以来,采用中子散射技术测定了非晶态聚合物中高分子链的尺寸,与聚合物的干扰链尺寸一致,这些实验结果进一步支持了非晶态聚合物的无规线团模型。

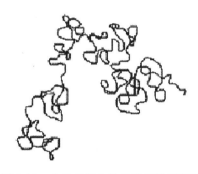

图 7-15 聚合物串晶结构示意图　　图 7-16 非晶态聚合物的无规线团模型

关于非晶态的结构研究,对于弄清聚合物的聚集态结构与性能的关系意义十分重大。目前这一领域的研究十分活跃,是高分子物理的一个重要研究课题。

(3) 聚合物的取向态

在外力作用下,分子链沿外力方向平行排列,这就称为取向。聚合物的取向包括分子链和链段的取向,也包括结晶聚合物晶片、晶带沿外力方向的择优排列。这里所谓链段是指主链中可任意取向的最小链单元。

未取向的高分子材料是各向同性的,取向后材料呈各向异性。取向可分为单轴取向和双轴取向,如图 7-17 所示。

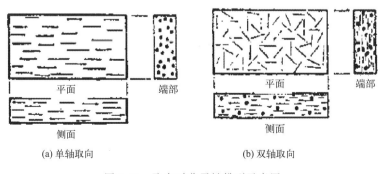

(a) 单轴取向　　　　　　　　　(b) 双轴取向

图 7-17 取向时分子链排列示意图

非晶态聚合物有整链和链段两种大小不一的运动单元,它可能有如图 7-18 所示的分子取向和链段取向两种取向类型。前者是指整个分子链沿外力方向取向,其链段不一定取向,而后者则表明分子链的链段取向,整个分子链的排列是无规的。

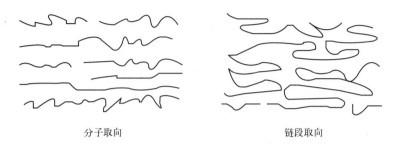

图 7-18 非晶态聚合物的两种取向类型

结晶聚合物除了其非晶区可能发生链段取向与分子取向外,还可能发生晶粒的取向。所谓晶粒取向,就是在外力的作用下,晶粒沿外力方向所做的择优取向。结晶聚合物被拉伸时,首先是球晶被拉成椭球形,继而变成带状结构,原有球晶的片晶发生倾斜,晶面滑移、转动甚至破裂,然后在外力作用下,形成新取向的折叠链晶片的晶体结构,此种结构称微丝结构,见图 7-19(a),也可能原有片晶被拉成伸展链晶体,见图 7-19(b)。

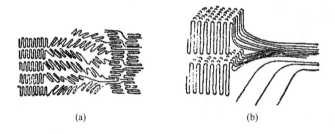

图 7-19 晶态聚合物在拉伸时结构变化
(a) 形成新的取向的折叠链结晶;(b) 形成完全伸展链结晶

取向对提高材料强度、改善制品性能、指导材料加工成型具有实际意义。合成纤维生产中广泛采用热拉伸工艺,目的是使分子链取向,以大幅度提高纤维的强度。例如,涤纶经拉伸后,其强度可提高 5 倍。但实际应用时,不仅要求纤维强度高,而且要有弹性,这样制成的衣服既耐穿又舒适。因此在纤维拉伸后还要经短时间的热处理,解除链段取向,消除内应力,以求强度和弹性的统一。经热处理后,部分链段呈卷曲状,使用时就不易收缩变形,制成衣服也不会走样。

纤维材料只要求一维取向,经单轴拉伸即可,但薄膜材料只经单轴拉伸就会出现各向异性,在垂直于取向方向上容易撕裂,保存时会产生不均匀收缩,用这种薄膜制作胶片、磁带就会造成影像变形、录音失真,所以薄膜材料必须双轴取向。在工艺上可采用拉膜成型、吹塑成型、真空成型来实现。

取向对塑料制品也有现实意义。塑料制件外形比较复杂,虽无法进行拉伸,但仍会遇到取向问题。成型时必须将物料压入模具腔内,快速冷却时,制品各部分厚薄不匀,导致冷却速度不同,往往会使制品因内应力而产生裂缝。如果高分子链段取向速度快,就可沿应力方向取向,阻止裂缝扩展,使制品不致开裂。

(4) 聚合物的液晶态

液晶态是晶态向液态转化的中间态。处于这种状态下的物质称为液晶，它既保持了晶态的有序性，同时又具有液态的连续性和流变性。根据液晶形成条件的不同，通常将液晶分为热致性液晶和溶致性液晶。前者是因受热熔融而成的各向异性熔体，后者则是溶于某种溶剂而成的各向异性溶液。

高分子只有满足下列条件才能形成液晶：高分子链具有刚性或一定刚性，在溶液中呈棒状或近乎棒状的构象；分子链上必须有苯环和氢键等结构；对高分子胆甾液晶，除上述两点外，还需含有不对称碳原子。

高分子液晶一般都属于溶致性液晶。根据液晶分子排列方式不同，高分子液晶也可分为近晶型、向列型和胆甾型三类，如图7-20所示。

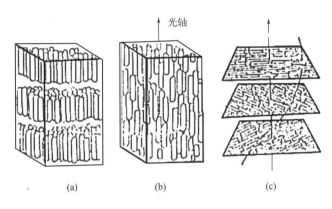

图 7-20　三类液晶结构示意图
(a) 近晶型；(b) 向列型；(c) 胆甾型

(5) 聚合物合金的织态结构

聚合物合金指含有两种或多种高分子链的复合体系，包括嵌段共聚物、接枝共聚物以及采用机械共混、溶液共混或熔体共混等方法制得的各种共混物等。共混物中两种聚合物或者嵌段共聚物中两个嵌段能不能相容，或者相容的程度如何，这就是聚合物的相容性问题。聚合物合金的织态结构与各组分之间的相容性有着密切关系。大多数聚合物-聚合物组分都不能达到分子水平上的混合，或者说在热力学上是不相容的；但由于动力学上的原因，即混合物黏度很大，分子链运动的速度极慢，又使这种热力学上不稳定的状态相对稳定下来，形成了宏观均相、亚微观非均相体系。两个组分各自成一相，相与相之间存在界面。材料的性能取决于各相的性能、两相之间的织态结构以及界面的特性。

真正具有较大实用价值的共混高聚物应该是组分间具有适中的相容性，这种体系可期望共混之后在某些性能上呈现突出的、超越组分本身的特色。例如丁腈橡胶与聚氯乙烯共混，可以改善后者的耐油、耐磨、耐热、耐老化和耐冲击性能。涤纶与锦纶共混，所得纤维强度比锦纶的高，其吸湿性又比涤纶的好。

按照密堆积原理和实验观察结果，一般认为，非均相多组分共混高聚物具有如图7-21所示的织态结构。它一般由含量较多的组分形成连续相，而含量较少的组分里球状或棒状形成分散相。只有当两组分含量相近时，才形成自成连续相并相间组合的层状结构，这是一种理想模型。

大多数实际共混高聚物织态结构比理想模型更为复杂，可能出现过渡形态，或者几种形态同时并存。

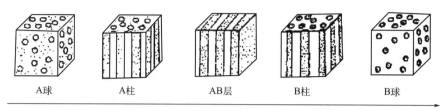

图 7-21 非均相多组分共混高聚物织态结构

7.2.3 高分子的物理性能

7.2.3.1 高分子的力学性能

(1) 高分子的状态转变

通常，高分子是作为材料来应用的，这就要求它具有良好的力学性能。力学性能是指材料受力后的力学响应，如形变大小、形变可逆性及抗破损性能等，具体表现为抗张强度、硬度、弹性模量、断裂伸长率等。了解和掌握力学性能的一般规律和特点，有助于进一步揭示结构与力学性能的内在联系。

高分子因外力作用速度不同而表现不同力学性能的状态叫作力学状态。在等速升温下，对线型非晶态聚合物施加一恒定的力，就可得到形变随温度变化的曲线，通常称之为温度-形变图或热机械曲线，如图 7-22 所示。

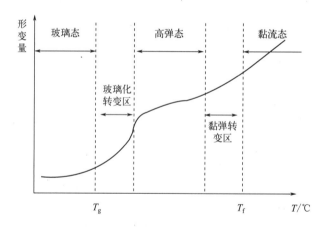

图 7-22 线型非晶态聚合物的温度-形变图

温度较低时，形变较小，只有 0.01%～0.1%，而弹性模量高达 10^{10}～10^{11} N·m^{-1}，形变瞬间完成，外力除去，形变立即恢复，这种状态与低分子玻璃相似，称为玻璃态。温度升高，形变可达 100%～1000%，外力除去后，可逐渐恢复原状。这种受力能产生很大的形变，去力后能恢复原状的性能叫高弹性，这种力学状态称为高弹态（或橡胶态）。玻璃态向高弹态转变的温度称玻璃化转变温度，通常以 T_g 表示。温度升到足够高时，高分子变成黏性液体，形变不可逆，这种状态为黏流态。高弹态与黏流态之间的转变温度为流动温度，以 T_f 表示（也称黏流温度）。

对于网状高分子，由于分子链为化学键所交联，所以不出现黏流态，如橡皮。

结晶高分子通常都存在非晶区，它在不同温度下也会产生上述三种力学状态，但随着结晶程度的不同，其宏观表现也有差别。轻度结晶高分子中，微晶类似于交联点，当温度升高时，非晶部分从玻璃态变为高弹态，但晶区的链段并不运动，使材料处于既韧又硬，类似于皮革的状态，称为皮革态。增塑的聚氯乙烯在室温下就处于这种状态。当结晶程度较高时，就难以觉察聚合物的玻璃化转变。结晶高分子熔融后，是否进入黏流态取决于分子量大小。晶态聚合物力学性能的变化如图 7-23 所示。如分子量相当大，晶区熔融后出现高弹态，这对加工成型不利。通常，在保证足够机械强度的前提下可适当降低结晶高分子的分子量。

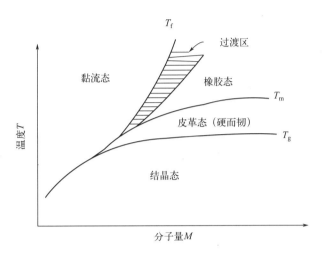

图 7-23　晶态聚合物力学性能的变化

（2）高分子力学性能特点

高聚物两大力学性能特点是具有高弹性和黏弹性。

① 高弹性。高弹性和低弹性模量是高聚物材料特有的性能之一。橡胶作为典型的高弹性材料，弹性变形率为 100%～1000%，弹性模量为 $10\sim100\text{MN}\cdot\text{m}^{-2}$，约为金属弹性模量的千分之一；而塑料因其使用状态为玻璃态，故无高弹性，但其弹性模量也远比金属低，约为金属弹性模量的十分之一。

② 黏弹性。高聚物在外力作用下，同时发生高弹性变形和黏性流动，其变形与时间有关，这一性质称为黏弹性。高聚物的黏弹性表现为蠕变、应力松弛、内耗三种现象。

蠕变是在应力保持恒定的情况下，应变随时间的延长而增加的现象。它是在恒定应力作用下卷曲分子链通过构象改变逐渐被拉直，分子链位移导致的不可逆塑性变形。蠕变实际上反映了材料在一定外力作用下的尺寸稳定性，对于尺寸精度要求高的聚合物零件，就需要选择蠕变抗力高的材料。蠕变现象与温度高低以及外力大小有关。温度过低，外力太小，蠕变小而慢，短时间内不易察觉；温度过高，外力过大，形变很快，蠕变现象也不明显。只有在 $T_g<T<(T_g+30℃)$ 范围内，蠕变现象才较为明显。

应力松弛是在应变保持恒定的情况下，应力随时间延长而逐渐衰减的现象。它是在恒定应变作用下舒展的分子链通过热运动发生构象改变而收缩到稳定的卷曲态。应力松弛的原因在于，当拉至一定长度时，样品处于受力状态，由于分子链间没有交联，链段通过分段位移直至整个分子链质心发生移动，分子链相互滑脱，产生不可逆的黏性形变，从消除弹性形变所产生的内应力。应力松弛也依赖于温度。利用应力松弛的温度依赖性可研究聚合物的转变。

内耗是在交变应力下出现的黏弹性现象。在交变应力（拉伸-回缩）作用下，处于高弹态的高分子，当其变形速度跟不上应力变化速度时，就会出现滞后现象，这种应力和应变间的滞

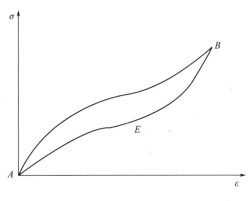

图 7-24 橡胶一次拉-压的应力-应变曲线

后就是黏弹性。图 7-24 示出橡胶一次拉-压的应力-应变曲线。当拉伸时，应力与应变沿 AB 线变化；当回缩时，则沿 BEA 线变化，因而造成橡胶在一次循环过程中能量收支不抵。拉伸时外力对它做的功，其值等于 AB 曲线下方面积，回缩时橡胶对外做功，其值等于 BEA 下方面积，二者之差称为"滞后圈"，它代表在一次循环中橡胶净得的能量，这一能量消耗于内摩擦并转化为热能的现象称为内耗。内耗大小与温度和外力作用频率有关。温度较高时，外力作用频率低，链段运动完全跟得上外力的变化，内耗很小；反之，完全跟不上，内耗也小。温度介于两者之间时，链段运动稍微滞后于外力的变化，此时内耗最大。

7.2.3.2 高分子的电学性能

高分子材料电学性能的研究在理论和应用上都具有重要意义。一方面可为工业技术部门选择材料提供数据参考，如制造电容器要介电损耗小、介电常数大的材料，绝缘仪表则要求材料电阻率高而介电损耗低，无线电遥控需要高频和超高频绝缘材料，纺织工业却要求使用导电橡胶以防静电，半导体工业则要求用性能优良的高分子半导体，等等。另一方面，通过材料的结构与电学性能关系的研究，为合成具有预定电学性能的高分子材料提供理论依据。

高分子材料的介电性与高分子本身的极性有关。按照高分子偶极距的大小，可将高分子分为四类：

非极性分子　　偶极距＝0，如聚乙烯、聚丁二烯、聚四氟乙烯等；
弱极性分子　　偶极距＜0.5D，如聚苯乙烯、天然橡胶等；
极性分子　　　偶极距＞0.5D，如聚氯乙烯、尼龙、有机玻璃等，
强极性分子　　偶极距＞0.7D，如酚醛树脂、聚酯、聚乙烯醇等。

电介质置于电场中，其分子受外电场作用，分子内电荷分布发生相应改变，偶极距增大，这种现象称为极化。分子的极化是介电性能的微观表现，而介电常数的改变才是宏观反映。介电常数亦电容率，是同一电容器中用某一物质作为电介质时的电容和其中为真空时电容的比值。电介质在交变电场中，使部分电能转变为热，这种现象称为介电损耗。引起介电损耗的主要原因有：高分子中所含催化剂、增塑剂、水分等杂质产生漏导电流，使部分电能变为热能，称为电导损耗，这是引起非极性聚合物介电损耗的主要原因；由于内摩擦阻力，偶极子转动取向滞后于交变电场的变化，偶极受迫转动，吸收部分电能转变为热，这称为偶极损耗，它是极性高分子介电损耗的主要因素。

对于高分子材料的导电性，一般认为高分子链中各原子以共价键相连接，成键电子处于束缚状态，没有自由电子或离子，从而高分子材料导电能力低，往往作为绝缘材料来使用。

20 世纪 50 年代末期，人们为了扩展高分子的应用，用改变化学结构的方法来改变其电性能，如引入共轭双键或形成电荷转移络合物等使价电子非定域化，从而制成高分子半导体、高分子导体和超导体。例如聚丙烯腈在 250～600℃ 时通过热处理得到高分子半导体共轭体系结构，如图 7-25 所示。其电导率可达 $10^{-2} \text{S} \cdot \text{cm}^{-1}$。

乙烯基乙炔经正离子催化聚合得到梯形聚合物，150～400℃ 热处理得到电导率为 $10^{-5} \text{S} \cdot \text{cm}^{-1}$ 的共轭稠环聚合物，如图 7-26 所示。

图 7-25 聚丙烯腈共轭体系结构

图 7-26 乙烯基乙炔共轭稠环结构

20世纪70年代发现聚乙炔，以后人们又陆续发现了聚苯乙炔、聚苯、聚苯胺、聚噻吩等电子导电聚合物，为功能高分子材料的应用开辟了崭新的领域。例如聚苯胺除了导电之外，还具有质子交换、氧化还原、电致变色和三阶非线性光学等性质，在塑料电池、电磁屏蔽、导电材料、发光二极管和光学器件等方面有巨大的应用前景。聚苯胺的变色性见图7-27。

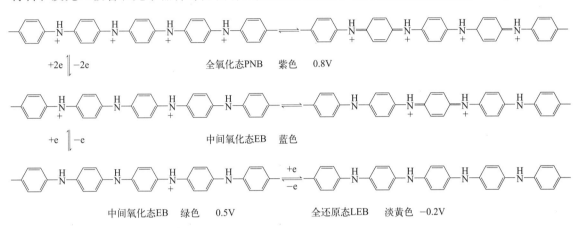

图 7-27 聚苯胺的变色性

7.2.3.3 高分子的耐热性

所谓高分子的耐热性实际上包含两个方面，即热变形性和热稳定性。前者是指高分子在一定负荷下耐热变形温度的高低，而后者则是指抵抗热分解的能力。

(1) 热变形性

受热不变形，能保持尺寸稳定性的高分子必须处于玻璃态或晶态。因此，要改善高分子的热变形性应提高其 T_g 或 T_m。从结构上考虑应增加主链的刚性，使聚合物结晶、交联。刚性和柔性是一个问题的两个方面，增加主链刚性，会使 T_g 升高；而增加高分子柔性的因素，如在全链中引入-Si-O-键等会使 T_g 降低。

高分子聚集态结构的研究表明，结构规整及具有强的链间作用力的高分子易结晶。高分子链间相互作用越大，破坏高分子链间作用所需要的能量也越大，T_m 就越高，见表7-1。

表 7-1 结构因素对 T_m 的影响

结构因素	聚合物结构	T_m/℃
主键引入氢键	$-(CH_2-CH_2)_n-$	110
	$-(NH(CH_2)_5CO)_n-$	215~223
引入强极性侧基	$-(CH_2-CH)_n-$ 　　　$\|$ 　　　CH_3	176
	$-(CH_2-CH)_n-$ 　　　$\|$ 　　　CN	317

续表

结构因素	聚合物结构	T_m/℃
结构规整性	${+C-C-O-(CH_2)_2-O+}_n$ (邻苯二甲酸酯)	63
	${+C-C-O-(CH_2)_2-O+}_n$ (对苯二甲酸酯)	264

高分子交联后不仅物理力学性能得到改善,而且耐热性也提高。一般来说,交联高分子不熔、不溶,只有加热至热分解温度以上才遭破坏。

(2) 热稳定性

高分子热稳定性的研究不仅关系到材料成型温度的选择,也关系到材料的使用寿命。利用热降解产生的碎片还可以进行聚合物化学结构的分析,因此受到广泛重视。

高分子在高温下会产生降解和交联。降解是分子链的断裂,交联则导致分子量增大。通常,降解和交联几乎同时发生,只有当某一反应占优势时,高分子才表现出降解发黏,或交联变硬。这两种反应均与化学键断裂有关,因此组成高分子链的化学键键能越大,耐热分解能力越强。为了比较不同高分子的热稳定性大小,将材料在真空中加热30min,重量损失一半所需要的温度定为半分解温度,以 $T_{1/2}$ 表示。

通过对高分子热分解的研究,目前已找到一些提高高分子热稳定性的有效途径。

① 尽量提高分子链中键的强度,减少弱键的存在。具有 C—S、C—O、C—Cl 键的高分子热稳定性较差,这可以从聚乙烯的热稳定性随着氯化程度的增加而降低来证明,如图7-28所示。同样都是 C—C 键,热稳定性随支化程度增加而降低。

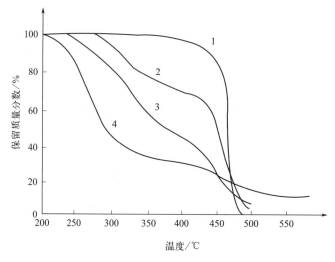

图7-28 热失重曲线(升温速率:100℃/h)
1—聚乙烯;2—氯化聚乙烯(23%Cl);3—氯化聚乙烯(46%Cl);4—聚氯乙烯

② 主链中引入较多芳杂环,减少 CH_2 的结构。

③ 合成梯形、螺形、片状结构的高分子。聚丙烯腈纤维经高温处理可制得石墨片状结构的碳纤维,其耐热性已超过钢。

④ 加入热稳定剂。热稳定剂的加入可以减缓降解的发生。聚氯乙烯受热时，沿分子链迅速脱去 HCl，产生共轭结构，导致制品变色、发硬。脱下的 HCl 又有加速上述反应的作用，故在聚氯乙烯中加入弱碱性物质，吸收 HCl，可以改善其热稳定性。常用的热稳定剂有硬脂酸铅等，因铅盐有毒，故普通聚氯乙烯薄膜不宜包装食物。如改用无毒稳定剂硬脂酸钙、硬脂酸锌等即可消除此弊端，所制得的薄膜可用于葡萄糖液等的包装。

7.2.3.4 高分子的光学性能

高聚物重要而实用的光学性能有吸收、透明度、折射、双折射、反射、内反射和散射等。它们是入射光的电磁场与高聚物相互作用的结果。高聚物光学材料具有透明、不易破碎、加工成型简便和廉价等优点，可制作镜片、导光管和导光纤维等；可利用光学性能的测定研究高聚物的结构，如聚合物种类、分子取向、结晶等；用有双折射现象的高聚物作光弹性材料，可进行应力分析；可利用界面散射现象制备彩色高聚物薄膜等。

当光线垂直地射向非晶态高聚物时，除了一小部分在高聚物-空气的界面反射外，大部分进入高聚物，高聚物内部疵痕、裂纹、杂质或少量结晶的存在会使光线产生不同程度的反射或散射，产生光雾，减少光的透过量，使透明度降低。非晶高聚物的分子链是无规线团，其所含各键的排列在各方向上的统计数量都一样，所以折射是各向同性的。但非晶高聚物经取向制成的取向高聚物，其分子内键的排列在各个方向上统计数量就不同，光线经过它时会变成传播方向和振动相位不同的两束折射光，即产生双折射现象。例如，用环氧树脂的透明浇铸块作结构件的力学模型，当在模型上加以预定的负荷后，环氧树脂的分子链在应力作用下发生取向，即从各向同性变成各向异性而产生双折射现象；在光弹性仪上用偏振光照射，利用双折射现象和光的干涉原理对结构材料进行应力分析，即可以所得到的光弹性照片为依据做出结构设计。

7.2.4 高分子的老化与稳定

（1）老化的定义与原因

高分子材料在加工使用过程中，由于受各种环境因素的作用而性能逐渐变坏，以致丧失使用价值，这种现象叫作老化。老化因素是由内因和外因构成的：外因有物理（热、光、电、高能辐射等）、化学（氧化和酸、碱、水等化学介质）、生物霉菌及加工成型的条件等因素；内因则有组成高分子材料的基本成分、高分子化学结构、聚集状态和配方条件等。高分子材料受到外界因素的影响使得大分子的分子链发生裂解，因而材料发黏变软；或者由于大分子的分子链间产生交联作用而使材料变僵变脆，丧失弹性。

（2）老化机理

一般认为老化机理主要是游离基的反应过程。当高分子材料受到大气中氧、臭氧、光、热等作用时，高分子的分子链产生活泼的游离基，这些游离基进一步引起整个高分子链的降解和交联或者侧基发生反应，最后导致高分子材料老化变质。

（3）老化的影响因素

高分子材料本身的化学结构和物理状态是高分子材料耐老化性能好坏的基本因素。譬如硅氧键结构的高分子比碳碳键结构的高分子耐老化性能好，这是因为硅氧键键能比较大，因此需要外界有较大的能量才能使硅氧键断裂。聚四氟乙烯的耐老化性能比较好，这是因为它的基本结构是由氟碳键组成的，氟碳键也是比较牢固的键，不易断裂。聚丙烯的耐热、光、氧老化性能就比较差，因为在聚丙烯结构中含有大量的叔碳原子，叔碳上的氢易被氧化所致。

其他如高分子的聚集状态、结晶度、立体构型的规整性、取向性、交联度、链的不饱和度、分子量大小和分布等情况都会影响到高分子材料的老化性能。例如热固性塑料，在它固化后因为分子结构是体型的网状结构，它的耐热老化性能就较固化前好。天然橡胶和一些合成橡胶，硫化后在高分子结构中仍存在双键，所以它们的耐热老化性能不如饱和结构的高分子化合物。支化程度大比支化程度小的聚乙烯容易老化，因为前者有较多的叔碳原子存在。叔碳原子的键是比较容易断裂的，这些支链是晶体结构被破坏的主要原因。聚乙烯一般结晶度高，支链少，耐热性能较高，但结晶度低、支链多的耐气候性又比较好。而且聚乙烯塑料的抗拉强度、断裂现象、表面硬度、弹性系数等性能都与它的分子量和结晶度有关，因此如果分子量和结晶度有了变化就会影响到聚乙烯的使用性能，这说明高分子的结构状态对于材料的耐老化性能很重要。

(4) 防老化的途径

老化是高分子材料的普遍现象，只是由于聚合物的组成结构、加工条件、使用环境等不同而老化的速率快慢不同而已。因此如何防止高分子材料的老化是高分子材料使用过程中必须解决的一项重要问题。总的来说，高分子材料的防老化途径有引入各种稳定剂、施行物理防护、改进聚合条件和聚合方法、改进加工成型工艺、改进聚合物的使用方法或进行聚合物的改性。

7.3 高分子合成

天然聚合物是在生物生长过程中逐步形成的，而人工合成的聚合物是由低分子的原料通过一系列可控制的化学反应合成的。合成材料工业的发展规模和发展速度很大程度上取决于原料单体的开发和应用，煤的干馏工业和电石工业是最早生产单体的基础。20 世纪 50 年代之后，原料从煤化学转到了石油和天然气，许多原来从煤化学发展起来的原料单体，几乎都可以用不同的工艺路线，从石油和天然气中提取。现在合成树脂的原料基本上从石油和天然气而来。例如，广泛应用的聚乙烯、聚丙烯、聚苯乙烯，其基本原料乙烯、丙烯和苯乙烯就来自于石油和天然气。

高分子材料就是以高分子化合物为主要成分的材料，由低分子原料形成高分子材料的化学反应，叫作聚合反应。聚合反应若根据单体与聚合物在分子组成与结构上的变化可分为加聚反应和缩聚反应，即 Carothers 分类法；如果按照反应机理和动力学，又可分为连锁聚合和逐步聚合，即 Flory 分类法。

Carothers 分类法中，数目众多的含不饱和键的单体进行的连续、多步的加成反应，无小分子产生，加聚物多为碳链的聚合反应称为加聚反应（加成聚合）；打开环的聚合反应称为开环聚合；通过官能团反应的聚合反应称为缩合聚合，简称为缩聚。缩合聚合总是伴随着小分子副产物生成，所得高分子的结构单元要比单体少一些原子。而加成聚合和开环聚合所得的高分子，其结构单元与单体相同。

Flory 分类法中，加成聚合属于连锁聚合，缩合聚合属于逐步聚合，而开环聚合则视单体与反应条件而异。连锁聚合的一般方式是由引发剂产生一个活性种（活性种可以是自由基、阳离子或阴离子），然后引发链式聚合，使聚合物活性链连续增长。按增长链活性中心的不同，加聚反应又可分为自由基加聚反应、阳离子加聚反应、阴离子加聚反应和配位聚合反应四种类型。逐步聚合反应通常是由单体所带的两种不同的官能团之间发生化学反应而进行的。开环聚合反应是环状单体通过打开环形成线型聚合物。其中，逐步聚合反应是高分子材料合成的重要方法之一，在高分子化学和高分子合成工业中占有重要地位。

7.3.1 缩合聚合

缩聚反应是具有两个或两个以上反应官能团的低分子化合物相互作用而生成大分子的过程。这里有反应官能团的置换-消除反应，即在生成大分子的同时生成低分子化合物，如水、氯化氢、醇等；也有加成反应，即只生成大分子而没有低分子产物（如生成聚氨酯的反应）。反应官能团常见的有氨基、羟基、羧基、异氰酸酯基等。

(1) 反应机理

缩聚反应区别于加聚反应最重要的特征是高分子链的增长是一个逐步的过程。以聚酯化反应为例，当一个二元酸分子和一个二元醇分子进行酯化反应时，生成一个一端含有羧基、另一端含有羟基，仍能继续进行酯化反应的酯分子，反应式如下：

$$HOR'OH + HOOCRCOOH \longrightarrow HOR'OCORCOOH + H_2O$$

这个酯分子可以进一步与一个二元酸或二元醇分子起酯化反应，生成含多一个酯键和 R（或 R′）基，两端都是羧基或羟基的酯分子，反应式如下：

$$HO-R'OCORCOOH + HO-R'OH \Longleftrightarrow HO-R'OCORCOO-R'OH + H_2O$$
$$HOOCRCOO-R'OH + HOOCRCOOH \Longleftrightarrow HOOCRCOO-R'OCORCOOH + H_2O$$

它们之间又可以进一步酯化，使原来含有两个酯键的分子变成含有五个酯键的更大的分子，反应式如下：

$$HO-R'OCORCOO-R'OH + HOOCRCOO-R'OCORCOOH \longrightarrow$$
$$HO-R'OCORCOO-R'OCORCOO-R'OCORCOOH + H_2O$$

这样的大分子两端仍然具有羧基和羟基，还能进一步使酯化反应进行下去，羧基和羟基逐步反应的结果，就生成了大分子的聚酯。在反应后期反应系统中单体二元酸和单体二元醇消失后，主要是低聚体的聚酯分子之间的酯化反应，生成聚酯大分子，反应式如下：

$$HO-R'O \left[CORCOO-R'O \right]_x CORCOOH + HO-R'O \left[CORCOO-R'O \right]_y CORCOOH \longrightarrow$$
$$HO-R'O \left[CORCOO-R'O \right]_{x+y+1} CORCOOH + H_2O$$

从上述反应历程可以看出在缩聚反应中聚合物分子量的增长是逐步的，并且生成的是分子量大小不一的同系物，它们的组成具有多分散性。在涤纶树脂的生产中，树脂黏度随着缩聚时间增长而逐步上升的事实，也能反映出缩聚反应中链的增长是一个逐步的过程。

(2) 分类

缩聚反应依据反应的性质可分为可逆缩聚反应和不可逆缩聚反应。

① 可逆缩聚。就可逆缩聚反应来说，其链的增长不仅是一个逐步的过程，而且是一个可逆的过程。如上面提到的酯化反应就是一个可逆反应，生成的酯还可以水解为醇和酸。在反应的初期正反应的速率比逆反应的速率大，聚酯化反应占优势，聚合物的分子量不断上升；当反应进行到一定程度，正反应速率与逆反应速率相等时，反应就到达平衡状态，分子量不再随反应时间增长而上升。要使聚合物分子量增大，必须排出低分子产物，从而破坏平衡，使反应不断朝着生成聚合物的方向进行。但是当反应到了后期，反应介质黏度相当大，低分子产物难以排出，逆反应速率加大，就会阻碍高分子量聚合物的形成。以线形聚酯的合成为例，在通常的情况下，一般聚酯的分子量较低（不超过 1 万），即使在高真空中除去低分子产物，得到的聚合物分子量也很难超过 3 万。因此，一般说来，缩聚反应产物的分子量要比加聚反应产物的分子量低。为了提高缩聚反应的分子量，首先必须严格控制反应物官能团的等当量比，任何一种组分过量都会引起产物分子量的降低。可以除去反应中生成的小分子，延长反应时间，对于吸热反应还可采用提高反应温度等措施来促使

可逆反应向着生成聚合物的方向进行。

需要指出的是,并不是所有的聚合物都是分子量越大越好。根据不同的用途,可能需要不同分子量的聚合物;另外分子量太大时也给加工带来困难。例如用界面缩聚反应生产聚碳酸酯时,若不加任何控制,分子量可达 200000,这样大的分子量很难加工。这时候,就需要对聚合物的分子量进行控制。生产上经常采用的措施有两种:一是改变原料的当量比,如在用己二酸和己二胺生产尼龙时,往往投入稍过量的己二酸,己二酸在这里既是分子量调节剂又是缩聚反应的催化剂;二是向反应体系中加入单官能团的活性物质(如一元酸、一元胺等),以此来控制缩聚产物的分子量。

② 不可逆缩聚。不可逆缩聚反应的基本特征是,在整个缩聚反应过程中聚合物不被缩聚反应的低分子产物所降解,也不发生其他的交换降解反应。

反应不可逆的原因在于:a. 不可逆缩聚反应的单体(原料)的反应活性足够大,使反应可在很低的温度下进行,在这样的条件下通常不可能发生逆反应;b. 生成的聚合物的分子结构非常稳定,在反应过程中不与低分子产物或原料发生降解反应。例如在航空航天领域中具有重要应用价值的 Kevlar-29 纤维,就是由对苯二胺与对苯二甲酰氯在二甲酰胺等极性溶剂中,用低温溶液缩聚的方法制得的。该反应为不可逆的缩聚反应。反应式如下:

$$n\text{H}_2\text{N}\text{—}\langle\text{—}\rangle\text{—NH}_2 + n\text{ClCO}\text{—}\langle\text{—}\rangle\text{—COCl} \longrightarrow \text{—}[\text{NH}\text{—}\langle\text{—}\rangle\text{—NH-CO}\text{—}\langle\text{—}\rangle\text{—CO}]_n\text{—} + 2n\text{HCl}$$

表 7-2 列出了一些不可逆缩聚反应的例子。这些聚合物因分子链中含有苯环或氢键,链比较僵硬,结晶度较高,因此具有较高的强度和耐热性,许多在航空航天领域有重要的潜在应用价值。

表 7-2 不可逆缩聚反应的例子

反应	原料	生成的聚合物
聚酯化反应	ClOCRCOCl+HOR′OH	聚酯
	ClOCArCOCl+HOArOH	聚芳酯
	ClOCRCOCl+NaOArONa	
聚酰胺化反应	ClOCRCOCl+H$_2$NR′NH$_2$	聚酰胺
	ClOCArCOCl+H$_2$NArNH$_2$	聚芳酰胺
	ClOCOROCOCl+H$_2$NR′NH$_2$	聚氨酯
氧化脱氢缩聚反应	H-Ar(CH$_3$)$_2$-OH+H-Ar(CH$_3$)$_2$-OH	聚苯醚
	C$_6$H$_6$+C$_6$H$_6$	聚苯
重合聚合反应	ArCH$_2$Ar+ArCH$_2$Ar	聚碳氢化合物
聚环化反应	O(CO)$_2$Ar(CO)$_2$O+H$_2$NRNH$_2$	聚酰亚胺
	ClOCR′COCl+H$_2$NNHCORCONHNH$_2$	聚噁二唑
	(H$_2$N)$_2$Ar(NH$_2$)$_2$+O(CO)$_2$Ar(CO)$_2$O	聚苯并咪唑

7.3.2 加成聚合

加成聚合绝大多数是由烯类单体出发,通过连锁加成作用而生成高分子的。依其反应历程的不同，可分为三大类：

7.3.2.1 自由基加聚反应

(1) 实施方法

传统自由基聚合沿用本体、溶液、悬浮、乳液四种聚合方法，下面分别对其进行详细阐述。

① 本体聚合。本体聚合，又称块状聚合，是最简单的方法，此方法是在不用其它反应介质情况下，只有单体本身在引发剂或热、光、辐射等作用下的聚合方法。在本体聚合体系中，除了单体和引发剂外，有时还可能加有少量颜料、增塑剂、润滑剂等助剂。气态、液态或固态单体均可进行本体聚合，但以液态单体为主。本体聚合的主要产品有高压聚乙烯、聚甲基丙烯酸甲酯、聚苯乙烯等。

本体聚合的优点是成分单一，设备简单，操作方便，产品纯净，透明度高，电性能好。特别适用于实验室研究，如制备少量聚合物，初步鉴定一种新单体的聚合能力及动力学研究和竞聚率测定等。本体聚合的缺点是体系黏度大，散热困难，反应温度较难控制，易局部过热，产物分子量分布较宽，聚合过程中自动加速现象很明显。因为本体聚合不加入溶剂，在聚合转化率不高时体系黏度就很大，而使长链自由基扩散困难，从而出现自动加速效应。

解决控制反应的关键是排出聚合热。聚合工艺中常采取以下方法解决：

a. 调节反应速率及降低反应温度而加入一定量的专用引发剂。

b. 采用较低的反应温度，使放热缓和。

c. 反应进行到一定转化率反应体系黏度不太高时，就分离聚合物。

d. 分段聚合，控制转化率和自动加速效应，使反应热分成几个阶段均匀放出。

e. 改进和完善搅拌器和传热系统以利于聚合设备的传热。

f. 采用"冷凝态"进料及"超冷凝态"进料，利用液化了的原料在较低温度下进入反应器，直接同反应器内的热物料换热。

g. 加入少量内润滑剂以改善流动性。

② 溶液聚合。溶液聚合是将单体、引发剂或催化剂溶于适当的溶剂中进行的聚合方法。生成的聚合物能溶于溶剂的叫均相溶液聚合，如丙烯腈在二甲基甲酰胺中的聚合。聚合物不溶于溶剂而析出的，称异相溶液聚合，如丙烯腈的水溶液聚合。

溶液聚合的优点是体系黏度低，传热快，聚合热还可以靠冷凝溶剂带走，所以温度容易控制，低分子物易除去，能消除自动加速现象。缺点是单体浓度较低，聚合速率较慢，设备生产能力和利用率较低；单体浓度低和向溶剂链转移的结果，使聚合物分子量较低；使用有机溶剂时增加成本、污染环境；溶剂分离回收费用高，除尽聚合物中残留溶剂困难。所以工业上只有当采用其他聚合方法有困难时，或者聚合物溶液可直接使用时才使用，如涂料、胶黏剂和合成纤维纺丝液等。

已经工业化的溶液聚合有乙酸乙烯酯在甲醇中聚合再醇解制聚乙烯醇，丙烯腈在二甲基甲酰胺或浓硫氰酸钠溶液中聚合制聚丙烯腈纺丝液，丙烯酸酯在芳烃等溶剂中聚合制涂料或黏合剂等。由于离子型聚合和配位聚合的催化剂能与水反应，不能采用悬浮聚合或乳液聚合，而主要采用溶液聚合，如低压聚乙烯、聚丙烯在加氢汽油中，顺丁橡胶在芳烃或烷烃中，丁基橡胶在氯仿中等的溶液聚合。为了避免链转移，往往需要在低温下聚合。

③ 乳液聚合。乳液聚合是单体和水在乳化剂作用下形成的乳状液中进行聚合反应的一种聚合物生产方法。反应体系主要由单体、水、乳化剂、引发剂和其他助剂所组成，所得聚合物颗粒的直径约为 $0.05\sim0.2\mu m$。目前生产中，乳化剂可以采用阴离子型、阳离子型、非离子

型、两性离子型，单体为乙烯基或二烯烃单体烯烃类及其衍生物。

乳液聚合的优点是以水作分散介质，价廉安全，比热容较高，乳液黏度低，有利于搅拌传热和管道输送，便于连续操作；同时生产灵活，操作方便，可连续可间歇；聚合速率快，同时产物分子量高，可在较低的温度下聚合。可直接应用的胶乳，如水乳漆、黏结剂、纸张、皮革、织物表面处理剂更宜采用乳液聚合。乳液聚合物的粒径小，不使用有机溶剂，干燥中不会发生火灾，无毒，不会污染大气。

其缺点是需合成固体聚合物时，乳液需经破乳、洗涤、脱水、干燥等工序，生产成本较高；产品中残留有乳化剂等，难以完全除尽，有损电性能、透明度、耐水性能等；聚合物分离需加破乳剂，如盐溶液、酸溶液等电解质，因此分离过程较复杂，并且产生大量的废水；直接进行喷雾干燥需大量热能；所得聚合物的杂质含量较高。

工业上乳液聚合主要用于合成橡胶（如氯丁橡胶、丁苯橡胶和丁腈橡胶等）和树脂（如ABS树脂、聚氯乙烯）的生产。

④ 悬浮聚合。悬浮聚合是将单体在强烈机械搅拌及分散剂的作用下分散、悬浮于水相当中，同时经引发剂引发聚合的方法。悬浮聚合体系中，单体一般作为分散相，水一般为连续相。其反应机理与本体聚合相同，可看作是小粒子的本体聚合，因此也存在自动加速现象。同样，根据聚合物在单体中的溶解情况，也可分为均相聚合（如苯乙烯、甲基丙烯酸甲酯）和沉淀聚合（如氯乙烯）。均相聚合可得透明状珠体，沉淀聚合得到的产物为不透明粉末。悬浮聚合制得的粒子直径约在 0.001~2mm 范围内。

常用的分散剂分为两类。一类是不溶于水的无机盐粉末，如高岭土、石灰石和钙、镁、钡的碳酸盐、硅酸盐、磷酸盐、硫酸盐等。它们附着在液滴表面，起到机械隔离和防止黏结的作用。另一类是溶于水的有机高分子，如明胶、蛋白质、淀粉、藻酸盐等天然胶体，部分水解的聚乙烯醇、甲基纤维素、羟丙基纤维素等纤维素衍生物以及顺丁烯二酸酐与苯乙烯或乙酸乙烯酯共聚物的盐类等。它们吸附在液滴表面，形成溶剂化层，起保护胶体的作用。

悬浮聚合的优点是以水为分散介质，价廉、不需要回收、安全、易分离；悬浮聚合体系黏度低，温度易控制，产品质量稳定；由于没有向溶剂的链转移反应，其产物分子量一般比溶液聚合的高；与乳液聚合相比，悬浮聚合产物上吸附的分散剂量少，有些还容易脱除，产物杂质较少；颗粒形态较大，可以制成不同粒径的颗粒粒子。聚合物颗粒直径一般在 0.05~0.2mm，有些可达 0.4mm，甚至超过 1mm。缺点是工业上采用间歇法生产，而连续法尚未工业化；反应中液滴容易凝结为大块，而使聚合热难以导出，严重时造成重大事故；悬浮聚合目前仅用于合成树脂的生产。

工业上用悬浮聚合生产的主要有聚氯乙烯、聚苯乙烯、聚甲基丙烯酸甲酯、聚偏二氯乙烯和聚四氟乙烯等。

综上所述，对自由基聚合实施方法所用原材料及产品形态总结如表 7-3 所示。

表 7-3 自由基聚合实施方法所用原材料及产品形态

聚合方法	所用原材料				产品形态
	单体	引发剂	反应介质	助剂	
本体聚合	√	√			粒状树脂、粉状树脂、板、管、棒材等
乳液聚合	√	√	H_2O	乳化剂等	聚合物乳液高分散性粒状树脂、合成橡胶胶粒
悬浮聚合	√	√	H_2O	分散剂等	粉状树脂
溶液聚合	√	√	有机溶剂	分子量调节剂	聚合物溶液 粉状树脂

(2) 反应机理

自由基加聚反应主要用于乙烯基单体和二烯烃类单体的聚合或共聚，所得线型高分子量聚合物分子结构的规整性较差。自由基聚合时引发剂先形成活性种，活性种打开单体的π键，与之加成，形成单体活性种，而后进一步不断与单体加成，促使链增长。最后，增长着的活性链失去活性，反应终止。总结起来，自由基加聚反应主要包括链引发、链增长、链转移和链终止四个步骤。下面以含有双键的烯烃类的合成来说明这个过程。

① 链引发。链引发反应是自由基加聚反应历程中链的开始。烯烃类单体在热、光或辐射能作用下，有可能形成自由基进行聚合，但常采用引发剂来提供自由基。所谓引发剂是指在聚合反应中，外加的活性较大的化合物，在热或辐射的激发时，容易均裂为自由基，从而使加聚反应得以进行的物质。

常用的引发剂有过氧化物（如过氧化二苯甲酰和过硫酸盐）、偶氮化合物（如偶氮二异丁腈）和氧化-还原引发体系。它们分别含有的-O-O-键和-C-N-键都是弱键，在聚合温度下，容易均裂为自由基，形成初级自由基。过氧化二苯甲酰的均裂如下：

$$C_6H_5\overset{O}{\underset{\|}{C}}-O-O-\overset{O}{\underset{\|}{C}}C_6H_5 \longrightarrow 2C_6H_5\overset{O}{\underset{\|}{C}}-O\cdot$$

初级自由基很活泼，很容易和单体进行加成，形成单体自由基，这个过程叫链引发。例如工业上合成聚氯乙烯时，常用过氧化二苯甲酰（R·）引发，引发反应式如下：

$$R\cdot + CH_2=\underset{Cl}{CH} \longrightarrow R-CH_2-\underset{Cl}{\overset{H}{C}}\cdot \text{（RM·）}$$

在实际使用过程中，过氧化物类的引发剂存在不稳定性，如过氧化二烷基化合物，烷基为直链结构不稳定；过酸化合物受热时易爆炸，常温可分解出O_2；过氧化二酰基化合物纯粹状态下受热或受碰撞时，可引起爆炸；过氧化碳酸酯对热、摩擦、碰撞都很敏感，不能蒸馏，要求在低温（10℃以下）下贮存；此外，在还原剂存在下，过氧化氢、过硫酸盐和有机过氧化物的分解活化能显著降低。所以，低温或常温条件下进行自由基聚合时，常采用过氧化物-还原剂的混合物作为引发体系。因此，在选择引发剂时，应根据以下几点进行考虑：

a. 根据聚合方法选择适当溶解性能的水溶性或油溶性的引发剂；
b. 根据聚合操作方式和反应温度选择适当分解速率的引发剂；
c. 根据分解速率常数选择引发剂；
d. 根据分解活化能选择引发剂；
e. 根据引发剂的半衰期选择引发剂。

② 链增长。在链引发阶段形成的单体自由基，具有很高的活性，能打开第二个烯烃类分子M的π键，形成二聚体自由基，二聚体自由基继续和其它单体分子结合成单元更多的链自由基，这个过程称为链的增长反应。如：

$$RM\cdot \xrightarrow{M} RMM\cdot \xrightarrow{M} RMMM\cdot \longrightarrow \cdots\cdots$$

③ 链转移。在自由基加聚过程中，链自由基可以把活性基（单电子）转移到单体、溶剂或大分子上去，使它们成为新的自由基，而本身变成稳定的大分子，加聚反应可以继续下去，因此这种反应称为链转移反应。

a. 向单体转移：

$$\sim\sim CH_2-\overset{\bullet}{\underset{Cl}{CH}} + CH_2=\underset{Cl}{CH} \longrightarrow \sim\sim CH=\underset{Cl}{CH} + CH_3-\overset{\bullet}{\underset{Cl}{CH}}$$

b. 向大分子转移。在加聚反应后期，大分子数量多，单体余存量少，向大分子转移的机会就较多。链转移的结果会产生聚合物的支化和交联，反应点多发生在大分子链节的叔碳原子上：

$$\sim\sim CH_2-\overset{\bullet}{\underset{Cl}{C}} + H-\underset{\underset{\sim\sim}{CH_2}}{\overset{H}{C}}-Cl \longrightarrow \sim\sim CH_2-\underset{Cl}{CH_2} + \cdot\underset{\underset{\sim\sim}{CH_2}}{\overset{}{C}}-Cl \begin{matrix} \nearrow 支化 \\ \searrow 交联 \end{matrix}$$

c. 向溶剂或其他杂质转移。例如在氯乙烯单体中存在少量乙炔杂质，可以与自由基发生链转移反应：

$$\sim\sim CH_2-\overset{H}{\underset{Cl}{C}}\cdot + HC\equiv CH \longrightarrow \sim\sim CH=\underset{Cl}{CH} + CH_2=\overset{\bullet}{\underset{H}{C}}$$

④ 链终止。链自由基失去活性形成稳定聚合物分子的反应为链终止反应。当两个自由基相遇时，极易反应而失去活性，形成稳定分子，该过程为双基终止。链自由基以共价键相结合，形成饱和高分子的反应称双基结合；链自由基夺取另一链自由基相邻碳原子上的氢原子而互相终止的反应称双基歧化。例如：

$$\sim\sim CH_2-\overset{H}{\underset{Cl}{C}}\cdot + \sim\sim CH_2-\overset{H}{\underset{Cl}{C}}\cdot \begin{matrix} \nearrow \sim\sim CH_2-\underset{Cl}{CH}-\underset{Cl}{CH}-CH_2 \sim\sim \quad (双基结合) \\ \searrow \sim\sim CH_2-\underset{Cl}{CH_2} + \underset{Cl}{CH}=CH \sim\sim \quad (双基歧化) \end{matrix}$$

7.3.2.2 离子加聚反应

离子加聚反应和自由基加聚反应相似，也分为链引发、链增长和链终止等几个步骤。离子加聚反应可以分为阳离子加聚反应和阴离子加聚反应。

阳离子加聚反应是利用催化剂进行链引发反应，催化剂相当于自由基加聚反应中所用的引发剂。常用的催化剂可归纳为三大类：含氢酸，如 $HClO_4$、H_2SO_4、HCl 和 CCl_3COOH 等；金属卤化物，如 $FeCl_3$、$ZnCl_2$ 等；有机金属化合物，如 $Al(CH_3)_3$ 等。不同的催化剂对所引发的单体有强烈的选择性。

阴离子加聚反应常用碱作催化剂（NaOH、醇钠 NaOR、氨基钠 $NaNH_2$），另外还有金属锂、有机锂（如 C_4H_9Li）等，它们都能提供有效的阴离子去引发单体。

7.3.2.3 配位聚合反应

配位聚合反应是一种新型的加聚反应，1955 年 Ziegler 以 $TiCl_4$ 和 $Al(C_2H_5)_3$ 的混合物为催化剂进行乙烯的聚合，合成了高密度聚乙烯；继此之后，Natta 等以 $TiCl_4$ 和 $Al(C_2H_5)_3$ 的混合物作为催化剂进行丙烯的聚合得到了结晶性聚丙烯，X 射线的结构分析显示这一聚丙烯具有规整性的结构，这就是 Ziegler-Natta 催化剂配位聚合的开始。用此法生产低压聚乙烯，压力在 $0.2\sim1.5MPa$，温度在 $60\sim90℃$，较之高压聚乙烯需在 $100\sim200MPa$ 和 $200℃$下用自由基加聚的反应条件要容易多了。更有意义的是，像丙烯这样一个石油化工领域中重要的单体，用自由基聚合法无论是在通常条件还是高温高压条件下也得不到聚丙烯，用配位聚合法却在与低压聚乙烯类似的条件下，便可顺利地生产出聚丙烯，并在产量上成为当代的主要塑料之一。

配位聚合反应链增长的机理，是先由烯烃（或二烯烃）单体的C=C双键与配位催化剂中活性中心的过渡元素原子（如Ti、V、Cr、Mo、Ni等）空的d轨道进行配位，然后进一步发生移位，使链节增长，如此相继进行，迅速产生大分子。配位聚合反应的活性中心既不是带单独电子的自由基，也不是带电荷的离子，而是催化剂中含有烷基的过渡元素的空的d轨道。单体能在空的d轨道上配位而被活化，随后烷基及双键上的电子对发生移位，得以链增长，所以叫作配位聚合。

配位聚合有一重要的特点就是，由烯烃或二烯烃产生的聚合物的链节排列具有立体构型的规整性，包括有规立构和几何立构。聚合物的支链少，结晶度高，软化点和机械强度也比自由基聚合时所得到的同类聚合物高。在配位聚合的链增长时，单体先与催化剂的活性中心进行的配位反应是具有立体定向性的，使链增长后的每一个大分子链节的排列也就有了立体定向性，故配位聚合又叫定向聚合。应该指出，不是所有的单体都能进行配位聚合，目前适于配位聚合的单体仅限于烯烃和二烯烃类，如1-丁烯、苯乙烯、丁二烯、异戊二烯等。

7.4 三大高分子材料

由前面章节的叙述，可知高分子材料结构的复杂性，正是这种结构的异常复杂性或多样性，赋予了聚合物材料在性能变化上的无限可能，从而拓展了聚合物材料越来越广阔的应用领域。高分子材料由于用途不同，可分为纤维、橡胶、塑料、黏合剂、涂料等。其中，塑料、橡胶、纤维常称为三大高分子材料。下面就对这三类高分子材料进行详细介绍。

7.4.1 塑料

塑料工业迄今已有140多年的历史，其发展历程可分为三个阶段：首先是天然高分子加工阶段，这个时期以天然高分子，主要是纤维素的改性和加工为特征。当时化学工业最发达的德国迫切希望摆脱大量依赖天然产品的局面，以满足多方面的需求，这些因素有力地推动了合成树脂制备技术和加工工业的发展，此时进入到第二阶段。随后又合成出了聚苯乙烯、聚氯乙烯、脲醛树脂、有机玻璃、聚乙烯和聚丙烯等塑料原料。第三个阶段是大发展阶段，也是当下正处的阶段，这个阶段产量迅速猛增，其特点是由单一的大品种通过共聚或共混改性，发展成系列品种。如聚氯乙烯除生产多种牌号外，还发展了氯化聚氯乙烯、氯乙烯-醋酸乙烯共聚物、氯乙烯-偏二氯乙烯共聚物、共混或接枝共聚改性的抗冲击聚氯乙烯等。不仅如此，还开发了一系列高性能的工程塑料新品种如聚甲醛、聚碳酸酯、ABS树脂、聚苯醚、聚酰亚胺等。另外，广泛采用增强、复合与共混等新技术，赋予塑料以更优异的综合性能，扩大了应用范围。

7.4.1.1 塑料的分类

塑料以聚合物为基本原料，聚合物的结构决定了塑料的主要性能。因聚合物结构上的差异，塑料有了多种分类，例如按塑料的物理化学性能可分为热固性塑料和热塑性塑料：

① 热塑性塑料。所谓热塑性塑料，是塑料热加工过程只是一个物理变化的过程，熔融体冷却成为固体后，继续加热，又能成为熔融体，这种过程可重复多次而性能不发生本质的变

化。如聚乙烯塑料、聚丙烯塑料、聚苯乙烯塑料和聚氯乙烯塑料等。它们具有多种用途,可制成板材、管材、薄膜和包装材料等,故也称为通用塑料。

② 热固性塑料。热固性塑料是塑料热加工过程中发生了化学变化,分子间形成了共价键成为体型分子。在冷却之后继续加热,体型结构没有改变,分子链没有了移动的能力,因此不能软化和熔融成黏流态。如果进一步升高温度,只能导致共价键的破坏,从而改变了原材料的化学结构。如酚醛塑料、环氧塑料等。

按塑料用途可分为通用塑料、工程塑料和特种塑料：

① 通用塑料。一般指产量大、用途广、成型性好、价廉的塑料。如聚乙烯、聚丙烯、聚氯乙烯等,大量用在杂货、包装、农用等方面。

② 工程塑料。一般指能承受一定的外力作用,并有良好的力学性能和尺寸稳定性,在高、低温下仍能保持其优良性能,可以作为工程构件的塑料。如聚酰胺、聚甲醛、聚碳酸酯、ABS树脂、尼龙、聚苯醚、聚对苯二甲酸二丁酯和聚砜等。

③ 特种塑料。一般指具有特种功能（如耐热、自润滑等）,应用于特殊要求的塑料,如氟塑料、有机硅等。这类塑料产量少,价格较贵,只用于特殊需要场合。

7.4.1.2 塑料的加工

聚合物粉状或粒状的原料,包括添加剂,通过相关的成型设备,并在严格的工艺条件控制下,塑制成为具有一定形状、结构和使用价值的塑料制品,这一加工过程称为塑料加工。常见的塑料加工方法有压制成型、注射成型、挤出成型和中空吹塑成型等。

塑料的主体聚合物原料在之前的章节中已详细讲述,这里补充讨论添加剂。塑料的添加剂种类极为繁多,其选用和添加量主要视聚合物的性质、加工方法、加工条件和产品使用要求而定。选用添加剂的目的主要有：以相对廉价的助剂添加于聚合物中,可增大体积,降低成本,如填充剂；改善加工性能,有利于加工过程,防止加工过程中的性能变化,如稳定剂；改善和提高使用性能,包括强度、模量、韧性、硬度、耐磨性能、耐候性、耐热性等,如纤维增强剂；赋予新的功能,如赋予色彩、导电性、磁性、阻燃性等。

除主体聚合物原料和添加剂外,塑料加工涉及三个基本要素,包括：成型设备、成型方法和成型模具。塑料制品是通过相应的成型设备来加工的,不同的成型方法需要不同的成型设备。成型设备应当满足塑料成型的要求,能够通过控制温度和压力,变化原料的形态,使原料依次完成混合、塑化、流动、输送、成型、冷却这一过程；成型方法是由材料性质、制品的形状和用途等因素决定的,而工艺条件则要求能控制原料形态的变化,使原料的加工性能在变化的各个环节上处于最佳,完成加工过程,保证成品良好的内在性能和外观质量；成型模具的作用是,通过精确设计的模具结构,赋予制品以所需的形状和结构,并满足使用性能方面的要求。设备、工艺和模具均有相应的专业课程进行介绍,这里不再详述。

7.4.2 橡胶

橡胶是有机高分子材料之一,由于其柔软而富有弹性,成为民用、军用及各种工业场合不可缺少的材料。橡胶与塑料的区别在于,橡胶能在大变形下迅速而有力地恢复其变形。硫化后的橡胶在室温下被拉伸到原长的2倍并保持1min后撤掉外力,它能在1min内恢复到原长的1.5倍以下。其最大的特点是具有高弹性、黏弹性、电绝缘性和缓震减震作用,另外,具有独特的老化现象。但橡胶必须经过硫化才能具有上述优良性能,未经硫化的橡胶综合性能较差,不具备使用价值。

7.4.2.1 橡胶的分类

橡胶的种类很多,其分类的方法也很多,但大致分类可参照图 7-29 所示,将橡胶分为天然橡胶和合成橡胶两大类,下面将对这两大类进行详细阐述。

(1) 天然橡胶

天然橡胶是橡树上流出的白色胶乳,经过凝固、干燥、加压等工序制成生胶,橡胶含量在 90% 以上。其主要成分是异戊二烯,是一种不饱和状态的天然高分子化合物。虽然合成橡胶不断地发展,但是天然橡胶仍在综合性能、价格、生产能力等方面继续发挥着它的长处。

图 7-29 橡胶的分类

天然橡胶有较好的弹性,弹性模量约为 $3\sim6\mathrm{MN\cdot m^{-2}}$,有较好的力学性能,硫化后拉伸强度为 $17\sim29\mathrm{MN\cdot m^{-2}}$,有良好的耐碱性,但不耐浓强酸,还具有良好的电绝缘性。但是其缺点是耐油性差,耐臭氧老化性差,不耐高温。广泛应用于制造轮胎等橡胶工业。

(2) 合成橡胶

合成橡胶是一类合成弹性体,目前世界合成橡胶产量已大大超过天然橡胶。合成橡胶的种类很多,按其用途可分为两类。

一类为通用合成橡胶,其性能与天然橡胶相近,主要用于制造各种轮胎及其他工业品(如运输带、胶管、垫片、密封圈、电线电缆等)、日常生活用品(如胶鞋、热水袋等)和医疗卫生用品等。丁苯橡胶、顺丁橡胶、氯丁橡胶、丁腈橡胶、乙丙橡胶、丁基橡胶和异戊橡胶是通用合成橡胶的七个主要品种。其中产量最大的是丁苯橡胶,约占合成橡胶的 50%;其次是顺丁橡胶,约占 15%。

另一类是特种合成橡胶,具有耐寒、耐热、耐油、耐腐蚀、耐辐射、耐臭氧等某些特殊性能,用于制造在特定条件下使用的橡胶制品。如耐老化的乙丙橡胶、耐油的丁腈橡胶、不燃的氯丁橡胶、透气性小的丁基橡胶等。

通用合成橡胶和特种合成橡胶之间并没有严格的界线,有些合成橡胶兼具上述两方面的特点。此外,还有不用化学方法交联,而是利用高分子链间的作用力交联的热塑性弹性体,如 SBS 橡胶(苯乙烯-丁二烯-苯乙烯三嵌段共聚物),它可用塑料加工方法模塑制成各种形状的橡胶制品。

7.4.2.2 橡胶的加工

橡胶的加工可根据橡胶制品的形态不同,分为干胶制品生产和胶乳制品生产两大类。本小节主要介绍干胶制品的生产。

干胶制品生产加工的对象是固态的弹性体,其生产过程包括塑炼、混炼、压延、硫化四个步骤:塑炼的目的主要是为了获得适合各种加工工艺要求的可塑性,即降低生胶的弹性,增加可塑性,获得适当的流动性,使橡胶与配合剂在混炼过程中易于混合分散均匀,同时也有利于胶料进行各种成型操作。混炼就是将各种配合剂与可塑度合乎要求的生胶或塑炼胶在机械作用下混合均匀,制成混炼胶的过程。混炼是橡胶加工中最重要的工艺过程之一,制造出的混炼胶要求能保证橡胶制品具有良好的力学性能和加工工艺性能。因此,混炼过程的关键是使各种配合剂能完全均匀地分散在橡胶中,保证胶料的组成和各种性能均匀一致。橡胶的压延是指将混炼胶在压延设备上制成胶片或与骨架材料制成胶布半成品的工艺过程。其工艺包括压片、压型、贴胶和擦胶、贴合等作业。橡胶的压延仍然是橡胶半成品的成型过程，所得的橡胶半成品必须经过后续硫化反应才能最终成为制品。橡胶的硫化从微观上可解释为，在加热条件下，胶料中的生橡胶与硫化剂发生化学反应（即交联反应），使橡胶由线型结构的大分子交联成立体网状结构的大分子，从而使橡胶胶料的物理-力学性能和化学性能都发生了明显的改变和质的飞跃，以满足工程应用的工艺过程。

7.4.3 纤维

7.4.3.1 纤维的分类

凡是能保持长度比本身直径大 100 倍的均匀条状或丝状的高分子材料均称为纤维。纤维包括天然纤维和化学纤维两大类。

(1) 天然纤维

常见的天然纤维有棉、羊毛、蚕丝和麻等。棉和麻的主要成分是纤维素。棉纤维是外观扭曲的空心纤维，其保暖性、吸湿性和染色性好，纤维间抱合力强，所以纺纱性能好。羊毛由两种吸水能力不同的成分所组成，表面有鱼鳞状的鳞片层，其主要成分是蛋白质（角朊），所以是蛋白质纤维。羊毛具有稳定的卷曲性、良好的蓬松性和弹性。蚕丝主要成分也是蛋白质（丝胶和丝素），同属天然蛋白质纤维。蚕丝由两根呈三角形或半椭圆形的单根纤维外包丝胶组成，其横截面呈椭圆形。蚕丝具有柔和的光泽和舒适的手感。

(2) 化学纤维

化学纤维包括人造纤维和合成纤维两部分。

人造纤维是由天然高分子物质即自然界中的材料经化学处理而制得的。再生纤维是人造纤维最大众的产品，其中黏胶纤维产量最大，应用最广，是最主要的品种。黏胶纤维是一种再生纤维素纤维，因而某些性能与棉纤维相似，如吸湿性和染色性好，宜用作衣着纤维。但由于纤维素在制造过程中经受了一系列化学处理，致使所得黏胶纤维的聚合度和取向度均较天然棉纤维低，这就使黏胶纤维浸水后的体积膨胀率高，湿态强度低，缩水率大。如改变工艺，可制得取向度高、结构均匀的富强黏胶纤维，俗称富纤。它比普通黏胶纤维的性能要优良得多。在工业上，黏胶纤维可作轮胎帘子线。在民用方面，黏胶纤维长丝就是人造丝，毛型黏胶短纤维俗称人造毛，棉型黏胶短纤维俗称人造棉。

合成纤维是以石油、煤和天然气为原料，用化学合成方法制成的纤维。世界合成纤维品种繁多，差不多每年以 20% 的增长率发展，其产量也超过了人造纤维的产量。合成纤维强度高、耐磨、保暖，不会发生霉烂，大量用于工业生产以及各种服装等。产量最多的有六大品种，聚酯、尼龙、聚丙烯腈、聚乙烯醇缩醛、氯纤维和聚烯烃，约占合成纤维产量的 90% 以上。其中前三种被称为三大合成纤维，产量最大。

7.4.3.2 纤维的加工

化学纤维的纺丝方法主要有熔融纺丝和溶液纺丝两大类：熔融纺丝是在熔融纺丝机中进行的，其生产工艺过程是将高聚物加热熔融制成熔体，通过纺丝泵打入喷丝头，并由喷丝头喷成细流，再经冷凝而成纤维。凡能加热熔融或转变为黏流态而不发生显著分解的成纤聚合物，均可采用熔融纺丝法进行纺丝，如涤纶、锦纶、丙纶都是通过熔融纺丝而制成的。溶液纺丝是指将聚合物制成溶液，经过喷丝板或帽挤出形成纺丝液细流，然后该细流经凝固浴凝固形成丝条的纺丝方法。按凝固浴不同又可分为干法纺丝和湿法纺丝。工业上熔融纺丝用得最多，其次是湿法纺丝，而干法纺丝用得最少。

7.5 超吸水高分子材料

(1) 定义与特点

用棉花、纸张、海绵、泡沫塑料等作吸水材料由来已久，这些都是吸水性高分子材料，不过它们只能吸收自身质量 20 倍左右的水，并且保水能力相当差。所谓超吸水高分子材料，是指能吸收自身质量几百倍乃至上千倍水分的吸附树脂，它属于功能高分子材料范畴。它同时具有吸水量大和保水性强两大特点，即所吸入的水在适当的压力下也不会被挤出。这是传统的吸水材料所无法比拟的。

高吸水性树脂的研究与开发只有几十年的历史。我国是从 20 世纪 80 年代才开始高吸水性树脂研究的，1982 年中国科学院化学所在国内最先合成出聚丙烯酸钠类树脂，直至目前国内研究高吸水性树脂一直是一个热点，每年有大量的文献报道，已有专利几十项。但这些多是基础性研究，在应用研究和工业化生产方面与国外尚有很大的差距。

其具有重要的应用和经济价值（如作用尿不湿等卫生用品和农用保水剂），但是公开发表的文献数量不多，故许多有关制备方法和作用机理方面的研究目前尚无法获得完整资料。

超吸水高分子材料从结构上来说主要具有以下特点：

① 分子中具有强吸水基团，如-OH 基、-COOH 等，高分子能够与水分子形成氢键或其它化学键，因此对水等强极性物质有一定表面吸附能力；

② 高分子具有特殊的立体结构，有利于吸水后保持一定机械强度，保持水分；

③ 高分子应该具有较高的分子量，分子量增加，溶解度下降，吸水后的机械强度也增加，同时吸水能力也可以提高。

(2) 分类

目前已经有淀粉类、纤维素类、聚丙烯酸和聚乙烯醇系列。

① 淀粉类。淀粉是一种原料来源广泛、种类多、价格低廉的多羟基天然化合物。与淀粉进行接枝共聚反应的单体主要是亲水性和水解后变成亲水性的乙烯类单体。目前合成高吸水性树脂通常采用的是自由基型接枝共聚。

② 纤维素类。纤维素原料来源广泛，能与多种低分子反应，是近十年来高吸水性树脂发展的一个方面。纤维素具有与淀粉相类似的分子结构，将纤维素羧甲基化制备的羧甲基纤维素，经过适当的交联可以得到具有类似功能的吸水性高分子材料。

③ 聚丙烯酸系列。现在除了用天然产物淀粉、纤维素作原料外，还开发了以聚丙烯酸、聚乙烯醇、聚丙烯酰胺、醋酸乙烯酯共聚物等为原料合成的超吸水材料。它的种类很多，且随着研究的深入，也越来越多。主要有聚丙烯酸类、聚丙烯醇类等，其中以聚丙烯酸类最重要。

④ 聚乙烯醇系列。聚乙烯醇是亲水性较强的聚合物，乙烯醇与丙烯酸的共聚物具有较好的吸水功能。如将聚乙酸乙烯酯-甲基丙烯酸甲酯共聚物水解，转化为亲水性的含羟基和羧基的聚合物，这种聚合物就是吸水性高分子材料的主要成分。乙烯醇与马来酸酐共聚，也可以得到类似聚合物。

超吸水高分子材料的分类见表 7-4 所示。

表 7-4　超吸水高分子材料的分类

分类	类别
按原料分类	(1) 淀粉类：接枝、羧甲基化 (2) 纤维类：羧甲基化 (3) 合成聚合物系列：聚丙烯酸类、聚乙烯醇类、聚氧乙烯类
按亲水性分类	(1) 亲水单体的集合 (2) 疏水性聚合物进行羧甲基化反应 (3) 疏水性聚合物进行亲水性单体的接枝聚合 (4) 腈基、酯基基团的水解反应
按交联方法分类	(1) 加交联剂进行网状化反应 (2) 由本体交联进行网状化反应 (3) 通过辐射交联进行网状化反应 (4) 向水溶液聚合物引入疏水基或结晶结构
按制品形态分类	(1) 粉末状 (2) 纤维状 (3) 片状

7.6　离子交换树脂

(1) 定义与特点

离子交换树脂是具有分离与吸附功能的功能高分子材料。离子交换树脂由三部分组成：一是网状结构的高分子骨架，二是连接在骨架上的功能基团，三是和功能基团带相反电荷的可交换离子。三者互为依存，统一于每粒离子交换树脂的珠体之中。自从 1935 年离子交换树脂问世以来，得到很大的发展。离子交换树脂的应用几乎涉及各个工业部门，主要用于离子分离、溶液的浓缩和净化、硬水的软化、高纯水的制备、废水处理、食品精制、原子能工业中铀的提取、裂变产物的分离、抗生素的提取。此外还用作某些反应的催化剂、酶和药物的载体，而离子交换膜是近期膜分离技术领域中重要新型材质之一。

离子交换树脂的优点是：无机离子的去除能力优良，具有再生能力，装置简单。其缺点是纯化容量有一定的限制，水质会发生起伏；树脂会造成有机物的溶出；树脂表面会有微生物的增殖；树脂的崩解碎片会造成水中微粒的增加；树脂再生过程比较麻烦。

(2) 分类

根据孔隙结构分类，离子交换树脂可分为凝胶型和大孔型。凝胶型树脂的高分子骨架在干燥情况下内部没有毛细孔，在吸水时形成微细孔隙。大孔型树脂内部的孔隙又大又多，表面积很大，活性中心多，离子扩散速度快，离子交换速度也很快，约是凝胶型树脂的 10 倍。

根据所带功能基团的特性，离子交换树脂可分为阳离子交换树脂、阴离子交换树脂和其它树脂。带有酸性功能基团，并能与阳离子进行交换的称为阳离子交换树脂；带有碱性功能基团并能与阴离子进行交换的称为阴离子交换树脂；带有螯合基、氧化还原基团的树脂，分别称为螯合树脂和氧化还原树脂。

① 阳离子交换树脂。阳离子交换树脂实质上是一种高分子酸，基于树脂母体所带功能基团酸性强弱不同可分为强酸性（-SO_3H）、中强酸（-PO_3H_2）及弱酸性（-COOH）离子交换树脂。

离子交换树脂的合成有两条路线，一种是将原料单体先进行聚合或缩聚，再向聚合物上引入功能基团，例如常用的聚苯乙烯磺酸型树脂，反应式如下：

$$\underset{}{\text{CH=CH}_2} + \underset{\text{CH=CH}_2}{\text{CH=CH}_2} \longrightarrow -\text{CH-CH}_2\text{-CH-CH}_2- \xrightarrow[\text{磺化}]{\text{H}_2\text{SO}_4} -\text{CH-CH}_2\text{-CH-CH}_2-$$

（强酸性阳离子交换树脂）

另一种是将官能团先引入原料单体上，再进行聚合或缩聚，例如

$$\underset{\text{CH=CH}_2}{\text{CH=CH}_2} + \underset{\text{COOH}}{\overset{\text{CH}_3}{\text{CH=CH}_2}} \longrightarrow \begin{array}{c}-\text{CH}_2-\overset{\text{CH}_3}{\underset{\text{COOH}}{\text{C}}}-\text{CH-CH}_2-\\ \\ -\text{CH}_2-\overset{\text{CH}_3}{\underset{\text{COOH}}{\text{C}}}-\text{CH-CH}_2-\end{array}$$

（弱酸性阳离子交换树脂）

阳离子交换树脂可以和溶液中的 Ca^{2+}、Mg^{2+}、Na^+、K^+ 等阳离子进行交换，且交换过程和再生过程是可逆反应，例如（R 代表树脂母体）：

$$R-SO_3H + NaCl \rightleftharpoons RSO_3Na + HCl$$

② 阴离子交换树脂。阴离子交换树脂实质上是一种高分子碱，它也有强碱（$-N^+R_3Cl$）和弱碱（$-NH_2$、$-NRH$、$-NR_2$）离子交换树脂之分，例如常用的以苯乙烯-二乙烯苯共聚交联体为骨架的强碱性和弱碱性阴离子交换树脂有：

（强碱性阴离子交换树脂） （弱碱性阴离子交换树脂）

这类树脂具有活泼的碱性基团，如 $-NH_2$、$-NHR$、$-NR_2$、$-N^+R_3Cl$，它们在水中生成 OH^-，可以与各种阴离子起交换作用，交换和再生过程是可逆反应，例如：

$$R-\overset{+}{N}(CH_3)_3OH^- + Cl^- \rightleftharpoons R-\overset{+}{N}(CH_3)_3Cl^- + OH^-$$

含有杂质离子的水通过阴、阳离子交换树脂可制得高纯水。离子交换树脂交换某种离子到一定程度后，就不再起交换作用，需再生。阳离子交换树脂可用稀盐酸、稀硫酸等溶液处理，阴离子交换树脂可用稀氢氧化钠溶液处理。

③ 螯合树脂。螯合树脂的特征是高分子骨架上连接有含配位原子（如 O、N、S、P 等）的螯合功能基团，对多种金属离子具有选择性螯合作用，因此可以对各种离子有浓缩和富集作用。这种树脂广泛用于污水治理、环境保护和工业生产。此外，当螯合树脂与特定金属离子螯合之后，还出现许多有用的物理化学新性质，被广泛作为催化剂、光敏材料和抗静电剂。

合成高分子螯合剂分为两大类，一类是螯合基团处在高分子骨架的主链上，例如氧为配位原子的高分子螯合剂聚乙烯醇，其结构为在饱和碳链上间隔连接羟基作为配位基。由于高分子骨架的柔性和自由旋转特性，骨架上的配位原子空间适应性比较强，能与 Cu^{2+}、Ni^+、Co^{3+}、Co^{2+}、Fe^{3+}、Mn^{2+}、Ti^{3+}、Zn^{2+} 等离子形成高分子螯合物，以二价铜的聚乙烯醇螯合物最稳定，聚乙烯醇上的羟基与二价铜离子络合反应如下：

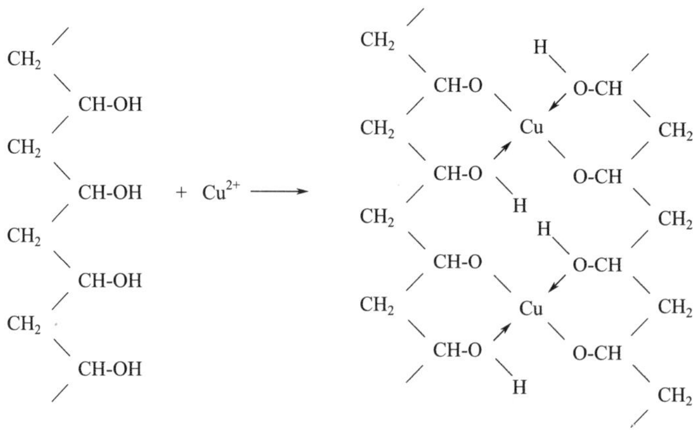

另一类是螯合基团作为侧链连接于高分子基体。这类螯合树脂通常也以苯乙烯-乙烯苯共聚物为基体，另有下列可螯合金属离子的功能基：

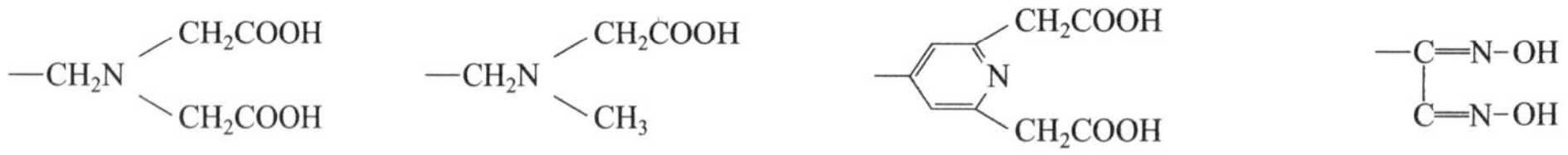

螯合树脂以螯合键与金属离子键合，具有较高的选择性，当螯合达到饱和时，也可用酸溶液再生。如聚乙二醛-双（2-羟基缩苯），能从海水中回收 UO_2^{2+}，据报道回收率可达 100%，其结构如下：

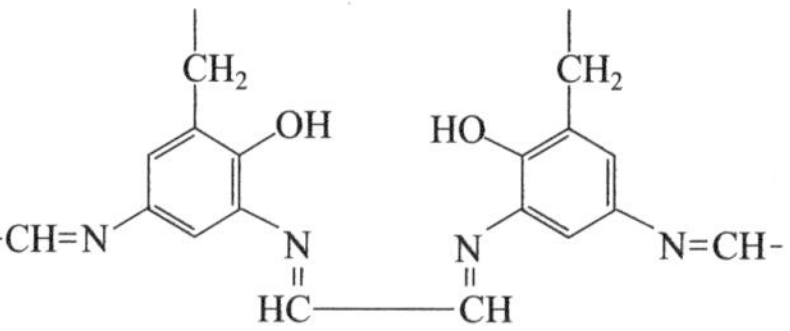

④ 氧化还原树脂。氧化还原树脂也叫电子交换树脂，能与活性物质进行电子交换，发生氧化还原反应。从化学组成来看，有氢醌类、硫基类、吡啶类、二茂铁类、噻吩嗪类等。

氧化还原树脂可以模拟生物体内的变化，如在氢醌磺化酚醛树脂中加入水，并吹入氧气，可以定量地得到过氧化氢。再用 $Na_2S_2O_3$ 溶液处理可再生、回收。其反应式如下：

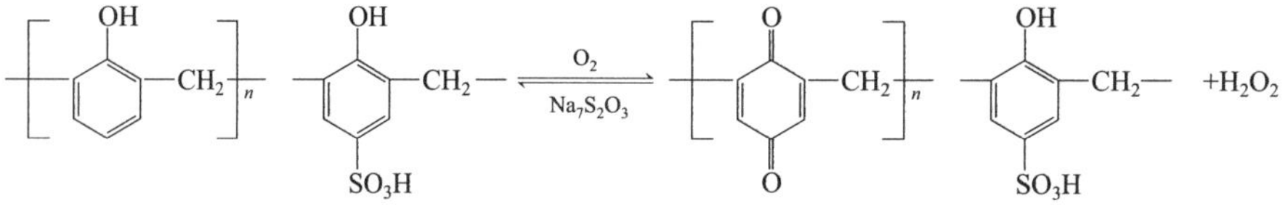

7.7 生物医用高分子材料

生物医用高分子材料是指在生理环境中使用的高分子材料，它是生物材料（biomaterials）的重要组成部分。研究医用高分子材料有着重要的科学意义和实用价值。在科学上，医用高分子材料已成为现代生物医学工程、药剂制剂学等进一步发展的重要物质支柱；在实用方面，目前与医用高分子材料相关的有医疗器件 2700 种、诊断制品 2500 种以及各类药物制剂 39000 种，医用高分子材料的研究、生产、应用已成为新兴高科技产业的一个重要组成部分。

（1）定义和特点

生物材料的定义是一种为植入生物体活系统内或与生物体活系统相结合而设计的物质，它与生物体不起药理反应。所谓生物高分子材料是在生物及人体内不会引起全身性不良反应的高分子材料。

生物医用高分子材料主要用于体内，除必须具备适当的力学性能、易于成型加工和便于消毒外，更要考虑其植入体内后与生物体间的相互影响。一方面是生物体内环境会加速材料的老化，如降解、交联、物理磨损等。不同结构的生物高分子，其体内老化的稳定性有很大的差别，有些稳定性高，可在生物体内较长期地维持其性能，称为半永久性生物高分子材料；有些则会较快降解，但降解产物并无毒性，且能为生物体组织所吸收，称为可吸收的生物高分子材料。另一方面是高分子材料作为异物植入体内后诱发生物体的排异反应。反应情况与高分子材料的组织相容性有关，组织相容性差的生物高分子材料会引起全身性的中毒反应。

(2) 分类

按来源分，可以把生物医用高分子材料分为天然医用高分子材料和人工合成医用高分子材料两类：天然医用高分子材料如胶原、明胶、丝蛋白、角质蛋白、纤维素、黏多糖、甲壳素及其衍生物等；人工合成医用高分子材料如聚氨酯、硅橡胶、聚酯等，20 世纪 60 年代以前主要是商品工业材料的提纯、改性，之后主要根据特定目的进行专门的设计、合成。

按其主链结构可分为碳链和杂链两大类：碳链高分子不论是疏水的还是亲水的，全是水溶性的，它们在生物体内的降解速率都比较慢，例如聚乙烯、聚甲基丙烯酸甲酯、聚四氟乙烯等，可用作半永久性生物高分子材料；杂链高分子在生物体内的稳定性视其主链的水解稳定性以及高分子的结晶度、亲水性、交联度等而定，有些可作为半永久性的生物材料，如有机硅橡胶和聚对苯二甲酸乙二酯等，有些则可作为体内可吸收的生物材料，如聚乙交酯、聚丙交酯等。

7.8 导电高分子材料

材料按其电导率的不同，大体可分为绝缘体、半导体、导体和超导体。绝缘体的电导率约为 10^{-10} S·cm^{-1}，导体的电导率约在 10^2 S·cm^{-1} 以上，半导体则处于导体和绝缘体之间，即为 $10^{-10} \sim 10^2$ S·cm^{-1}。通常高分子是绝缘体，但是 1978 年美日科学家共同发现用碘掺杂的聚乙炔的室温电导率由 10^{-9} S·cm^{-1}（绝缘体）变到 10^3 S·cm^{-1}（金属导体），从此高分子被认为只能是绝缘体的传统观念被打破，一个新型的多学科交叉的导电高分子材料的研究领域出现了，愈来愈显示出它们的广阔前景。

(1) 定义与特点

近几年，导电高分子材料作为一类重要的功能高分子材料取得了长足发展，它对电子工业、信息工业及新技术的发展具有重大的意义。导电高分子又称为导电聚合物，是近几十年以来迅速发展起来的一种具有导电性的功能高分子。现如今，已经被广泛应用于可充电电池、微波吸收和电磁干扰材料、电子器件（如场效应晶体管、太阳能电池、肖特基整流器、发光二极管）、超级电容器、传感器（如气体、生物化学及电化学传感器）、变色器件等领域。该类材料兼有高分子材料的易加工特性和金属的导电性。与金属相比较，导电性复合材料具有加工性好、工艺简单、耐腐蚀、电阻率可调范围大、价格低等优点。

(2) 分类

导电高分子如果按其结构特征和导电机理还可进一步分成三类：载流子为自由电子的电子导电高分子；载流子为能在聚合物分子间迁移的正负离子的离子导电高分子；以氧化还原反应为电子转移机理的氧化还原型导电高分子。

① 电子导电高分子。电子导电高分子是具有非定域电子大共轭体系的高分子，其中具有

跨键移动能力的电子是这类导电高分子的唯一载流子。目前已知的电子导电高分子除了早期发现的聚乙炔外，大多数为芳香单环、多环以及杂环的共聚物或均聚物。部分常见的电子导电高分子结构如图7-30所示。

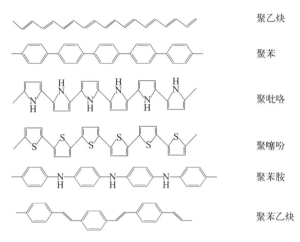

图7-30 常见的电子导电高分子结构

上述结构的高分子严格来讲还不能称为导体，其导电能力与典型的无机半导体材料锗、硅相当。其原因在于纯净的或未"掺杂"的上述高分子中各π键分子轨道之间还存在着一定的能级差，而在电场力作用下，电子在高分子内部迁移必须跨越这一能极差。实验结果证明，通过化学或电化学掺杂，可以使共轭高分子的电导率增加几个数量级，如表7-5所示各种掺杂聚乙炔的导电性能。

表7-5 各种掺杂聚乙炔的导电性能

掺杂方法	掺杂剂	电导率/(S/m)
未掺杂	顺式聚乙炔 反式聚乙炔	1.7×10^{-9} 4.4×10^{-6}
p型掺杂（氧化型）	碘蒸气掺杂 五氟化二砷蒸气掺杂 高氯酸蒸气或液相掺杂 电化学掺杂	5.5×10^{2} 1.2×10^{3} 5×10^{1} 1×10^{3}
n型掺杂（还原型）	萘基锂掺杂 萘基钠掺杂	2×10^{2} $10^{1} \sim 10^{2}$

表7-5中数据表明，掺杂后的聚乙炔电导率大大提高，这是由于通过掺杂可以在高分子的空轨道中加入电子，或从占有轨道中拉出电子，进而改变现有电子能带的能级，出现能带居中的半充满能带，减小能带间的能量差，使自由电子或空穴迁移时的阻碍减小。在制备导电高分子时根据掺杂剂与高分子的相对氧化能力的不同，分成p型掺杂剂和n型掺杂剂两种。比较典型的p型掺杂剂（氧化型）有I_2、Br_2、AsF_5、$FeCl_3$等，在掺杂反应中为电子接受体；n型掺杂剂（还原型）通常为碱金属。

掺杂剂的用量与高分子的电导率有着密切关系，例如聚乙炔掺碘量与电导率的关系是：掺杂剂量小时，电导率随掺杂量的增加而迅速增加；但是随着掺杂剂量的继续加大，电导率增加的速度逐渐减慢；当达到一定值时电导率不再随掺杂量的增加而增加，此时的掺杂量称为饱和掺杂量。

聚乙炔的电导率与分子共轭链长度有一定关系，即线型共轭导电高分子的电导率随着其共轭链长度的增加而呈指数快速增加。这是由于高分子内的价电子沿着线型共轭分子内部移动，而不是在两条链之间，则在沿着分子链方向有较大的电子云密度，随着共轭链长度增加，电子离域性增大，有利于自由电子沿着共轭链移动，导致高分子的电导率增加。

电子导电高分子的电导率与温度也有一定关系，即随着温度升高，电阻减小，电导率增加。然而，随着掺杂量的提高，π电子能带间的能级差越来越小，电导率受温度的影响越来越小。

电子导电高分子的应用开发主要依据它们的高电导率、可逆氧化还原性、不同氧化态下的光吸收特性、电荷储存性、导电与非导电状态的可转换性等。利用这些性质，电子导电高分子材料在作为有机可充电电池材料、光电显示材料、信息记忆材料、屏蔽和抗静电材料，以及分子电子器件方面已经或正在得到应用。

② 离子导电高分子。以正负离子为载流子的导电高分子称为离子导电高分子。离子导电过程是通过外加电场驱动力作用下，离子的定向移动来实现导电的过程。离子导电高分子的结构要能保证体积相对较大的离子能在其内部相对迁移，构成离子导电。

离子导电高分子主要有聚醚、聚酯和聚亚胺。它们的结构、名称、作用基团以及可溶解的盐类列于表 7-6。

表 7-6　常见离子导电高分子及使用范围

名称	缩写符号	作用基团	可溶解盐类
聚环氧乙烷	PEO	醚基	几乎所有阳离子和一价阴离子
聚环氧丙烷	PPO	醚基	同上
聚丁二酸乙二醇酯	PES	酯基	$LiBF_4$
聚癸二酸乙二醇	PEA	酯基	$LiCF_3SO_3$
聚乙二醇亚胺	PEI	氨基	NaI

离子导电高分子的导电能力与高分子的玻璃化转变温度、溶剂化能力等影响因素有关。在玻璃化转变温度以下，高分子处于冻结状态，没有离子导电能力。在玻璃化转变温度之上，离子导电能力随着温度升高而增大，这是因为温度升高，分子的热运动加剧，可以使自由体积增大，给离子的定向运动提供了更大的活动空间。一般来说，高分子的玻璃化转变温度越低，在同等温度下，高分子的离子导电能力将越强。分子链的柔性越好，越有利于离子导电能力的提高。像聚硅氧烷这样玻璃化转变温度只有-80℃的高分子，而其离子导电能力却很低的原因是对离子的溶剂化能力低，无法使盐解离成正负离子。介电常数大的高分子溶剂化能力强，增加分子中的极性键的数量和强度，有利于提高高分子的溶剂化能力。高分子分子量的大小、分子的聚合程度、温度等对离子导电性也有一定影响。

离子导电高分子主要的应用领域是在各种电化学器件中代替液体电解质使用。由固态聚合物电解质和高分子电极构成的全固态电池已经进入实用化阶段。

与其他类型的电解质相比较，由离子导电高分子作为固态电解质构成的电化学装置有下列优点：a. 容易加工成型，力学性能好，坚固耐用；b. 防漏、防溅，对其他器件无腐蚀作用；c. 电解质无挥发性，构成的器件使用寿命长；d. 容易制成能量密度高的电化学器件。

③ 氧化还原型导电高分子。氧化还原型导电高分子常称为电活性高分子材料。其结构特点是高分子骨架上接有或骨架本身具有特殊的氧化还原基团，这种基团通常具有可逆的氧化还

原特性和特定的氧化还原电位，部分电活性高分子材料结构如图 7-31 所示。

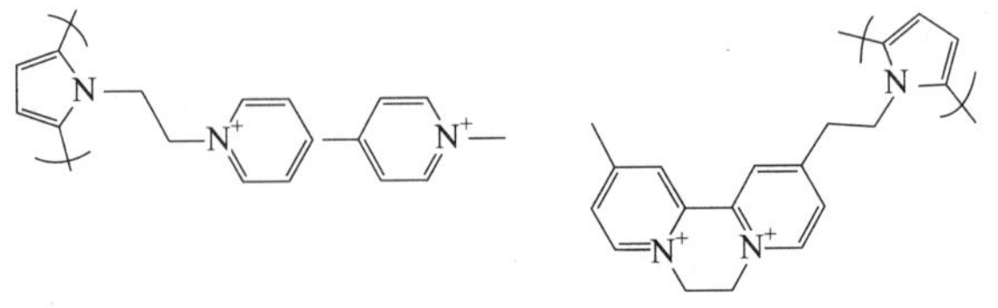

图 7-31　电活性高分子材料结构

当一段高分子的两端接有测定电极时，在电极电位的作用下，高分子内的电活性基团发生可逆的氧化还原反应，在反应过程中伴随着电子转移过程发生。如果在电极之间施加电压，促使电子转移的方向一致，高分子中有电流通过，即产生导电现象。

当电极电位达到高分子中电活性基团的还原电位（或氧化电位）时，靠近电极的电活性基团首先被还原（或氧化），从电极得到（或失去）一个电子，生成的还原态（或氧化态）基团可以通过同样的还原反应（氧化反应）将得到的电子再传给相邻的基团，自己则等待下一次反应。如此反复，直到将电子传给另一侧电极，完成电子的定向转移。

氧化还原型导电高分子的主要用途是作为各种用途的电极材料，特别是作为一些有特殊用途的电极修饰材料，可广泛应用于分析化学，合成与催化过程，以及太阳能利用，分子微电子器件、有机光电显示器件的制备等方面。

7.9　高分子光子材料

高分子光子材料是在原来光功能高分子材料的基础上演变而来的，包括高分子材料光化学与光物理两方面的性能，主要是指能对光进行传输、吸收、储存、转换、变化的一类高分子材料。近年来随着现代科学技术的发展，高分子光子材料研究在功能材料领域占有越来越重要的地位，高分子光子材料日益受到重视。高分子光子材料的应用领域已从电子、印刷、精细化工等领域扩大到塑料、纤维、医疗、生化和农业等方面，正在快速发展之中，高分子光子材料研究与应用范围也将越来越广。

(1) 感光性高分子材料

感光性高分子材料吸收光的过程可以由具有感光基团的高分子本身完成，也可由加入感光材料中的感光化合物吸收光能后引发反应。感光性高分子材料的研究与应用历史很长，主要产品有光刻胶、光固化黏合剂、感光油墨、感光涂料等。

光致抗蚀剂俗称光刻胶。在制作集成电路时，需要在基底表面进行选择性的腐蚀。因此，必须将不需腐蚀的部分保护起来。作为抗腐蚀材料的光致抗蚀剂，其分子结构中含有特定的光敏功能团，受到光及电子束照射时会发生交联、分解、重排或聚合等化学反应，溶解度发生显著变化，用溶剂溶去可溶部分，不溶部分留在基底表面，在化学腐蚀阶段对基底表面起保护作用，这一过程称为光刻工艺，如图 7-32 所示。

感光性高分子材料范围较宽，其中能在紫外线辐射下迅速发生固化交联的称为光固化材料。这类产品具有固化速度快、涂膜强度高、不易剥落等优点，便于大规模工业生产。

感光性高分子材料应具有一些基本性质，如对光的敏感性、成像性、显影性、成膜性等，不同的用途对这些性能的要求也不相同。如作为电子材料及印刷制版材料，要求有良好的成像性及显影性，而作为涂料与油墨，固化速度和成膜性则更为重要。

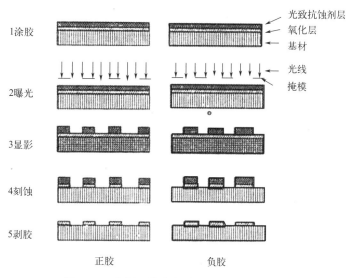

图 7-32 光刻工艺中光致抗蚀剂的作用原理

(2) 光致变色高分子材料

光致变色是一种物理化学的现象,在一百多年前就已经有人发现这种现象。1867 年 Pritsche 观察到了黄色的并四苯在光和空气的作用下产生褪色现象,而所生成的物质受热时又重新生成并四苯。1876 年,Meer 报道了二硝基甲烷的钾盐经过光照而发生颜色变化。1881 年,Phipson 观察到了一种锌颜料在阳光的暴晒下颜色逐渐变深,在夜晚则又恢复至原来的颜色。1899 年,Markwald 研究了 1,4-二氢-2,3,4,4-四氯萘-1-酮在光的照射下发生了可逆的颜色变化行为,因此他把这种现象称为光诱导的热力学可逆光色互变。

在光的作用下能可逆地发生颜色变化的高分子称为光致变色高分子。这类高分子材料在光照下高分子内部结构会发生某种可逆性变化,因此对光的最大吸收波长发生变化,产生颜色改变。而具有这种功能的聚合物主要有两类:一类是聚合物自身具有光致变色功能,例如光照时聚合物发生反应或者降解而使颜色发生变化,最常见的是通过共聚或者接枝反应以共价键将光致变色结构单元链接在聚合物的主链或者侧链上;另一类是用小分子光致变色材料与聚合物共混,聚合物作为光致变色化合物的载体。光致变色高分子可作为信息记录材料、能自动调节室内光线的玻璃、装饰玻璃、光闸和伪装材料,也可作防护镜的涂层。

光致变色现象一般人为地分成两类:一类是在光照下材料由无色或浅色转变成深色,称为正性光致变色;另一类是在光照下材料从深色转变成无色或浅色,称为逆性光致变色。主要的光致变色高分子材料有:

① 螺吡喃类。带有螺吡喃基团的聚甲基丙烯酸酯,在光照下显蓝色,放置暗处则逐渐变为无色。这是由于 C-O 吡喃键裂开,继而形成分子的一部分旋转趋于共平面的构象而显色。其转变反应式如下:

② 硫卡巴腙汞类。它是由丙烯酸酰氯与乙酸苯胺汞盐化合，聚合后再引入二苯基硫卡巴腙而成的。它具有两种不同颜色的互变异构体，在光照下发生异构化，其反应式如下：

（橘红色或淡红色） （R：-Cl，-Br，-CH₃，-OCH₃，-CF₃）（蓝色）

③ 偶氮类。偶氮类光致变色高分子是研究和应用较为广泛的一类，它的光致变色是由于双键-N＝N-的顺反异构化导致的。高分子的构象对这类材料的光致变色性能有很大影响。对于在侧链上含有偶氮基团的高分子来说，在高 pH 值时，由于高分子卷曲，分子的顺反异构减慢，光致变色速度比小分子的偶氮化合物慢；在低 pH 值时，高分子伸直，顺反异构的转变容易，发色和消色反应速率也就提高了。主链上含有偶氮基团的高分子由于顺反异构的空间阻碍较大，故其光致变色速度比小分子化合物低。

(3) 光导电高分子材料

在光激发下，有些高分子材料内部的载流子密度增加，从而导致电导率增加而呈现导电的现象称为光电现象，这种高分子材料称为光导电高分子材料。较早开发的无机光导电材料中硒和硫化锌-硫化镉的光导作用最显著，应用也最广泛，例如在复印机中就得到广泛应用，但是也因为其价格昂贵，从而市场份额有所下降，然而，相比之下有机光导电材料具有无毒、制作工艺简单、光导性能优异等优势从而逐步占领了市场的主导地位，在如静电复印、太阳能电池、全息照相、信息记录等方面都极具重要意义。

对于光导电高分子，形成光导载流子的过程分成两步完成。第一步是光活性高分子中的基态电子吸收光能后跃迁至激发态，产生的激发态分子有两种变化，一种是通过辐射和非辐射耗散过程回到基态，另一种是激发态分子发生离子化，形成所谓的电子-空穴对；第二步是在外加电场的作用下，电子-空穴对发生解离，解离后的空穴或电子可以沿电场力作用方向移动产生光电流。

光导电高分子从结构上看有以下几类化合物：①线型π共轭高分子聚烯烃，含杂环主链高分子，或具有大π键电子的乙烯基聚合物（聚 N-乙烯基咔唑、聚乙烯基芘、聚乙烯基蒽）；②面型π共轭高分子（热处理聚丙烯腈、菲醌聚合物）；③稠合多环芳香化合物。

已知具有光导电性质的高分子虽不少，但研究和应用较多的是聚 N-乙烯基咔唑，在无光条件下，咔唑聚合物是良好的绝缘体，当吸收紫外光（360nm）后，形成激发态，并在电场作用下离子化，形成大量的载流子，从而使其电导率大大提高。如果要其在可见光下也具有光导能力，可以加入一些电子接受体作为光敏剂，其中 2,4,7-三硝基芴酮是常见的光敏剂。

光导电高分子材料最主要的应用领域是静电复印，在整个静电复印的过程中光导电材料在光的控制下收集和释放电荷，以及通过静电作用吸附带相反电荷的油墨。聚乙烯咔唑-硝基芴酮（PVK-TNF）是新一代有机光导电材料，因此，在静电复印领域居于首要地位。

(4) 光降解高分子材料

聚合物在光照下受到光氧作用吸收光能（主要为紫外光），发生断链反应而降解成为对环境安全的低分子量的化合物。这一类对光敏感的聚合物，称为光降解高分子材料。

在国外 20 世纪 70 年代就开始研究可降解塑料,最早开发的是光降解塑料,其生产工艺在当时就已经相当成熟,并有了一定的产量,如在饮料的拉环、购物袋、垃圾袋、农用地膜等领域得到运用。但是由于其价格昂贵、降解的过程难以控制和降解得不完全等因素,到了 20 世纪 80 年代其发展速度有所减缓。

在国内 20 世纪 70 年代由中国科学院长春应用化学研究所、天津轻工业学院和中国科学院上海有机化学研究所等单位展开了光降解高分子材料的研究并在新疆等地试验,但是光降解高分子材料的价格较高,又只能在光的条件下降解,受到地理环境、气候的制约特别大。所以能够降解为小分子化合物进入生态系统循环的只是极少部分,绝大多数高分子材料只是逐步瓦解为碎片或粉末。并且大部分的塑料废物埋在土壤中,缺光、缺水、缺氧,这样就使得在大多数情况下降解是不完全的,因此我们国家在光降解高分子材料领域的研究也几乎是缓慢发展的。

在自然条件下,太阳光中的紫外线(波长为 290~400nm)是造成光降解的主要因素。许多高分子物质受到 300nm 以下的短波长光照射时,就可显示出光降解性,但在 300nm 以上的近紫外线到可见光范围内光降解却很少发生,所以高分子材料中的各种吸光性添加剂和杂质对光的吸收在光降解的整个过程中占有重要的位置,特别是加入的染料和颜料,也就是在光降解高分子材料中引入发色基团。

在光降解高分子材料中发色基团主要有聚砜、聚酰胺等,一些烯类单体和一氧化碳的共聚或者是采取其他方式引入酮基也能得到相当好的光降解材料,含有双键的高分子材料如聚丁二烯、聚异戊二烯等等在光和氧的作用下也能迅速地分解,所以采取少量的丁二烯和乙烯或者丙烯的共聚也可得到光降解的聚乙烯或聚丙烯。目前光降解高分子材料的制备主要有以下两种方式:

① 合成型光降解高分子材料。合成型光降解高分子材料主要是通过共聚反应在高分子主链上引入感光基团如羰基而赋予其光降解特性,并且通过调节羰基的含量可控制光降解活性。通常采用光敏单体如甲基丙烯酮、甲基乙烯酮或者一氧化碳与烯烃类单体发生共聚,可合成含羰基结构的光降解型材料如 PE、PS、PET 等,其中对于乙烯共聚类光降解聚合物研究最多,这是由于 PE 降解成为分子量低于 500 的低聚物后被土壤中的微生物吸收降解,具有较好的环境安全性。目前已经实现工业化的光降解聚合物有乙烯-CO 共聚物,可用于地膜、蔬菜大棚膜、片材、管材、纤维、包装袋、容器等。

② 添加型光降解高分子材料。添加型光降解高分子材料是通过在高分子材料中添加光敏剂,在光的作用下光敏剂可分解为具有活性的自由基,从而引发聚合物分子链断裂达到降解的作用。目前所用的光敏剂主要有硬脂酸盐类、过渡金属络合物、多核芳香化合物和某些光敏聚合物,而光降解的程度取决于光敏剂的种类、含量等。

光降解高分子材料主要用于包装材料和农用膜,生产技术也相对成熟,其市场占有率达到70%~80%,但是其降解方式受到局限,其价格昂贵,其应用和发展在未来会面临严峻的考验。

思考题

1. 简述高分子材料未来的发展趋势。
2. 简述聚合物的结构层次。
3. 简述影响高分子链柔性的因素。
4. 说明聚合物结晶形态及各自的特点。

5. 请画出线型非晶态聚合物的温度-形变图,并描述聚合物形变与温度的关系。
6. 比较线型非晶态聚合物、晶态聚合物和交联聚合物的温度-形变转变性能的不同。
7. 请说明高聚物力学性能的特点。
8. 提高高分子材料热稳定性的途径有哪些?
9. 如何提高高分子材料的使用寿命?
10. 高分子的聚合方法有哪些?
11. 请比较逐步聚合和连锁聚合的区别。
12. 简述四种自由基聚合生产工艺的定义以及它们的特点和优缺点。
13. 举例说明自由基聚合引发剂的分类。
14. 自由基加聚反应主要包含哪几个步骤?
15. 自由基聚合中选择引发剂时,应考虑哪些因素?
16. 请比较自由基聚合和阴阳离子聚合的不同。
17. 热塑性塑料与热固性塑料的区别是什么?
18. 请简述塑料的分类。
19. 与其他材料相比,橡胶具有哪些特殊性质?
20. 请简述橡胶的分类。
21. 橡胶的成型过程有哪些?
22. 纤维的纺丝方法有哪些?有什么不同?
23. 超吸水高分子材料结构上有哪些特点?可分为哪几类?作用机理是什么?
24. 离子交换树脂的优缺点是什么?
25. 什么是生物医用高分子材料?对这类高分子材料有哪些特殊要求?
26. 导电高分子材料可分为哪几类?
27. 什么是高分子光子材料,主要有哪几类?

参考文献

[1] 李齐,陈光巨. 材料化学 [M]. 北京:高等教育出版社,2004:283-322.
[2] 潘祖仁. 高分子化学:增强版 [M]. 北京:化学工业出版社,2007.
[3] 金日光,华幼卿. 高分子物理 [M]. 2版. 北京:化学工业出版社,2000.
[4] 郁文娟,顾燕. 塑料产品工业设计基础 [M]. 北京:化学工业出版社,2007.
[5] 吴生绪. 图解橡胶成型技术 [M]. 北京:机械工业出版社,2012.
[6] 周达飞. 高分子材料成型加工 [M]. 北京:中国轻工业出版社,2000.
[7] 姚日生. 药用高分子材料 [M]. 2版. 北京:化学工业出版社,2008.
[8] Gugliemelli L A, Weaver M O, Russel C R. Preparation of starch-grafted polyacrylonitrile polymers [J]. J Appl Polym Sci, 1969, 13:2007-2018.
[9] Fanta G F, Russel R C. Syntheses of starch-grafted polyacrylonit rile polymers [J]. J Appl Polym Sci, 1969, 10:929-936.
[10] 黄美玉. 超高吸水性聚丙烯酸钠的制备 [J]. 高分子通讯,1984,2:129-134.
[11] 闫春绵,方少明. 高吸水性树脂的研究及应用 [J]. 精细石油化工,1999,9:29-33.
[12] 陈卫星,石玉. 高吸水性树脂的合成与应用 [J]. 西安工业学院学报,2001,21(1):67-72.
[13] 闫辉,张丽华,周秀苗. 高吸水性树脂保水、保肥性能研究 [J]. 化工科技,2001,9(5):4-7.
[14] 王文志,荣家成,余万能. 吸水膨胀阻水型电缆填充膏的特性与应用 [J]. 绝缘材料通讯,2000,3:22-24.

[15] Barbucci R, Bruque J M, Moreno J, et al. Efects of heparinized surface to material anticoagulant properties [J]. Biomaterials, 1985, 6 (2): 102-104.

[16] Imai A, Janczuk B, Gonzalez M L, et al. Study on micro-phase separation structure and blood compatibility [J]. Kobuns, 1972, 21 (5): 569-574.

[17] Nahain A A, Ignjatovic V, Monagle P, et al. Heparin mimetics with anticoagulant activity [J]. Medicinal Research Reviews, 2018, 38: 1582-1613.

[18] Raskob G E, Angchaisuksiri P, Blanco A N, et al. Thrombosis: a major contributor to global disease burden [J]. Thromb Res, 2014, 134: 931-938.

[19] Shen J I, Winkelmayer W C. Use and safety of unfractionated heparin for anticoagulation during maintenance hemodialysis [J]. Am J Kidney Dis, 2012, 60: 473-486.

[20] Xu Y, Cai C, Chandarajoti K, et al. Homogeneous low-molecular-weight heparins with reversible anticoagulant activity [J]. Nat Chem Biol, 2014, 10: 248-250.

[21] Walenga J M, Lyman G H. Evolution of heparin anticoagulants to ultra-low-molecular-weight heparins: a review of pharmacologic and clinical differences and applications in patients with cancer [J]. Crit Rev Oncol Hemat, 2013, 88: 1-18.

[22] Higashi K, Hosoyama S, Ohno A, et al. Photochemical preparation of a novel low molecular weight heparin [J]. Carbohydr Polym, 2012, 87: 1737-1743.

[23] Dong H C, Kang S N, Kim S M, et al. Growth factors-loaded stents modified with hyaluronic acid and heparin for induction of rapid and tight re-endothelialization [J]. Colloids & Surfaces B Biointerfaces, 2016, 141: 602-610.

[24] He M, Cui X, Jiang H, et al. Super-Anticoagulant Heparin-Mimicking Hydrogel Thin Film Attached Substrate Surfaces to Improve Hemocompatibility [J]. Macromolecular Bioscience, 2016, 17: 16-28.

[25] Deng C, Zhang P, Vulesevic B, et al. A collagen-chitosan hydrogel for endothelial differentiation and angiogenesis [J]. Tissue Engineering, 2010, 16 (10): 3099-3109.

[26] Yang J, Luo K, Li D, et al. Preparation, characterization and in vitro anticoagulant activity of highly sulfated chitosan [J]. International Journal of Biological Macromolecules, 2013, 52: 25-31.

[27] 石凉, 吴大洋. 蚕蛹壳聚糖甘氨酸衍生物的制备及其抗凝血作用研究 [J]. 蚕业科学, 2010, 36 (4): 718-722.

[28] 李小雅. 壳聚糖/肝素自组装膜的制备与性能研究 [D]. 郑州: 郑州大学, 2012: 1-98.

[29] Sun X, Peng W, Yang Z, et al. Heparin-Chitosan-Coated acellular bone matrix enhances perfusion of blood and vascularization in bone tissue engineering scaffolds [J]. Tissue Engineering, 2011, 17 (20): 2369-2378.

[30] 李圣春. 硫酸化丝素抗凝血的研究 [D]. 重庆: 西南大学, 2010.

[31] Takahara J, Hosoya K, Sunako M, et al. Anticoagulant activity of enzymatically synthesized amylose derivatives containing carboxy or sulfonate groups [J]. Acta Biomaterialia, 2010, 6 (8): 3138-3145.

[32] Wei Tao, Li M, Xie R. Preparation and structure of porous silk sericin materials [J]. Macromol Mater Eng, 2005, 290: 188-194.

[33] Yasushi T. Antithromdotic agent and its production method [P]. 1997: JAP09227402.

[34] 房辉. 导电高分子材料的制备与性能研究 [D]. 广州: 暨南大学, 2012.

[35] Lu X, Zhang W, Wang C, et al. One-dimensional conducting polymer nanocomposites: synthesis, properties and applications [J]. Prog. Polym. Sci., 2011, 36 (5): 671-712.

[36] Pan L, Qiu H, Dou C, et al. Conducting polymer nanostructures: template synthesis and applications in energy storage [J]. Int. J. Mol. Sci., 2010, 11 (7): 2636-2657.

[37] Winter M, Brodd R J. What are batteries, fuel cells, and supercapacitors [J]. Chem Rev, 2004, 104: 4245-4269.

[38] 方东宇, 李伟, 陈欢林. 敏感性高分子功能膜的研究进展 [J]. 功能高分子学报, 2000, 13: 442-446.

[39] Rajesha, Ahuja T, Kumar D. Recent progress in the development of nano-structured conducting polymers/nanocomposites for sensor applications [J]. Sens. Actuators B, 2009, 136 (1): 275-286.
[40] Van Krevelen D W, Te Nijenhuis K. Properties of polymers: their correlation with chemical structure; their numerical estimation and prediction from additive group contributions [M]. Fourth. Amsterdam and New York: Elsevier, 2009.
[41] 李永舫. 导电聚合物 [J]. 化学进展, 2002, 14: 207-211.
[42] 黄泽铣. 功能材料及其应用手册 [M]. 北京: 机械工业出版社, 1991.
[43] 焦剑, 姚军燕. 功能高分子材料 [M]. 北京: 化学工业出版社, 2007.
[44] 周志华, 金安定, 赵波, 等. 材料化学 [M]. 北京: 化学工业出版社, 2006.
[45] 刘引烽. 特种高分子材料 [M]. 上海: 上海大学出版社, 2001.

第8章 复合材料

内容提要

本章介绍了复合材料的基础部分,包括:复合材料的发展、基本概念、组成、分类和特点,增强体的种类、结构和性能等,然后详细叙述了应用最广的聚合物基复合材料、金属基复合材料和陶瓷基复合材料的基本概念、分类和性能特征,最后介绍不同复合材料的界面特征。每一部分内容均先从概念入手,再着重介绍其结构、分类及材料性能。

学习目标

1. 了解复合材料的基本概念、特点和发展。
2. 掌握复合材料的组成、分类和性能。
3. 理解复合材料的界面特征。
4. 掌握增强体的种类、结构和性能。
5. 了解不同类型复合材料的基本概念、分类和性能特征。

8.1 复合材料概述

近几十年来,科学技术迅速发展,特别是尖端科学技术的突飞猛进,对材料性能提出越来越高、越来越严和越来越多的要求。在许多方面,传统的单一材料已不能满足实际需要。例如钢铁材料在已使用的结构材料中占一半以上,但是随着宇航、导弹、原子能等现代技术的发展,现有的钢铁和有色合金材料不能同时具备重量轻、强度和模量高的特点,逐渐难以满足要求。而塑料比铝轻一半左右,比钢轻约80%,用塑料制造构件所需的劳动量比金属材料少2/3以上。但是塑料强度低、耐热性差。这些都促进了人们对材料的研究逐步摆脱过去单纯靠经验的摸索方法,而向着预定性能设计新材料的研究方向发展。

8.1.1 复合材料的定义与特点

所谓复合材料,是由金属、无机非金属或有机高分子等两种或两种以上的材料经一定的复合工艺制造出来的新型材料。复合材料应满足三个条件:首先,体系中组元含量应大于5%;其次,复合材料的性能应显著不同于各组元的性能;最后,复合材料是通过各种方法混合而成的。

自然界中存在许多天然的复合结构。例如动物骨骼则由无机磷酸盐和蛋白质胶原复合而成，树木和竹子是纤维素和木质素的复合体。贝壳和树木的横截面的 SEM 图如图 8-1 所示。需要强调的是，这些物质均可看成具有复合结构的物质，简称为复合物质。复合结构是大自然进化的必然选择，也是提高性能的最佳途径。而复合材料不同于大自然中具有复合结构的物质，两者的区别如同材料与物质的区别，复合结构的物质是大自然进化过程中逐渐形成的，是大自然的选择，不以人的意志为转移。而复合材料则是由人设计、制备，具有复合结构的人工材料。比如大约在一百年以前就开始使用的混凝土是建筑领域不可缺少的材料，它具有一定的抗压强度，但比较脆，若受拉伸，容易产生裂纹而破坏。因此，在混凝土中加入钢筋，从而提高了抗拉能力，这就是钢筋混凝土。

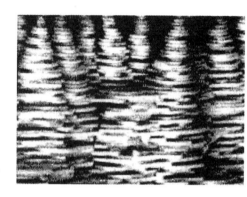 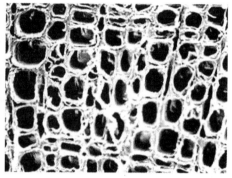

(a) 贝壳横截面　　　　　　　　(b) 树木横截面

图 8-1　贝壳和树木横截面的 SEM 图

虽然复合材料是人工设计和制备的多相材料，但与以金属键为主的合金也有不同，复合材料可具有金属特性也可具有非金属特性，并且组分之间形成明显的界面，保持各自的特性，并可在界面处发生反应形成过渡层，而合金的组元之间发生物理、化学或两者兼有的反应，是以固溶体和化合物的形式存在的。另外，合金的热膨胀系数大，而复合材料的热膨胀系数可以很小，甚至为负数。

因此，综上所述，复合材料应具有以下特点：

① 复合材料的组分和组分间的比例均是人为选择和设计的，具有极强的可设计性。例如，针对方向性材料强度的设计，针对某种介质耐腐蚀性能的设计等。性能的可设计性是复合材料的最大特点。

② 组分间存在着明显的界面，是一种多相材料。

③ 在设计合理的前提下，组分在形成复合材料后不仅仍保持各组分固有的物理和化学特性，还可通过组分间的复合效应，产生单组分所不具备的特殊性能。例如，玻璃纤维增强环氧基复合材料，既具有类似钢材的强度，又具有塑料的介电性能和耐腐蚀性能。

④ 复合材料的性能不仅取决于各组分的性能，同时还与组分间的复合效应有关。影响复合材料性能的因素很多，主要取决于增强体的性能、含量及分布状况，基体材料的性能、含量，以及它们之间的界面情况。最终基于复合材料的产品还与成型工艺和结构设计有关。

8.1.2　复合材料的发展史

复合材料的发展史与材料的发展史密不可分，最早可以追溯到远古时期，如篱笆墙。现代复合材料的成功应用要从 1942 年玻璃纤维增强聚酯树脂复合材料被美国空军用于制造飞机构件开始。一般普遍认为，从 1940 年到 1960 年这 20 年间，是玻璃纤维增强塑料的时代，是复合材料发展的第一阶段。从 1960 年到 1980 年之间是第二阶段，60 年代初英国研制出碳纤维，1971 年杜邦公司开发出 Kevlar。1980 年到 1990 年间，是纤维增强金属基复合材料的时代，其中以铝基复合材料的应用最为广泛，这一时期是复合材料发展的第三阶段。1990 年以后则被认为是复合材料发展的第四阶段，多功能复合材料不断得以出现，如智能复合材料和梯度功能材料等。以上四个阶段的发展模式如图 8-2 所示。

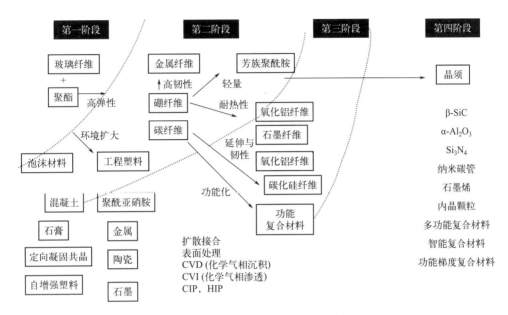

图 8-2 复合材料四阶段的发展模式

8.1.3 复合材料的组成与命名

复合材料是由不同组分结合而成的多相材料，各组分在复合材料中的存在形式通常有两种，一种是连续分布的相，常称基体相，另一种为不连续分布的分散相。与连续相相比，分散相具有某些独特的性能，会使复合材料性能显著增强，常称增强相或增强体。

目前复合材料还没有统一的名称和命名方法，比较常用的是根据增强体和基体的名称来命名，一般有以下几种情况：

① 以基体材料的名称为主。如高分子树脂基复合材料、金属基复合材料、无机非金属基复合材料等。

② 以增强体的名称为主。如玻璃纤维增强复合材料、碳纤维增强复合材料、陶瓷颗粒增强复合材料等。

③ 基体材料名称与增强体名称并用。这种命名方法常用以表示某一种具体的复合材料，习惯上把增强体的名称放在前面，基体材料的名称放在后面。如玻璃纤维增强环氧树脂复合材料，或简称为玻璃纤维/环氧树脂复合材料。而我国则常把这类复合材料称为"玻璃钢"。

8.1.4 复合材料的分类

复合材料的分类方法也很多，常见的分类方法有以下几种。

(1) 按增强体形状分类

复合材料按增强体形状可大致分为颗粒状分散相复合材料和纤维状分散相复合材料。颗粒状分散相复合材料是以微小颗粒状增强材料分散在基体中制成的复合材料，又包括分散强化复合材料、颗粒增强复合材料和片晶增强复合材料。纤维状分散相复合材料是以连续或不连续纤维强化的复合材料。连续纤维强化的复合材料中，作为分散相的纤维，每根纤维的两个端点都位于复合材料的边界处，包括单向纤维强化复合材料和以平面二维或立体三维纤维编织物为增强材料与基体复合而成的编织复合材料。不连续纤维强化的复合材料包括短纤维复合材料和晶须。其中，短纤维复合材料是以短纤维无规则地分散在基体材料中制成的。

以上介绍的复合材料具体分类关系如图8-3所示。

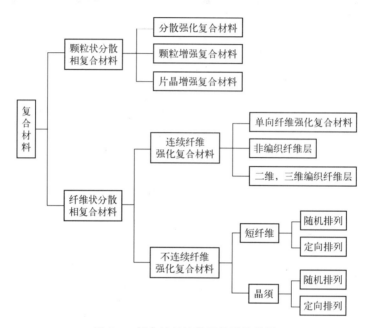

图8-3 复合材料按增强体形状分类

(2) 按增强体种类分类

复合材料按增强体种类可分为玻璃纤维复合材料、碳纤维复合材料、有机纤维（如芳香族聚酰胺纤维、芳香族聚酯纤维、高强度聚烯烃纤维等）复合材料、金属纤维（如钨丝、不锈钢丝等）复合材料和陶瓷纤维（如氧化铝纤维、碳化硅纤维、石英纤维、硼纤维等）复合材料。

此外，如果用两种或两种以上纤维增强同一基体制成的复合材料称为混杂复合材料。混杂复合材料可以看成是两种或多种单一纤维复合材料的相互复合，即复合材料的"复合材料"。

(3) 按基体材料分类

复合材料按基体材料可分为金属基复合材料、有机材料基复合材料和无机非金属基复合材料。金属基复合材料是以金属为基体制成的复合材料，如铝基复合材料、镁基复合材料、钛基复合材料等；有机材料基复合材料是以聚合物基复合材料（主要为热固性树脂、热塑性树脂、橡胶基）和木质基复合材料为基体制成的复合材料；无机非金属基复合材料是以陶瓷、玻璃、水泥或碳材料为基体制成的复合材料。具体分类情况如图8-4所示。

(4) 按材料用途分类

复合材料按用途可分为结构复合材料和功能复合材料。结构复合材料主要用于制造构件以

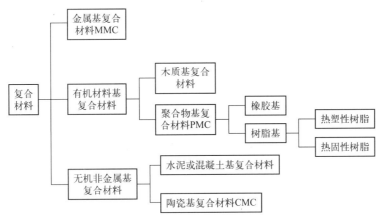

图 8-4 复合材料按基体材料分类

承受载荷为主要目的，作为受力构件使用的复合材料；功能复合材料是具有除力学性能以外的其他各种特殊性能（如阻尼、导电、导磁、换能、摩擦、屏蔽以及化学分离性能等）的复合材料。

除以上分类形式外，还有同质复合材料和异质复合材料。增强材料和基体材料属于同种物质的复合材料为同质复合材料，如碳/碳复合材料。异质复合材料，如前面提及的复合材料多属于此类。

8.1.5 复合材料的发展方向

在大自然的启示下，人们已开发出来多种仿生复合材料和分级结构复合材料，传统的研究主要集中在复合材料的结构应用，如今，基于复合材料设计自由度大的特点，研究重点已拓展到功能复合材料的领域。主要包括电功能（如导电、超导、绝缘、半导体等）；磁功能（如永磁、软磁、磁屏蔽和磁致伸缩等）；光功能（如透光、选择滤光、抗激光、X 射线屏蔽等）；声功能（如吸声、声呐、抗声呐等）；热功能（如导热、绝热与防热、耐烧蚀、阻燃、热辐射等）；机械功能（如阻尼减振、自润滑、耐磨、密封、防弹装甲等）和化学功能（如选择吸附和分离、抗腐蚀等）。

此外，基于复合材料多相性的特点，多功能复合材料也得到了迅猛的发展，可得到功能与结构复合的新型复合材料，如隐身飞机的蒙皮采用了吸收电磁波的功能复合材料，而其本身又是高性能的结构复合材料。

不仅如此，近年来机敏复合材料也是研究的一个热点，其设计思路是把传感功能的材料与具有执行功能的材料通过某种基体复合在一起，当连接外部信息处理系统时，可把传感器给出的信息传达给执行材料，使之产生相应的动作，从而构成机敏复合材料系统。机敏复合材料可实现自诊断、自适应和自修复。在机敏复合材料的基础上，还开发了比传感材料和执行材料灵敏度、精确度和响应速度更高的智能复合材料。这些复合材料均已广泛应用于航空、航天、建筑、交通、水利、卫生、海洋等领域。

8.2 复合材料的增强体

在复合材料中，凡是能提高基体材料力学性能的物质，均称为增强体。增强体在复合材料中起增强作用，是主要承力组分，它可以显著提高基体的强度、韧性、模量、耐热、耐磨等性能。复合材料的性能在很大程度上取决于增强体的性能、含量及使用状态。增强体按几何形状可分为零维(颗粒、微珠)、一维(纤维)、二维(片状)晶板和三维(编织);按习惯可分为纤维、晶须和颗粒三大类,纤维又可分为无机纤维与有机纤维两类,本节主要按纤维、晶须和颗粒这三类进行介绍。

8.2.1 纤维类增强体

纤维是具有较大长径比的材料,是最早应用的增强体。纤维因自身尺寸的原因,容纳不了大尺寸的缺陷,因而具有较高的强度。纤维类增强体根据其性质又可分为无机纤维增强体和有机纤维增强体两大类,每一类又可进一步分为若干个小类,具体如图8-5所示。

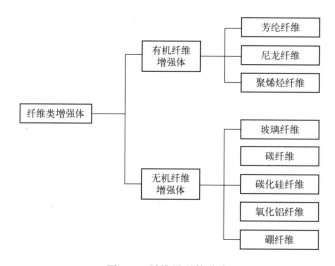

图 8-5 纤维增强体分类

8.2.1.1 玻璃纤维

玻璃纤维是纤维增强复合材料中应用最为广泛的增强体。可作为有机聚合物基或无机非金属基复合材料的增强材料;玻璃纤维具有成本低、不燃烧、耐热和耐化学腐蚀性好、拉伸强度和冲击强度高、断裂延伸率小、绝热性及绝缘性好等特点。

(1) 化学组成

玻璃纤维的化学组成主要是二氧化硅、三氧化二硼、氧化钙、三氧化二铝等。硅酸盐玻璃以二氧化硅为主,硼酸盐玻璃以三氧化二硼为主。二氧化硅主要起骨架作用,具有高的熔点。氧化钠、氧化钾等碱性氧化物为助熔氧化物,它可以降低玻璃的熔化温度和黏度,使玻璃熔液中的气泡容易排出,通过破坏玻璃骨架,使结构疏松,从而达到助熔的目的。用氧化钙取代二氧化硅,可降低拉丝温度。加入三氧化二铝可提高耐水性。总之,玻璃纤维的化学组成一方面要满足玻璃纤维物理和化学性能的要求;另一方面要满足制造工艺的要求,如合适的成型温度、硬化速度及黏度范围。

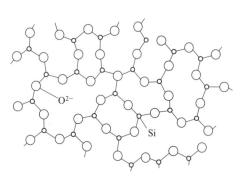

图 8-6 玻璃纤维的无定形结构

(2) 结构

玻璃纤维是三维网络结构的无定形结构,如

图 8-6 所示,具有各向同性。关于玻璃纤维结构有两种假说,分别为微晶结构假说和网络结构假说。微晶结构假说认为玻璃是由硅酸盐或二氧化硅的微晶子组成的,在微晶子之间由硅酸盐过冷溶液所填充。而网络结构假说则认为玻璃是由二氧化硅四面体、铝氧四面体或硼氧三角体相互连接而成的三维网络,网络的空隙由 Na、K、Ca、Mg 等阳离子所填充。二氧化硅四面体的三维结构是决定玻璃性能的主要基础,而填充物为网络改性物。

(3) 性能

① 力学性能。玻璃纤维的抗拉强度很高（1200～1500MPa）,比块状玻璃高几十倍。这主要有两方面的原因:一方面,玻璃内部及表面均存在着较多的微裂纹,在外力的作用下,微裂纹处特别是表面微裂纹处,产生应力集中,首先被破坏。而玻璃纤维在高温成型时,减少了玻璃内部成分的不均一性,使微裂纹产生的机会减少,从而提高了玻璃纤维的强度。另一方面,在成型过程中由于拉丝机的牵引力作用,玻璃纤维内部分子产生一定的定向排列,抗拉强度也得以提高。影响玻璃纤维强度的因素主要有纤维的直径、长度和化学组成。直径越细,拉伸强度越高;长度增加,拉伸强度显著下降;含碱量越高,强度越低。

② 耐热性能。玻璃纤维是一种无机纤维,它本身不会引起燃烧,并且有很好的耐热性,这在纺织纤维中是很独特的。玻璃纤维在较低的温度下受热,其性能虽变化不大,但会引起收缩现象。玻璃纤维的导热系数非常小,因而它常用于管道和容器的隔热,以及作为成型件的绝缘壳。

③ 化学稳定性。玻璃纤维的化学稳定性,取决于其化学组成、介质性质、温度和压力等条件。玻璃纤维对腐蚀性化学品如酸和碱,有好的阻抗性,它几乎不受有机溶剂的影响,并对大多数无机化合物是稳定的。

④ 电性能。玻璃纤维具有高的电阻率和低的介电常数。体积电阻率为 10^{11}～10^{18} Ω·cm。玻璃纤维的电性能主要取决于玻璃的化学成分,特别是碱氧化物的含量。值得注意的是,在玻璃纤维中加入大量的氧化铁、氧化铅、氧化铜、氧化铋等会使其具有半导体性能;在纤维表面涂覆石墨或金属,可以使其成为导电纤维。

⑤ 其他性能。玻璃纤维还具有耐老化、防腐、防霉、抗紫外线辐射等性能。采用合适的表面处理剂,可以改善玻璃纤维的加工性能。但玻璃纤维也存在一些由于其本身化学性质所带来的性能方面的缺陷,如玻璃纤维脆性大,耐磨性差,柔软性差,不耐弯曲。纤维断落的纤维头,触及人体使人难受,甚至会使皮肤发痒。再者,玻璃纤维吸湿性差,染色困难,制造成本较高。

(4) 分类

玻璃纤维的分类方法很多。一般从玻璃原料成分、单丝直径、纤维外观及纤维特性等方面进行分类。

① 以玻璃原料成分分类。这种分类方法主要用于连续玻璃纤维的分类。一般以不同的含碱量来分类,如图 8-7 所示。

玻璃纤维 按碱金属氧化物含量 { 无碱玻璃纤维 (E玻璃) <0.5% / 中碱玻璃纤维 (C玻璃) 11%～12% / 有碱玻璃纤维 (A玻璃) >12% / 特种玻璃纤维

图 8-7 玻璃纤维分类（以原料成分分类）

a. 无碱玻璃纤维：通称 E 玻璃，是以钙铝硼硅酸盐组成的玻璃纤维，这种纤维强度较高，耐热性和电性能优良，能抗大气侵蚀，化学稳定性也好，但不耐酸，最大的特点是电性能好，因此也把它称作电气玻璃。国内外大多都使用这种 E 玻璃作为复合材料的原材料。目前，国内规定其碱金属氧化物含量小于 0.5%，国外一般为 1% 左右。

b. 中碱玻璃纤维：碱金属氧化物含量在 11%～12% 之间。它的主要特点是耐酸性，但强度不如 E 玻璃高。它主要用于耐腐蚀领域，价格较便宜。

c. 有碱玻璃纤维：通称 A 玻璃，类似于窗玻璃及玻璃瓶的钠钙玻璃。此种玻璃由于含碱量高，强度低，对潮气侵蚀极为敏感，因而很少作为增强材料。

d. 特种玻璃纤维：如由纯镁铝硅三元组成的高强玻璃纤维，镁铝硅系高强高弹玻璃纤维，硅铝钙镁系耐化学介质腐蚀玻璃纤维，含铅纤维，高硅氧纤维，石英纤维等。

② 以单丝直径分类。玻璃纤维单丝呈圆柱形，以其直径的不同可以分成以下几种：粗纤维：30μm；初级纤维：20μm；中级纤维：10～20μm；高级纤维：3～10μm。表 8-1 列出了标准单丝直径分类。单丝直径小于 4μm 的玻璃纤维称为超细纤维。单丝直径不同，不仅纤维的性能有差异，而且影响到纤维的生产工艺、产量和成本。一般 5～10μm 的纤维作为纺织制品使用，10～14μm 的纤维一般作无捻粗纱、无纺布、短切纤维毡等较为适宜。

表 8-1 标准单丝直径系列

单丝代号	B	C	D	DE	E	G	H	K
单丝直径/μm	3.8	4.5	5	6	7	9	10	13

③ 以纤维外观分类。玻璃纤维从外观可分为：连续纤维、短切纤维、空心玻璃纤维、玻璃粉、磨细纤维等。

④ 以纤维特性分类。根据纤维本身具有的性能可分为特种玻璃纤维和碱性玻璃纤维。其中，特种玻璃纤维又可以分为数个小系列，具体见图 8-8。

8.2.1.2 碳纤维

碳纤维的开发历史可追溯到 19 世纪末期美国科学家爱迪生发明的白炽灯灯丝。而真正作为有使用价值并规模生产的碳纤维，则出现在 20 世纪 50 年代末期。1959 年美国联合碳化公司以黏胶纤维为原丝制成商品名为 "Hyfil Thornel" 的纤维素基碳纤维；1962 年日本炭素公司实现低模量聚丙烯腈基碳纤维的工业化生产；1963 年英国航空材料研究所开发出高模量聚丙烯腈基碳纤维；1968 年美国金刚砂公司研制出商品名为 "Kynol" 的酚醛纤维；1970 年日本吴羽化学公司实现沥青基碳纤维的工业规模生产；1980 年以酚醛纤维为原丝的活性碳纤维投放市场。

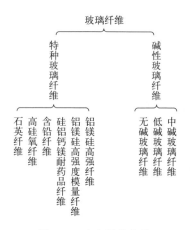

图 8-8 玻璃纤维分类
（以纤维特性分类）

(1) 化学组成

碳纤维是由有机纤维经固相反应转变而成的纤维状聚合物碳，含碳量不低于 90%，是一种非金属材料，不属于有机纤维的范畴，其直径约 8μm。图 8-9 为常用的短切碳纤维，图 8-10 为碳的主要存在形式，包括 C_{60}、金刚石和石墨等。

图 8-9 短切碳纤维

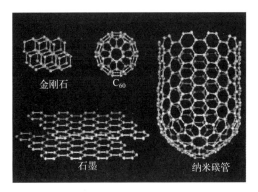
图 8-10 碳的存在形式

(2) 结构

碳纤维的结构取决于原丝结构与炭化工艺。在碳纤维形成的过程中，高模量碳纤维的碳分子平面总是沿纤维轴向平行地取向。用 X 射线、电子衍射仪和电子显微镜研究发现，真实的碳纤维结构并不是理想的石墨点阵结构，而是属于一种无序的石墨结构。石墨晶体结构与乱层结构如图 8-11 所示。在这种无序的石墨结构中，石墨层片是基本的结构单元，若干层的石墨片组成微晶，微晶堆砌成直径为数十纳米、长度为数百纳米的原纤，最终由原纤构成了碳纤维单丝，其直径约数微米，其结构发展如图 8-12 所示。实测碳纤维石墨层的层面间距约 0.339～0.342nm，比纯石墨晶体的层面间距（0.335nm）略大，各平行层之间的硅原子排列也没有石墨那么规整。

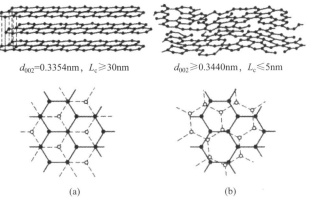

图 8-11 石墨晶体结构与乱层结构图
(a) 石墨晶体的重叠状态，(b) 乱层结构的重叠状态

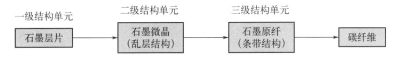

图 8-12 碳纤维的结构发展

(3) 性能

① 力学性能。碳纤维的力学性能优异，碳纤维的密度是 $1.6\sim2.5\text{g/cm}^3$，碳纤维拉伸强度在 2.2GPa 以上。因此，具有高的比强度和比模量，它比绝大多数金属的比强度高 7 倍以

上，比模量为金属的 5 倍以上。表 8-2 给出了不同牌号碳纤维的力学性能。根据 C—C 键键能及密度可计算出单晶石墨强度和模量分别为 180GPa 和 1000GPa 左右，但是碳纤维的实际强度和模量要远远低于此理论值。纤维中的缺陷，比如结构不均、直径变异、微孔、裂缝、气孔或杂质等是影响碳纤维强度的重要因素。它们来自两个方面，一是在纤维成型过程中原丝所产生的，二是在炭化过程中由于从纤维中释放出各种气体物质，在纤维表面及内部产生的空穴等缺陷。

表 8-2　碳纤维的力学性能

牌号	拉伸强度/MPa	弹性模量/GPa	延伸率/%	密度/(g/cm^3)
T300-6000	3530	230	1.5	1.76
T400HB 6000	4410	250	1.8	1.8
T700SC-12000	4900	230	2.1	1.8
T800HB-12000	5490	294	1.9	1.81
T1000GB-12000	6370	294	2.2	1.8
M35JB-12000	4700	343	1.4	1.75
M40JB-12000	4400	377	1.2	1.75
M46JB-12000	4020	436	0.9	1.84
M55JB-6000	4020	540	0.8	1.91
M60JB-6000	3820	588	0.7	1.93
M30SC-18000	5490	294	1.9	1.73

即便存在这样的缺陷，以碳纤维为增强体的复合材料仍然具有比钢强、比铝轻的特性，是一种目前最受重视的高性能材料之一。它在航空航天、军事、工业、体育器材等许多方面有着广泛的用途。全世界碳纤维的年生产能力超过 10000 吨，其中聚丙烯腈基碳纤维占总量的 78%。

② 热性能。碳纤维耐热性好，在 400℃ 以下性能非常稳定，甚至在 2000℃ 时仍无太大变化，3000℃ 非氧化气氛中不熔不软。复合材料耐高温性能主要取决于基体的耐热性，树脂基复合材料的长期耐热性只达 300℃ 左右，陶瓷基、碳基和金属基的复合材料耐高温性能可与碳纤维本身匹配。因此碳纤维复合材料作为耐高温材料广泛用于航空航天工业。不仅如此，碳纤维的热膨胀系数小，由它制成的复合材料热膨胀系数自然比较稳定，可作为标准衡器具。此外，碳纤维的导热性接近于钢铁，利用这一优点可作为太阳能集热器材料、传热均匀的导热壳体材料。

③ 化学稳定性。从碳纤维的成分可以看出，它几乎是纯碳，而碳又是最稳定的元素之一。除了强氧化酸以外，它对酸、碱和有机化学药品都很稳定，可以制成各种各样的化学防腐制品。我国已从事这方面的应用研究，随着今后碳纤维的价格不断降低，其应用范围会越来越广。

④ 导电性和其他性能。碳纤维的导电性良好；摩擦系数小并具有润滑性，碳纤维与金属对磨时，很少磨损，用碳纤维来取代石棉制成高级的摩擦材料，已作为飞机和汽车的刹车片材料；碳纤维的结构稳定，制成的复合材料，经应力疲劳数百万次的循环试验后，其强度保留率仍有 60%，而钢材为 40%，铝材为 30%，玻璃钢则只有 20%～25%；碳纤维制品具有非常优良的 X 射线透过性，此特点已经在医疗器材中得到应用。

(4) 分类

当前国内外已商品化的碳纤维种类很多，一般可以根据原丝的类型、碳纤维的性能和功能进行分类，如图 8-13 所示。

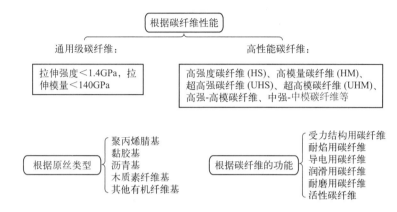

图 8-13　碳纤维的分类

8.2.1.3　碳化硅纤维

(1) 化学组成与结构

SiC 纤维是以碳和硅为主要组分的一种陶瓷纤维。SiC 纤维的直径范围为 $0.1 \sim 1 \mu m$，长度范围为 $20 \sim 50 \mu m$，如图 8-14 所示。

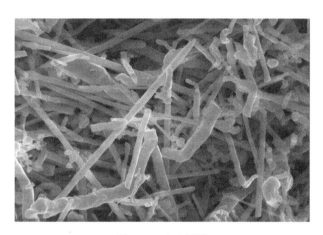

图 8-14　SiC 纤维

(2) 性能

① 力学性能。碳化硅纤维具有较高的比强度和比模量。含 35%～50% 的碳化硅纤维的碳化硅复合材料通常比强度可提高 1～4 倍，比模量可提高 1～3 倍。此外，碳化硅纤维增强复合材料还有较好的界面结构，可有效地阻止裂纹扩散，从而使其具有优良的抗疲劳和抗蠕变性能。

② 耐热性能。碳化硅纤维具有优良的耐热性能，在 1000℃ 以下，其力学性能基本不变，可长期使用。当温度越过 1300℃ 时，其性能才开始下降，是耐高温的好材料，主要用于制成耐高温的金属或陶瓷基复合材料。此外，碳化硅纤维的热膨胀系数比金属小，碳化硅增强金属基复合材料具有很小的热膨胀系数，因此也具有很好的尺寸稳定性能。

③ 耐化学腐蚀性。碳化硅纤维的耐化学腐蚀性能良好，在80℃以下耐强酸，耐碱性也好。它与金属在1000℃以下不发生反应，而且有很好的浸润性，有益于与金属复合。

④ 耐辐射和吸波性能。碳化硅的吸波能力超强，是最有效的吸波材料；在3.2×10^{10}中子每秒的快中子辐射1.5h或能量为10^5中子伏特、200ns的强脉冲γ射线照射下，其强度均无明显下降。

由于碳化硅纤维具有耐高温、耐腐蚀、耐辐射的三耐性能，是一种理想的耐热材料。用碳化硅纤维编织成的织物，已用于高温的传送带、过滤材料，如汽车的废气过滤器等。碳化硅纤维复合材料已应用于喷气发动机油轮叶片、飞机螺旋桨等受力部件主动轴等。在军事上，可作为大口径军用步枪金属基复合枪筒套管、作战坦克履带、火箭推进剂传送系统、战斗机的垂直安定面、导弹尾部、火箭发动机外壳、鱼雷壳体等。

(3) 分类

通常，碳化硅纤维从形态上分为晶须和连续纤维两种。晶须是一种单晶，外观是粉末状。连续纤维是碳化硅包覆在钨丝或碳纤维等芯丝上而形成的连续丝，或纺丝和热解而得到纯碳化硅长丝。用于复合材料的SiC纤维有CVD碳化硅纤维、Nicalon碳化硅纤维和碳化硅晶须。

8.2.1.4 氧化铝纤维

(1) 化学组成

氧化铝纤维是以Al_2O_3为主要成分，含有少量SiO_2、B_2O_3或ZrO_2、MgO等的陶瓷纤维。

(2) 性能

氧化铝纤维具有优异的力学性能，耐高温，可长期在1000℃以上使用；1250℃时保持室温性能的90%，具有极佳的耐化学性能与抗氧化性能。而碳纤维在400℃时会氧化燃烧，不被熔融金属浸蚀。表面活性好，无需表面处理即可很好地与金属和树脂复合，制备复合材料。绝缘性能佳，与玻璃钢相比，其介电常数和损耗正切小，且随频率变化小，电波透过性更好。用其增强的复合材料具有良好的抗压性能，耐疲劳强度高，经10^7次交变载荷加载后强度不低于其静强度的70%。可广泛应用于冶金、陶瓷、机械、电子、建材、石化、航天、航空、军工等行业热加工领域作隔热内衬。

8.2.1.5 硼纤维

(1) 化学组成

硼原子序数为5，原子量为10.8，熔点为2050℃，具有半导体性质，硬度仅次于金刚石，难以制成纤维。硼纤维是通过在芯材（钨丝、碳丝或涂碳或涂钨的石英纤维，直径一般为3.5～50pm）上沉积不定形的原子硼形成的一种无机复合纤维，直径为100～200μm。硼纤维是高性能复合材料的重要纤维增强体之一，1956年产生于美国。

(2) 结构

1200℃以上化学气相沉积时形成的无定形硼，即β-菱形晶胞结构，其基本单元是由12个硼原子组成的二十面体，如图8-15所示。硼纤维的形貌与芯材有关，比如，W丝沉积B纤维时，表面构成不规则的小结节，形成"玉米棒"状；而C丝沉积B纤维时，C丝不与B反应，且比W轻，气相沉积B的纤维表面光滑，无小结节现象。总之，硼纤维的结构取决于硼的沉积条件、温度、气体的成分、气态动力学等因素。

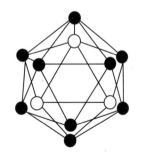

图8-15　12个硼原子组成的二十面体结构

(3) 性能

硼纤维具有良好的力学性能，强度高、模量高、密度小。硼纤维的弯曲强度比拉伸强度高，在空气中的拉伸强度随温度升高而降低，在 200℃ 左右硼纤维的性能基本不变，而在 315℃、1000 小时后，硼纤维强度将损失 70%，而加热到 650℃ 时硼纤维强度将完全丧失。硼纤维是制造金属复合材料最早采用的高性能纤维。用硼铝复合材料制成的航天飞机主舱框架强度高、刚性好，代替铝合金骨架节省重量，取得了十分显著的效果，也有力地促进了硼纤维金属基复合材料的发展。

硼纤维的化学稳定性好，但表面具有活性，不需要处理就能与树脂进行复合，而且所制得的复合材料具有较高的层间剪切强度。

(4) 分类

根据芯材的不同，硼纤维可分为钨芯硼纤维、碳芯硼纤维和石英纤维硼纤维等。

8.2.1.6 芳纶纤维

自 1972 年芳纶纤维（Kevlar 纤维）作为商品出售以来，产量逐年增加。该纤维具有独特的功能，使之广泛应用到军工和国民经济各个部门。

(1) 化学组成

芳纶纤维是芳香族聚酰胺类纤维的总称，其中最具代表性的是对苯二甲酰对苯二胺的聚合体，简称 PPTA 纤维，它的化学结构式如图 8-16 所示。

(2) 结构

从 PPTA 的化学结构可知，纤维材料的基体结构是长链状聚酰胺，结构中含有大量的酰胺键，这种刚硬的直线状分子键在纤维轴向是高度定向的，相邻的聚合物链是由氢键连接的。这种在沿纤维轴向的强共价键和横向弱的氢键，是造成芳纶纤维力学性能各向异性的原因，使之具有纵向强度高而横向强度低的特点。芳纶纤维的化学链主要由芳环组成。这种芳环结构具有高的刚性，并且聚合物链呈伸展状态，形成线型的棒状结构，这种线型结构又使得在单位体积内可容纳很多聚合物链，因此芳纶纤维具有高的模量，这种高密度的聚合物还具有较高的强度。

PPTA 高分子的晶体结构为单斜晶系，每个单胞中含有两个大分子链，碳链轴平行于分子链方向，链间由氢键交联形成层片晶，层间严格对齐。结构中层片晶堆积占优势，成晶体区，只有很少的非晶区。纤维中分子在纵向近乎平行于纤维轴取向，而在横向平行于氢键片层辐射取向。在液晶纺丝时，常有少量的正常分子杂乱取向，称为轴向条纹或氢键片层的打褶，形成 PPTA 纤维辐射状打褶结构，如图 8-17 所示。

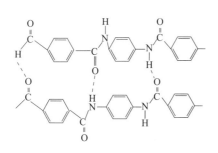

图 8-16　PPTA 的化学结构式

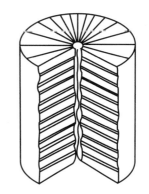

图 8-17　PPTA 纤维辐射状打褶结构

(3) 性能

① 力学性能。芳纶纤维的特点是拉伸强度高、弹性模量高、密度小,其强度是钢丝的5~6倍,模量为钢丝或玻璃纤维的2~3倍,韧性是钢丝的2倍,而重量仅为钢丝的1/5左右,在560℃的温度下,不分解,不熔化。与其它材料的性能比较见表8-3。

表8-3 芳纶纤维与其它材料性能的比较

性能	芳纶纤维	尼龙纤维	聚酯纤维	石墨纤维	玻璃纤维	不锈钢丝
拉伸强度/(kg/cm^2)	28152	10098	11424	28152	24528	17544
弹性模量/(kg/cm^2)	1265400	56240	140760	2.25×10^6	7.04×10^5	2.04×10^6
断裂延伸率/%	2.5	18.3	14.5	1.25	3.5	2.0
密度/(g/cm^3)	1.44	1.14	1.38	1.75	2.55	7.83

② 化学性能。芳纶纤维由于极性基团酰胺基的存在,耐水性差,易受各种酸碱的侵蚀,对强酸的抵抗力更差,但对中性药品的抵抗力较强。

③ 其他性能。除力学性能优势外,芳纶纤维的摩擦性能优异,特别是增强热塑性基体时,其耐磨性更好。不仅如此,芳纶纤维的电绝缘性良好。但芳纶纤维同样存在一些不足,如耐光性差,易光致分解;溶解性差;抗压强度低;吸湿性强。

目前,以芳纶纤维为增强体,树脂为基体的复合材料,由于其质量轻而强度高,节省了大量的动力燃料,大量应用在航空航天方面。据国外资料显示,在宇宙飞船的发射过程中,每减轻1千克的重量,意味着降低100万美元的成本。另外芳纶纤维是重要的国防军工材料,为了适应现代战争的需要,目前,美英等发达国家的防弹衣均为芳纶材质,芳纶防弹衣、头盔的轻量化,有效提高了军队的快速反应能力和杀伤力。在海湾战争中,美、法飞机大量使用了芳纶纤维复合材料。除了军事上的应用外,现已作为一种高技术含量的纤维材料被广泛应用于航天航空、机电、建筑、汽车、体育用品等国民经济的各个方面。据报道,目前,芳纶纤维产品用于防弹衣、头盔等约占7%~8%,航空航天材料、体育用品材料大约占40%,轮胎骨架材料、传送带材料等方面大约占20%,还有高强绳索等方面大约占13%。

(4) 分类

除了PPTA纤维外,芳香族聚酰胺纤维还包括聚对苯甲酰胺纤维(PBA纤维,美国产)、对位芳酰胺共聚纤维(Technora纤维,日本产)和聚对芳酰胺并咪唑纤维(CBM纤维,AP-MOC纤维,俄罗斯产)。其中PPTA纤维是应用最广、最具代表性的高强、高模量和耐高温纤维。

8.2.1.7 尼龙纤维

(1) 化学组成与结构

聚酰胺纤维(PA)是指其分子主链由酰胺键(-CO-NH-)连接的一类合成纤维,又称尼龙。各国的商品名称不同,我国称聚酰胺纤维为锦纶。聚酰胺纤维是世界上最早实现工业化生产的合成纤维,也是化学纤维的主要品种之一。尼龙66和尼龙6先后于1939年和1943年开始工业化生产。聚酰胺纤维主链结构类似于蛋白质纤维,但相比于蛋白质纤维,聚酰胺纤维的不同之处在于组成和结构简单,在分子链的中间存在大量碳链和酰胺基,无侧链,仅在分子链的末端才具有羧基和氨基。

(2) 性能

① 力学性能。聚酰胺纤维是高强力合成纤维,其强度是棉纤维的2~3倍,是黏胶纤维的3~4倍;其耐磨性是棉的10倍,是羊毛的20倍,它是制造一些经常受到摩擦的物品的理想

材料，大多用于制造丝袜、衬衣、渔网、缆绳、降落伞、宇航服、轮胎帘布等。

② 耐热性能。聚酰胺纤维耐热性较差，受热后收缩较大，尼龙66在80~140℃时其强力基本保持不变，180℃时才有下降趋势。而尼龙6在160℃时强力有下降趋势，170℃时大幅度下降。

③ 化学稳定性。聚酰胺纤维对酸比较敏感，冷的浓无机酸能分解尼龙6，就是冷的稀无机酸也会对其有影响，但聚酰胺纤维有良好的耐碱性，在90℃、110℃烧碱溶液中处理16小时，对纤维强力没有什么影响。聚酰胺纤维不溶于醇、醚、丙酮等一般溶剂，但在常温下，能溶于蚁酸、甲酚、苯酚、氯化钙-甲醇混合溶液；在高温时，溶于苯甲醇、冰醋酸、乙二醇等溶液中。强氧化剂对聚酰胺纤维的强度有损害。

④ 其他性能。聚酰胺纤维的密度小，是除乙纶和丙纶外最轻的纤维；其吸湿性低于天然纤维和再生纤维，但在合成纤维中仅次于维纶；其染色性也好。但聚酰胺纤维也有很多缺点，如耐光性较差，在长时间日光或紫外光照射下，强度下降，颜色发黄；耐热性较差；初始模量较低，因此在使用过程中容易变形。目前主要通过对聚酰胺纤维进行改性或者开发聚酰胺纤维新品种来克服这些不足，并且已经取得很大的成效。

8.2.1.8 聚烯烃纤维

(1) 化学组成与结构

20世纪30年代提出超强聚乙烯基础理论，1979年荷兰DSM公司发明了凝胶纺丝法并申请专利，1990年开始商业化生产，1998年宁波大成化纤集团公司、中国石化总公司与中国纺织大学材料学院联合研制成超高强高模量聚乙烯纤维。超高分子量聚乙烯纤维是指分子量在10^6以上的聚乙烯纺出的纤维（UHMW-PE），工业上一般使用的分子量在3×10^6左右。

(2) 性能

① 力学性能。超高分子量聚乙烯纤维密度较小，一般为$0.97g/cm^3$，比强度、比模量都较高。断裂延伸率为3%~6%。利用高强聚乙烯纤维制作的复合材料，在受到高速冲击作用时，能吸收大量能量，因此适于作防护材料。UHMW-PE的力学性能如表8-4所示。以高强聚乙烯纤维为基体的复合材料，多用于制作轻重量的物件，如浮筒、船舶、雷达透波结构件、安全帽、防护服等。在弯折状态下，高强聚乙烯纤维不易折断，摩擦系数小，只有0.07~0.11，且具有良好的自润滑性，耐磨性好，特别适于纺织加工。

表8-4 UHMW-PE的力学性能

纤维	密度/(g/cm³)	拉伸强度/GPa	拉伸模量/GPa	断裂延伸率/%
Spectra 900(美国)	0.97	2.56	119.51	3.5
Spectra 1000(美国)	0.97	2.98	170.73	2.7
Tekumiron(日本)	0.96	2.94	98	3.0
DyneemaSK-77(荷兰)	—	3.77	136.59	—

② 其他性能。高强聚乙烯纤维具有较好的抗紫外线辐射性能，在日光下照射1000h，其强度保持率为70%。高强聚乙烯纤维具有较强的耐化学性，电磁波透过性好。但高强聚乙烯纤维同样具有一些缺点，如难加工，生产效率低，成本高；耐热性差，熔点较低，约为150℃，使用温度一般应控制在70℃；黏结性能差；综合机械强度差，易蠕变；不阻燃，使用时严禁接触明火。

8.2.2 晶须增强体

(1) 结构与性能

晶须是细长的单晶体,直径为0.1至几微米,长度一般为数十至数千微米,因此长径比很大。它是缺陷少的单晶短纤维,其拉伸强度接近纯晶体的理论强度,其机械强度几乎等于相邻原子间的作用力。晶须高强的原因,主要由于它的直径非常小,没有微裂纹、空隙、位错和孔洞等缺陷。晶须材料的内部结构完整,使它的强度不受表面完整性的严格限制。表8-5给出了不同类型晶须的基本性能。

表 8-5 晶须的基本性能

晶须类型	密度/(g/cm^3)	熔点/℃	拉伸强度/GPa	拉伸模量/GPa
氧化铝	3.9	2080	14~28	482~1033
氧化铍	1.8	2560	14~20	700
碳化硼	2.5	2450	7	450

高强度晶须一般由周期表中前几个元素组成。这主要是由于只有周期表中前几个元素才能构成纯的共价键,而通常以强的共价键结合的固体可有较高的强度。同时又由于这种键具有方向性与饱和性,因而原子往往不是以最密方式堆积的,为此这种固体的密度较低。

(2) 分类

晶须分为陶瓷晶须和金属晶须两类,用作增强材料的主要是陶瓷晶须。晶须兼有玻璃纤维和硼纤维的优良性能,它具有玻璃纤维的延伸率(3%~4%)和硼纤维的弹性模量(4.2×10^6~7.0×10^6 MPa)。晶须没有显著的疲劳效应,切断、碾磨或其他施工操作,都不会降低其强度。晶须材料在复合使用过程中,一般需要经过表面处理,改善与基体的相互作用。

8.2.3 颗粒增强体

颗粒增强体按颗粒尺寸的大小可以分为两类:一类是颗粒尺寸在0.1~10μm以上的颗粒增强体,它们与金属基体或陶瓷基体复合的材料在耐磨性、耐热性及超硬度方面有很好的应用前景;另一类是颗粒尺寸在0.01~0.1μm范围内的微粒增强体,其强化机理与前者不同,由于微粒对基体位错运动的阻碍而产生强化作用,属于弥散强化原理。

按颗粒所起作用的不同,颗粒增强体又可以分为延性颗粒增强体和刚性颗粒增强体两类。延性颗粒增强体是指加入到陶瓷、玻璃、微晶玻璃等脆性基体中的金属颗粒,以期增加基体材料的韧性。延性颗粒材料的加入,虽能改善韧性,但常导致高温力学性能的下降。此类增韧颗粒的作用一般通过桥联机理实现。刚性颗粒增强体一般具有高模量、高强度、高硬度、高热稳定性和化学稳定性等特点;增强体与基体之间具有一定的结合度;增强体热膨胀系数大于基体材料,促使裂纹绕刚性颗粒增强体偏析,可抑制基体内部微裂纹生长,使材料的韧性得以提高;不同形貌的刚性颗粒增强体对于裂纹的偏析、桥联作用不同。刚性颗粒增强陶瓷基复合材料,比单相陶瓷具有更好的高温力学性能。刚性颗粒增强体包括氧化物颗粒(如Al_2O_3、ZrO_2、TiO_2等)和非氧化物颗粒(如Si_3N_4、SiC、TiB_2、BC、Al_4C_3、Cr_7C_3等)。

8.3 聚合物基复合材料

8.3.1 基本概念和性能特点

聚合物基复合材料（polymer matrix composite，PMC）是以有机聚合物为基体，连续纤维为增强体通过一定方式组合而成的。高强度、高模量的纤维是理想的承载体。聚合物基体材料由于其黏结性能好，把纤维牢固地粘接起来。同时，基体又能使载荷均匀分布，并传递到纤维上去，使纤维承受载荷。纤维和基体之间的良好复合显示了各自的优点，具有许多优良特性。

（1）具有较高的比强度和比模量

聚合物基复合材料的比强度和模量可以与常用的金属材料，如钢、铝、铁等进行比较，其力学性能相当出色，见表 8-6。

表 8-6 金属材料和聚合物基复合材料的性能比较

材料种类	相对密度	抗拉强度/GPa	弹性模量/100GPa	比强度/GPa	模量 100/GPa
钢	7.6	1.03	2.1	0.13	0.27
铝	2.8	0.47	0.75	0.17	0.26
钛	4.5	0.96	1.14	0.21	0.25
玻璃钢	2.0	1.06	0.4	0.53	0.21
碳纤维Ⅰ/环氧树脂	1.45	1.5	1.4	1.03	0.21
碳纤维Ⅱ/环氧树脂	1.6	1.07	2.4	0.07	1.5
有机纤维 PRD/环氧树脂	1.4	1.4	0.8	1.0	0.57
硼纤维/环氧树脂	2.1	1.38	2.1	0.66	1.0
硼纤维/金属	2.61	1.0	2.0	0.38	0.95

（2）抗疲劳性能好

疲劳破坏是指材料在交变载荷作用下，逐渐形成裂缝，最终不断扩大而引起的低应力破坏。金属材料的疲劳破坏是由内往外突然发展的，事先没有任何预兆。而聚合物基复合材料不同，当它由于疲劳而产生裂缝时，因为纤维与基体的界面可以阻止裂纹的扩展，并且由于疲劳破坏总是在纤维的薄弱环节最先发生，然后扩展到结合面上，因此破坏前有明显的预兆。金属材料的疲劳极限为抗拉强度的 40%～50%，而碳纤维复合材料可达到 70%～80%。

（3）减振性能好

较高的自振频率会减少工作状态下引起的早期破坏，而结构的自振频率除了与结构本身形状有关以外，还与材料比模量的平方根成正比。在比模量较高的聚合物基复合材料中，纤维与基体的界面具有吸收振动的能力，其振动阻尼很高，减振效果很好。

（4）安全性好

聚合物基复合材料中有大量的独立纤维，每平方厘米的复合材料上成千上万根纤维分布其上，当材料超载时，即使有少量纤维断裂，其载荷也会重新分配到其他大量未断裂的纤维上，不会使整个构件在短期内失去承载的能力。

（5）可设计性强、成型工艺简单

通过改变纤维、基体的种类及组成含量，纤维集合与排列方式，铺层结构等可以满足对复合材料结构与性能的各种设计要求。而且聚合物基复合材料的制品多为整体成型,一般无需焊、铆、切割等二次加工,工艺过程比较简单。由于一次成型,不仅缩短了加工时间,而且也减少了零部件、紧固件和接头的数目,使结构更加轻。

(6) 过载时安全性能好

由于复合材料中的增强体具有一定的量,纵使有少量增强体被破坏,其承受的载荷还会重新分布,不至于使工件在短期内失去承载能力。尤其是纤维、晶须等增强体,其过载能力更强,安全性更好。

当然,聚合物基复合材料也存在一些不足:抗冲击强度差、纤维增强的聚合物基复合材料的横向强度和层间剪切强度低。此外,在湿热环境下性能会发生变化。

8.3.2 聚合物基复合材料的分类与应用

因为聚合物基复合材料的增强体和基体的种类很多,所以复合材料的种类和性能也具有多样性。若按增强体种类可分为:纤维增强聚合物基复合材料、晶须增强聚合物基复合材料、颗粒增强聚合物基复合材料等。若按增强纤维的种类可分为:玻璃纤维增强聚合物基复合材料、碳纤维增强聚合物基复合材料、硼纤维增强聚合物基复合材料、芳纶纤维增强聚合物基复合材料及其他纤维增强聚合物基复合材料。若按基体聚合物的性能可分为:通用型聚合物基复合材料、耐化学介质型聚合物基复合材料、耐高温型聚合物基复合材料、阻燃型聚合物基复合材料等。应用最为广泛的是按聚合物基体的结构形式来分类,此时,聚合物基复合材料可分为热固性树脂基复合材料与热塑性树脂基复合材料。这些聚合物基复合材料除了具有上述共同的特点外,还具有其本身的特殊性能。这里主要以玻璃纤维增强热固性塑料(glass fiber reinforced plastic,GFRP)、玻璃纤维增强热塑性塑料(FRTP)和高强度、高模量纤维增强塑料为例进行介绍。

8.3.2.1 玻璃纤维增强热固性塑料

(1) 基本概念与分类

玻璃纤维增强热固性塑料是指以玻璃纤维为增强体,热固性塑料为基体的纤维增强塑料,俗称玻璃钢。根据基体种类不同,可将 GFRP 分成三类,即玻璃纤维增强环氧树脂、玻璃纤维增强酚醛树脂、玻璃纤维增强聚酯树脂。GFRP 最显著的特点是相对密度为 1.6~2.0,比金属铝还轻,而比强度比高级合金钢还高。"玻璃钢"这个名称便由此而来。

(2) 性能

① 力学性能。GFRP 刚性差,它的弯曲弹性模量仅为 200GPa,而钢材为 20000GPa,它的刚度是木材的两倍,而是钢材的十分之一。

② 耐热性能。玻璃钢的导热性差,其耐热性虽然比塑料高,但低于金属和陶瓷。玻璃纤维增强聚酯树脂连续使用温度在 280℃ 以下,其他 GFRP 在 350℃ 以下。

③ 耐化学腐蚀性能。GFRP 具有良好的耐腐蚀性,在酸、碱、有机溶剂、海水等介质中均很稳定,其中玻璃纤维增强环氧树脂的耐腐蚀性最为突出。

④ 电磁性能。GFRP 也是一种良好的电绝缘材料,主要表现在它的电阻率和击穿电压强度两项指标都达到了电绝缘材料的标准。电绝缘体一般是指电阻率大于 $10^6 \Omega \cdot cm$ 的物质。而 GFRP 的电阻率为 $10^{11} \Omega \cdot m$,有的甚至达到 $10^{18} \Omega \cdot m$,击穿电压强度达到 20kV/mm,因此它可作为耐高压的电器零件。另外,GFRP 不受电磁作用的影响,它不反射无线电波,微波透过性好,因此可用来制造扫雷艇和雷达罩。GFRP 还具有保温、隔热、减振等性能。

表 8-7 给出了各种 GFRP 与金属性能的比较。

表 8-7　各种玻璃钢与金属性能的比较

性能＼材料名称	聚酯玻璃钢	环氧玻璃钢	酚醛玻璃钢	钢	铝	高级合金
相对密度	1.7~1.9	1.8~2.0	1.6~1.85	7.8	2.7	8.0
抗拉强度/MPa	180~350	70.3~298.5	70~280	700~840	70~250	12.8
压缩强度/MPa	210~250	180~300	100~270	350~420	30~100	
弯曲强度/GPa	210~350	70.3~470	1100	420~460	70~110	
吸水率/%	0.2~0.5	0.05~0.2	1.5~5	—	—	
导热系数/[J/(m·h·K)]	1038	630~1507		155~748		
线膨胀系数/(10^{-6}/℃)		1.1~3.5	0.35~1.07	0.012	0.023	
比强度/MPa	1600	2800	1150	500	—	1500

(3) 应用

利用 GFRP 的特点,它已经在石油化工、汽车船舶、建筑业等方面有了广泛的应用。石油化工方面,用聚酯和环氧 GFRP 制作的输油管和储油设备,以及天然气和汽油管道、罐车和贮槽等是原油陆上运输的主要设备。汽车船舶方面,20 世纪 50 年代美国首先用 GFRP 制成汽车的外壳,此后,欧洲许多著名的汽车公司也相继制造 GFRP 外壳的汽车。目前世界上 GFRP 汽车已经超过三百多万辆,尤其是运输具有腐蚀性的石油产品或其他液体的罐车,发展得更快。航空工业上,玻璃钢的应用是比较早的。在美国波音 747 喷气式客机上有一万多个由 GFRP 制成的零部件,使飞机的自重减轻了 454kg,使飞机飞得高、飞得快、装载能力更大。建筑业上,主要使用 GFRP 代替钢筋、树木、水泥、砖等,并已占有相当的地位。

8.3.2.2　玻璃纤维增强热塑性塑料

(1) 基本概念与分类

玻璃纤维增强热塑性塑料是指以玻璃纤维为增强体,热塑性塑料(包括聚酰胺、聚丙烯、低压聚乙烯、ABS 树脂、聚甲醛、聚碳酸酯、聚苯醚等工程塑料)为基体的纤维增强塑料。

(2) 性能

玻璃纤维增强热塑性塑料与玻璃纤维增强热固性塑料相比较,其突出的特点是具有更小的相对密度,一般在 1.1~1.6 之间,为钢材的 1/6~1/5;比强度高,蠕变性大大改善。各种热塑性塑料与玻璃纤维增强后的性能对比如表 8-8 所示。

表 8-8　各种热塑性塑料与其玻璃纤维增强后的性能对比

品种		密度/(kg/cm³)	抗拉强度/MPa	抗弯强度/MPa	压缩强度/MPa	弯曲模量/(10^4MPa)	冲击强度/MPa	热变形温度/℃	成型收缩率/%
聚丙烯	原	910	35	35	45	0.12	0.4	63	1.3~1.6
	增强	1140	85	80	60	0.58	0.8	155	0.2~0.8
高密度聚乙烯	原	960	30	21	20	0.09	0.6	50	1.5~2.5
	增强	1170	80	90	35	0.55	0.8	127	0.3~1.0
聚苯乙烯	原	1040	50	70	100	0.30	0.2	08	0.3~0.6
	增强	1280	95	110	130	0.84	0.4	96	0.1~0.3

续表

品种		密度/(kg/cm³)	抗拉强度/MPa	抗弯强度/MPa	压缩强度/MPa	弯曲模量/(10^4MPa)	冲击强度/MPa	热变形温度/℃	成型收缩率/%
聚碳酸酯	原	1200	67	95	88	0.24	0.14	140	0.5~0.7
	增强	1430	110	200	150	0.84	0.20	149	0.1~0.3
聚酯	原	1370	74	130	130	0.35	0.4	85	0.8~2.0
	增强	1630	140	200	150	1.00	0.10	240	0.3~0.6
尼龙66	原	1130	83	110	34	0.29	0.4	70	0.7~1.4
	增强	1350	180	260	170	0.81	0.10	250	0.4~0.8
ABS树脂	原	1050	45	67	80	0.25	0.10	83	0.4~0.6
	增强	1280	100	130	100	0.77	0.6	100	0.1~0.3

(3) 应用

玻璃纤维增强聚丙烯的电绝缘性良好，用它可以制作高温电气零件，主要应用于汽车、电风扇、洗衣机零部件、油泵阀门、管件、泵件、叶轮、油箱和农用喷雾器等。玻璃纤维增强聚苯乙烯类塑料主要用于制造汽车内部的零部件、家用电器的零部件、线圈骨架、矿用蓄电池壳以及照相机、电视机和空调等机壳和底盘等。玻璃纤维增强聚碳酸酯主要应用于机械工业和电器工业方面，近年来在航空工业方面也有所发展。玻璃纤维增强聚酯主要用于制造电器零件，特别是在高温高机械强度条件下使用的部件，例如印刷线路板、各种线圈骨架、电视机的高压变压器、配电盘和集成电路罩壳等。

8.3.2.3 高强度、高模量纤维增强塑料

(1) 基本概念与分类

高强度、高模量纤维增强塑料主要是指以环氧树脂为基体，以各种高强度、高模量的纤维（包括碳纤维、硼纤维、芳香族聚酰胺纤维、各种晶须等）作为增强体材料的纤维增强塑料。

(2) 性能

该种材料由于受增强纤维高强度、高模量这一性能的影响，具有以下共同的特点：

① 密度小、强度高、模量高和热膨胀系数低，其数据见表8-9。

表8-9 各种塑料与其玻璃纤维增强塑料的性能对比表

性能	碳纤维/环氧树脂	芳香族聚酰胺纤维(Kevlar纤维)/环氧树脂	硼纤维/环氧树脂
相对密度	1.6	1.4	2.0
抗拉强度/MPa	1500	1400	17500
抗拉弹性模量/MPa	12000	76000	120000
热膨胀系数/(10^{-6}/℃)	平行方向：-0.7；垂直方向：30	平行方向：-40；垂直方向：60	平行方向：-5.0；垂直方向：30

高级合金钢的抗拉强度为1280MPa，玻璃纤维增强环氧树脂为500MPa，而高强度、高模量纤维增强塑料的抗拉强度及模量都超过了它们，是目前力学性能最好的高分子复合材料。

② 加工成型工艺简单。该种增强塑料可采用GFRP的各种成型方法，如模压法、缠绕法、手糊法等。

③ 价格昂贵。除芳香族聚酰胺纤维以外，其他纤维由于加工比较复杂、原料价格昂贵，其增强塑料价格昂贵，从而限制了其大量应用。

(3) 应用

碳纤维增强塑料是火箭和人造卫星最好的结构材料之一。用它制成的人造卫星和火箭等飞行器，不仅机械强度高，而且重量比金属轻一半，这就可以节省大量的燃料。在机械工业中，利用碳纤维增强塑料耐磨性好的特性，制造磨床上的各种零件。还可代替铜合金，制造重型轧钢机及其他机器上的轴承。利用碳纤维非磁性材料的性能，取代金属制造要求强度极高并易毁坏的发电机端部线圈的护环，不但强度能满足要求，而且重量也大大减轻。

芳香族聚酰胺纤维增强塑料主要应用于制造飞机上的板材、流线型外壳、座席、机身外壳、天线罩和火箭发动机、马达的外壳。由于它的综合性能超过了玻璃钢，尤其是它具有减振耐损伤的特点，也适合用于船舶制造方面。

硼纤维增强塑料主要用于制造飞机上的方向舵、安定面、翼端、起落架门、襟翼前缘等。但由于它的价格比碳纤维增强塑料还要昂贵，目前还仅限于在上述的飞机制造业中应用。

8.3.3 聚合物基复合材料的制备

聚合物基复合材料的制备工艺由成型与固化两个阶段组成，主要包括预浸料的制造、制件的铺层、固化及制件的后处理与机械加工等工序。它不同于其他复合材料的制备，具有两个特点：第一，聚合物基复合材料的制备过程与制品的成型可同时完成，也就是说材料的制备过程即为产品的生产过程；第二，聚合物基复合材料的成型方便。聚合物基复合材料在成型时可利用基体的流动性和纤维增强体的柔软性，方便在模具中成型。一种复合材料可采用多种不同的工艺成型。

所谓预浸料，是将树脂体系浸涂到纤维或纤维织物上，通过一定的处理后储存备用的半成品。根据实际需要，按照增强材料的纺织形式，预浸料可分为预浸带、预浸布、无纺布等；按纤维的排列方式有单向预浸料和织物预浸料之分；按纤维类型则可分为玻璃纤维预浸料、碳纤维预浸料和有机纤维预浸料等。一般预浸料在18℃下储存以保证使用时具有合适的黏度、铺覆性和凝胶时间等工艺性能，聚合物基复合材料的力学及化学性能在很大程度上取决于预浸料的质量。

依据聚合物基复合材料的性能要求，选定合适的纤维和树脂后，复合材料的性能主要取决于制备工艺。聚合物基复合材料的制备工艺有几十种，它们之间既存在着共性，又存在着区别，常见的有手糊成型、真空袋压法成型、压力袋成型、树脂注射和树脂传递成型、喷射成型、真空辅助注射成型、夹层结构成型、模压成型、注射成型、挤出成型、纤维缠绕成型、拉挤成型、连续板材成型、层压或卷制成型、热塑性片装模塑料热冲压成型和离心浇铸成型。

8.4 金属基复合材料

8.4.1 基本概念与性能特点

金属基复合材料（metal matrix composite，MMC）是以金属为基体，以高强度的第二相为增强体而制得的复合材料。金属基复合材料与传统的金属材料相比，它有许多性能优势，主要包括以下几点：

(1) 比强度和比模量

金属基复合材料具有较高的比强度与比刚度。在金属基体中加入适量的高强度、高模量、低密度的纤维、晶须、颗粒等增强体，显著提高了复合材料的比强度、比刚度和比模量，特别是高性能的连续纤维（硼纤维、碳纤维、石墨纤维等）增强体，具有很高的强度和模量。

(2) 疲劳性能和断裂韧性

与陶瓷材料相比，金属基复合材料具有高韧性和高冲击性能。这一特性取决于纤维、晶须及颗粒等增强体与基体的界面结合状态，增强体在基体中的分布及增强体自身特性等因素，这些因素中最关键的是增强体与基体的界面状态，适中的界面结合强度可有效地传递载荷，阻止位错运动和裂纹的形成与扩展，提高材料的断裂韧性。

(3) 耐高温性能

与树脂基复合材料相比，金属基复合材料具有优良的导电性与耐热性。由于增强体（纤维、晶须、颗粒等）一般为无机物，在高温下具有高强度和高模量，与基体复合后，可使复合材料的耐热性能明显提高。如无机纤维与金属基体复合后，纤维在复合材料中起主要的承载作用，高温时纤维的强度几乎不下降，纤维增强金属基复合材料的高温性能可保持到接近金属熔点，其耐热性能与金属基体相比显著提高。

(4) 耐磨性能

在金属基体中加入增强体，尤其是陶瓷纤维、晶须、颗粒等，陶瓷材料硬度高、耐磨、化学性稳定，它们不仅可提高复合材料的强度、刚度，还可显著提高复合材料的耐磨性。

(5) 热膨胀性能

因碳纤维、碳化硅纤维、晶须、硼纤维等增强体的膨胀系数相比于金属基体要小得多，由复合理论可知，复合材料的膨胀系数将随增强体体积分数的提高而降低，特别是石墨纤维具有负的膨胀系数，控制加入量可调整复合材料的热膨胀系数，甚至实现复合材料的零膨胀，以满足各种不同的需求。

(6) 吸潮、老化及气密性

金属基复合材料相比于聚合物基复合材料与聚合物，不吸潮、不老化且气密性好，在太空中使用不会分解出低分子物质，不污染仪器和环境，具有明显的优越性。但金属基复合材料的切削加工性相对较差，加工表面质量相对较差。

综上所述，这些优异的综合性能使金属基复合材料在航空航天、电子、汽车、先进武器系统中具有广泛的应用前景，决定了它从诞生之日起就成为新材料家族中的重要一员。

8.4.2 金属基复合材料的分类与应用

对金属基复合材料既可按基体来进行分类，也可按增强体来进行分类。

(1) 按基体分类

① 铝基复合材料。由于铝合金基体为面心立方结构，具有良好的塑性和韧性，再加之它所具有的易加工性、工程可靠性及价格低廉等优点，为其在工程上应用创造了有利的条件，使其成为在金属基复合材料中应用得最广的一种。在制造铝基复合材料时通常不使用纯铝而使用各种铝合金作为基体。这主要是由于铝合金具有更好的综合性能，至于选择何种铝合金作基体则要根据实际中对复合材料的性能需要来决定。

② 镁基复合材料。镁合金具有比铝更低的密度，在航空航天与汽车工业中具有较大的应用潜力。常见的石墨纤维增强镁基复合材料，与增强铝基复合材料相比，虽然其强度与模量较低，但是其密度与热膨胀系数低，具有很高的导热/热膨胀比值，在温度变化的环境中，是一

种尺寸稳定性极好的宇宙空间材料。石墨纤维增强镁基复合材料在金属基复合材料中具有最高的比强度、比模量和最好的抗热阻变形能力，是理想的航天材料，应用于卫星直径为 10m 的抛物面天线及其机架。具有零膨胀的石墨/镁基复合材料可用于航天飞机的蒙皮材料、空间动力回收系统的构件、民用飞机的天线机架、转子发动机的机箱等。

③ 镍基复合材料。这种复合材料是以镍及镍合金为基体制造的。由于镍的高温性能优良，因此这种复合材料主要用于制造高温下工作的零部件。

④ 钛基复合材料。钛比任何其它的结构材料具有更高的比强度和比刚度。此外，钛在高温时比铝合金能更好地保持其强度。因此，当飞机速度从亚音速提高到超音速时，钛比铝合金显示出更大的优越性。随着速度的进一步加快，还需要改变飞机的结构设计，采用更细长的机翼，为此需要高刚度的材料，而纤维增强钛基复合材料恰可满足这种对材料刚度的要求。目前，美国已生产出 TiC 颗粒增强的 Ti-6Al-4V 导弹壳体、导弹尾翼和发动机部件的原型件。

⑤ 铜基复合材料。铜基复合材料是一种具有优良综合性能的结构功能一体化材料，具有良好的力学性能，如高的强度，良好的导电性、耐磨性和热导率等，广泛应用于电气、电子、汽车、制造和航空航天等领域。

除了上述金属基复合材料之外，还有锌基以及金属间化合物基复合材料。

(2) 按增强体分类

① 颗粒增强复合材料。颗粒包括 SiC、Al_2O_3、B_4C 陶瓷等。在这种复合材料中，增强相是主要的承载相，而金属基体主要起传递应力与便于加工的作用。硬质增强相造成的对基体的束缚作用能阻止基体屈服。颗粒增强复合材料的强度通常取决于颗粒的直径、间距和体积比。除此以外，这种材料的性能还对界面性能及颗粒排列的几何形状十分敏感。

② 纤维增强复合材料。金属基复合材料中的纤维根据其长度的不同可分为长纤维、短纤维和晶须，包括硼纤维、碳化硅纤维、氧化铝纤维和晶须等，它们均属于一维增强体，因此，由纤维增强的复合材料均表现出明显的各向异性特征。基体的性能对复合材料横向性能和剪切性能的影响比对纵向性能更大。

8.4.3 金属基复合材料的制备

金属基复合材料的制备工艺种类繁多，主要根据基体与增强体的性质决定，基体的选用首先要根据复合材料的使用要求进行选择。如航空航天领域需选用高比强度、高比模量、耐高温和线膨胀系数低的材料，汽车发动机领域则选耐热、耐磨、膨胀系数低、成本低、易工业化的材料，电子工业领域选择导电、导热性能优异的材料等。其次，要考虑复合材料的组成特点，不同的增强体对基体的选择影响较大。如当增强体为长纤维时，要求基体的塑性好，能与增强体有良好的相容性，并不要求基体具有很高的强度和模量，此时，纤维是主承载体。当增强体为短纤维或晶须时，基体成了主要承载体，此时应选高强度的基体。最后，要参考复合材料的界面相容性。主要是增强体与基体间的物理相容性和化学相容性，物理相容性包括增强体与基体间的良好润湿性和热胀的匹配性；化学相容性则表示增强体与基体界面处的化学稳定性或反应的可能性，界面处应避免发生有害的化学反应。

根据以上原则选择金属基复合材料基体后，可根据内生型和外生型两种方式制备金属基复合材料。内生型是指增强体通过组分材料间的放热反应在基体中产生，增强体的表面无污染、与基体的界面干净、结合强度高、化学稳定性好，且反应放热还可使挥发性杂质离开基体，起到净化基体的作用。内生法又称原位反应法,它又包括自蔓延燃烧反应法、放热弥散法、接触反应法、气-液-固反应法、熔体直接氧化法、机械合金化法、浸渗反应法、LSM 混合盐反应法、微波合成法等。外生法包括固态法、液态法等。

8.5 陶瓷基复合材料

8.5.1 陶瓷基复合材料的基体与增强体

现代陶瓷材料具有耐高温、耐磨损和耐腐蚀等许多优良的性能,但它同时也具有致命的弱点,即脆性。因此,陶瓷材料的韧化问题便成了近年来科研人员研究的重点问题之一。现在往陶瓷材料中加入起增韧作用的第二相而制成陶瓷基复合材料(ceramic matrix composite, CMC)已是改善陶瓷韧化性能的一种重要方法。

8.5.1.1 陶瓷基复合材料的基体

氧化铝陶瓷指以氧化铝为主要成分的陶瓷。根据主晶相的不同,可分为刚玉瓷、刚玉-莫来石瓷及莫来石瓷等。主晶相为 α-Al_2O_3,属六方晶系,熔点达 2050℃。瓷体的性能取决于组成与显微结构,随 Al_2O_3 含量的减少,熔点降低。普通氧化铝陶瓷是使用最广泛的一种陶瓷,具有机械强度高、硬度大、耐磨、耐高温、抗氧化、耐腐蚀、较低的热膨胀率、较高的热导率、高的电绝缘性、低的介电损耗、好的真空气密性等性能。在氧化铝陶瓷制备过程中,须根据对材料显微结构的要求、制品技术性能及外形尺寸的要求选择烧成方法。热压烧结是制备高强度氧化铝陶瓷的一种有效方法。

氧化锆陶瓷是以 ZrO_2 为主要成分的陶瓷。氧化锆有三种晶型:单斜相、四方相及立方相。在氧化锆陶瓷的制备过程中需要加入适量的 CaO、MgO、Y_2O_3 等氧化物作为稳定剂。ZrO_2 陶瓷的电性能随稳定剂的种类、含量和温度而不同。纯 ZrO_2 是绝缘体,加入稳定剂后电导率明显增加,且随温度升高而增大。ZrO_2 陶瓷耐火度高,比热容和导热系数小,韧性好,化学稳定性良好,高温时仍能抗酸性和碱性物质的腐蚀。

氮化硅陶瓷是以 Si_3N_4 为主要成分的陶瓷。氮化硅陶瓷具有高强度、高弹性模量、耐磨、耐腐蚀、抗氧化等性能。Si_3N_4 是共价化合物,属六方晶系。氮化硅陶瓷性能与其制备方法密切相关,一般室温强度可达 700~1000MPa,高温强度受晶界玻璃相影响。

碳化硅陶瓷是以 SiC 为主要成分的陶瓷。SiC 通常是由 SiO_2 和碳粉或石墨粉发生还原反应合成的。SiC 是典型的以共价键结合的化合物,单位晶胞由相同四面体构成,硅原子处于中心位置,周围是碳原子。SiC 陶瓷的物理性质随不同制备工艺和不同烧结添加物而不同。SiC 陶瓷不仅具有优良的常温力学性能、抗氧化性、耐腐蚀性、耐磨损性以及低的摩擦系数,而且高温力学性能也是已知陶瓷材料中最好的。SiC 陶瓷的缺点是断裂韧性较低、脆性较大。如以纤维(或晶须)增强制得纤维增强碳化硅复合材料,改善和提高碳化硅陶瓷的韧性和强度。

8.5.1.2 陶瓷基复合材料的增强体

陶瓷基复合材料中的增强体通常也称为增韧体。碳纤维是制造陶瓷基复合材料最常用的纤维之一。另两种常用的纤维是玻璃纤维和硼纤维。在陶瓷基复合材料中使用得较为普遍的晶须增强体是 SiC、Al_2O_3、Si_3N_4 晶须等。陶瓷基复合材料中的另一种增强体为颗粒。通常用得较多的颗粒也是 SiC、Si_3N_4 等。颗粒的增韧效果虽不如纤维和晶须,但若选择适当的颗粒种类、粒径、含量及基体材料仍会有一定的韧化效果,同时还会改善高温强度、高温蠕变性能。

8.5.2 陶瓷基复合材料的分类与应用

陶瓷基复合材料的分类方法很多，常见的有以下几种：

(1) 按材料作用分类

陶瓷基复合材料按材料作用可分为结构陶瓷基复合材料和功能陶瓷基复合材料。结构陶瓷基复合材料用于制造各种受力零部件，功能陶瓷基复合材料具有各种特殊性能，如光、电、磁、热、生物、阻尼、屏蔽等。

(2) 按增强材料形态分类

陶瓷基复合材料按增强材料形态可分为颗粒增强陶瓷基复合材料、纤维（晶须）增强陶瓷基复合材料和片材增强陶瓷基复合材料。

(3) 按基体材料分类

陶瓷基复合材料按基体材料可分为氧化物陶瓷基复合材料、非氧化物陶瓷基复合材料、微晶玻璃基复合材料和碳/碳复合材料。氧化物陶瓷主要由离子键结合，也有一定成分的共价键，主要有：Al_2O_3、SiO_2、ZrO_2 和 MgO 等。纯氧化物陶瓷在任何高温下都不会氧化，所以这类陶瓷是很有用的高温耐火结构材料。非氧化物陶瓷是指金属碳化物、氮化物、硼化物和硅化物等，主要包括 SiC、TiC、B_4C、ZrC 和 BN 等。这类化合物在自然界很少有，需要人工合成。微晶玻璃是向玻璃中引进晶核剂，通过热处理、光照射或化学处理等手段，使玻璃内均匀地析出大量微小晶体，形成致密的微晶相和玻璃相的多相复合体。碳/碳复合材料是以碳或石墨纤维为增强体，碳或石墨为基体复合而成的材料。它几乎全由碳元素组成，故可承受极高的温度和极大的加热速率。

陶瓷基复合材料已实用化的领域包括：刀具、滑动构件、航空航天构件、发动机制件、能源构件等。在航空航天领域，用陶瓷基复合材料制作的导弹头锥、火箭喷管、航天飞机的结构件等也取得了良好的效果。随着对陶瓷基复合材料的理论问题的不断深入研究和制备技术的不断开发与完善，它的应用范围将会不断扩大。

8.5.3 陶瓷基复合材料的制备

人们已对陶瓷基复合材料的结构、性能及制造技术等问题进行科学系统的研究。但其中还有许多尚未研究清楚的问题。因此，还需要科研人员对理论问题进行更深入研究。另外，陶瓷的制备过程是一个十分复杂的工艺过程，一般均由以下几个环节组成：粉体制备、增强体（纤维、晶须或陶瓷层片）制备和预处理、成型和烧结。其品质影响因素众多。所以，如何进一步稳定陶瓷的制造工艺，提高产品的可靠性与一致性，则是进一步扩大陶瓷应用范围所面临的问题。

8.6 复合材料的界面

复合材料中的增强体与基体在复合成型过程中，将会发生程度不同的相互作用与界面反应，形成各种结构的界面。因而复合材料的界面是指复合材料中基体与增强体之间彼此结合的、能起载荷传递作用的微小区域。过去曾认为复合材料的界面是一层没有厚度的层，但实际上它是有尺寸的，约几个纳米到几个微米。它包含了基体和增强体的部分原始接触面、基体与增强体相互作用生成的反应产物、此产物与基体及增强体的接触面、基体和增强体的相互扩散层、增强体上的表面涂层等。复合材料的界面相对整体材料的性能有很大的影响，如结构复合材料通过界面来传递应力，同时界面上的残余应力对整体力学性能也有影响，而功能复合材料则需要通过界面来协调功能效应。因此在实际应用中,需要对复合材料的界面进行设计和控制。

8.6.1 聚合物基复合材料的界面

对于聚合物基复合材料的成型有两个阶段:首先是聚合物基体与增强体材料之间的接触与浸润。由于增强体对基体分子中的各种基团或基体中各组分的吸附能力不相同,增强体总是要优先吸附那些降低其表面能的物质或基团,因此聚合物的界面结构与本体不同。然后是复合后体系的冷却凝固成型。该阶段聚合物通过物理或化学的变化而固化,形成固定界面层,该阶段受第一阶段的影响,同时它直接决定所形成界面层的结构。要得到性能优良的复合材料的前提是聚合物基体对增强体材料要充分浸润,使界面不出现空隙与缺陷。因为界面不完整会使应力的传递面积仅为增强体总面积的一部分,导致界面应力集中,传递载荷的能力降低,进而影响复合材料的力学性能。

增强体与聚合物基体之间形成较好的界面黏结,才能保证应力从基体传递到增强体材料,充分发挥数以万计单个增强体同时承受外力的作用。界面黏结强度不仅与界面的形成过程有关,还取决于界面黏结形式。通过物理或化学方法均可实现,前者是通过等离子体刻蚀或化学腐蚀使增强体表面凹凸不平,聚合物基体扩散嵌入到增强体表面的凹坑、缝隙和微孔中,增强体材料则固定在聚合物基体中;后者是化学结合,即基体与增强体之间形成化学键,设法让增强体表面带有极性基团,使之与基体间产生化学键或其他相互作用力。

增强体与聚合物基体之间的热导率、热膨胀系数、弹性模量、泊松比等均不同,在复合材料成型过程中,界面处形成热应力。这种热应力在成型过程中如果得不到松弛,将成为界面残余应力而保留下来。界面残余应力的存在会使界面传递应力的能力下降,最终导致复合材料力学性能下降。若在增强体与聚合物基体之间引入一层可产生形变的界面层,界面层在应力的作用下可吸收导致微裂纹增长的能量,抑制微裂纹尖端扩展。这种容易发生形变的界面层能有效地松弛复合材料中的界面残余应力,而且这层可形变的界面层可使集中界面处的应力得到分散,使应力均匀地传递。

当结晶性热聚合物为基体时,在成型过程中增强体对结晶性聚合物产生界面结晶成核效应;同时,界面附近的聚合物分子链由于界面结合以及增强体与聚合物的性质差异而产生一定程度的取向,易在增强体表面形成横晶,造成增强体与基体间结构的不均匀性,从而影响复合材料力学性能。通过控制复合材料成型过程中的冷却历程及对材料进行适当的热处理,可以消除或减弱由于出现横晶所引起的内应力,并有效地提高复合材料的剪切屈服强度,避免复合材料力学性能降低。

8.6.2 金属基复合材料的界面

金属基复合材料的基体一般是金属合金,合金既含有不同化学性质的组成元素和不同的相,同时又具有较高的熔化温度。因此,此种复合材料的制备需在接近或超过金属基体熔点的高温下进行。金属基体与增强体在高温复合时易发生不同程度的界面反应,金属基体在冷却、凝固、热处理过程中还会发生元素偏聚、扩散、固溶、相变等。

金属基复合材料的界面结合方式与聚合物基复合材料有所不同,可分为以下四类:①化学结合。它是金属基体与增强体两相之间发生界面化学反应所形成的结合。②物理结合。它是由两相间原子-电子的相互作用,即以范德瓦耳斯力形成的结合。③扩散结合。一些复合体系的基体与增强体虽无界面反应但可发生原子的相互扩散作用,此作用也能提供一定的结合力。④机械结合。它是由于某些增强体表面粗糙,当与熔融的金属基体凝固后,产生的机械结合作用所提供的结合力。一般情况下,金属基复合材料是以界面的化学结合为主,有时也有两种或两种以上的界面结合方式并存的现象。

与聚合物基复合材料相比,耐高温是金属基复合材料的主要特点。因此,金属基复合材料的界面能否在高温环境下长时间保持稳定,是非常重要的。同时如何改善金属基体与增强体的浸润性、控制界面反应、形成最佳的界面结构也是金属基复合材料生产和应用的关键。界面优化的主要途径有纤维等增强体的表面涂层处理、金属基体合金化及制备工艺方法和参数控制。

8.6.3 陶瓷基复合材料的界面

与其他复合材料相似,在陶瓷基复合材料中界面可分为两大类。一类为无反应界面,这种界面上的增强体与基体直接结合,形成原子键合共格界面或半共格界面,有时也形成非共格界面。这种界面的结合较强,对提高复合材料的强度有利。另一类界面则是在增韧体与基体之间形成一层中间反应层,通过中间反应层将基体与增韧体结合起来。这种界面层一般都是低熔点的非晶相,因此它有利于复合材料的致密化。在这种界面上,增韧相与基体之间没有固定的取向关系。对于这种界面,可通过界面反应来控制界面非晶相的厚度,并可通过对晶须表面涂层处理或加入不同界面层形成物质,从而适当控制界面反应层的结合强度,使复合材料获得预期的性能,但非晶相的存在对材料的高温性能不利。在陶瓷基复合材料中,界面的性能直接与材料的性能有关,界面的性质还直接影响了陶瓷基复合材料的强韧化机理。

思考题

1. 简述复合材料的种类,复合材料的性能特点是什么?复合材料的基本组成有哪些?
2. 复合材料中增强体的作用是什么?增强体的种类有哪些?
3. 纤维与晶须的区别是什么?
4. 玻璃纤维的性能特点有哪些?
5. 简述硼纤维的结构特点与性能。
6. 简述碳化硅纤维的结构特点与性能。
7. 简述聚合物基复合材料的特点。
8. 聚合物基复合材料的制备工艺有哪些?
9. 金属基复合材料与合金的异同点是什么?
10. 金属基复合材料的性能特点有哪些?
11. 金属基体的选用原则是什么?
12. 陶瓷基复合材料中基体的种类、特点各是什么?
13. 简述陶瓷基复合材料的分类方法及其种类。
14. 简述陶瓷基复合材料的制备工艺过程。
15. 陶瓷基复合材料的界面特征是什么?

参考文献

[1] 李齐,陈光巨. 材料化学 [M]. 北京:高等教育出版社,2004:283-322.
[2] 周曦亚. 复合材料 [M]. 北京:化学工业出版社,2005.
[3] 郝元恺,肖加余. 高性能复合材料学 [M]. 北京:化学工业出版社,2004.
[4] 贾成厂,郭宏. 复合材料教程 [M]. 北京:高等教育出版社,2010.

[5] 黄丽. 聚合物复合材料 [M]. 北京：中国轻工业出版社，2012.
[6] 冯小明，张崇才. 复合材料 [M]. 重庆：重庆大学出版社，2007.
[7] 张以河. 复合材料学 [M]. 北京：化学工业出版社，2011.
[8] 杨序纲. 复合材料界面 [M]. 北京：化学工业出版社，2010.
[9] 王荣国，武卫莉，谷万里. 复合材料概论 [M]. 哈尔滨：哈尔滨工业大学出版社，2012.
[10] 张慧茹. 碳/碳复合材料概述 [J]. 合成纤维，2011（1）：1-7.
[11] 徐金城，邓小燕，张成良，等. 碳化硅增强铝基复合材料界面改善对力学性能的影响 [J]. 材料导报，2009，23（1）：25-27.
[12] 龚荣洲，沈翔，张磊，等. 金属基纳米复合材料的研究现状和展望 [J]. 中国有色金属学报，2003，13（5）：1311-1321.
[13] 朱教群，梅炳初，陈艳林. 纳米陶瓷复合材料的制备方法 [J]. 现代技术陶瓷，2002（2）：31-34.
[14] 朱和国，杜宇雷，赵军. 材料现代分析技术 [M]. 北京：国防工业出版社，2012.
[15] 朱和国，王天驰，贾阳，等. 复合材料原理 [M]. 北京：电子工业出版社，2018.